面源有机废物资源化循环利用关键技术

瞿广飞　解若松　李军燕　著

科学出版社
北京

内 容 简 介

本书基于“十一五”和“十二五”国家科技重大专项水专项的实施，针对高度分散的农业与农村固体废物对洱海流域造成的面源污染，阐述了面源有机废物资源化循环利用的理念与关键技术。全书共6章，包括面源有机污染概况、有机污染堵源技术、有机废物沼气化技术、有机废物堆肥化技术、有机废物基质化技术和面源有机废物资源化循环利用运行机制。针对高度分散种养为特征流域的面源污染风险，本书以“源头分类、多途径梯级循环利用、集中规模与分散农户控制并存、治理工程措施与强化管理策略并重”的思路，阐述了污染和资源循环过程控制技术及其规模化长效运行机制。

本书可为从事面源污染控制、有机废弃物处理与处置的管理人员、研究人员和企业，以及相关专业高校师生提供参考。

图书在版编目(CIP)数据

面源有机废物资源化循环利用关键技术／瞿广飞，解若松，李军燕著.
—北京：科学出版社，2021.1

ISBN 978-7-03-067494-4

Ⅰ.①面…　Ⅱ.①瞿…　②解…　③李…　Ⅲ.①面源污染-废物综合利用-研究　Ⅳ.①X7

中国版本图书馆CIP数据核字（2020）第266252号

责任编辑：霍志国／责任校对：杜子昂
责任印制：吴兆东／封面设计：东方人华

科学出版社 出版
北京东黄城根北街16号
邮政编码：100717
http://www.sciencep.com

北京中石油彩色印刷有限责任公司 印刷
科学出版社发行　各地新华书店经销

*

2021年1月第　一　版　开本：720×1000　1/16
2021年1月第一次印刷　印张：17 1/4
字数：350 000

定价：138.00元

（如有印装质量问题，我社负责调换）

前　言

面源污染正在成为湖泊流域富营养化的主要原因，对面源有机废物的控制不仅是水污染治理的重中之重，也逐步成为现代农业和社会可持续发展的重大课题。近年来随着经济社会不断发展、人口增多、城乡居民生活水平持续提高，农村生活和农业生产废物的产生数量正在逐年递增。但对于我国大部分流域片区，尤其是高原地区，小规模分散种养依然是主要的农业生产方式，产生的有机废物具有量大面广、收集难度大、流失量大等特点，大部分处于无序堆置及排放的状态，不仅增大了其资源化利用的难度，也造成了严重的流域面源污染负荷。

洱海是云南省九大高原湖泊之一，也是我国富营养化初期湖泊的典型代表。近年来随着流域经济快速发展，面源有机污染问题日益凸显，成为洱海富营养化的一个重要原因。调研表明，造成洱海流域面源有机污染突出的原因主要有三个方面：一是奶牛分散圈养、粪便无序收集、出粪期与施肥期错位为面源污染负荷大的首要原因；二是畜禽粪便等农业废弃物利用途径单一，经济效益不高，难以实现有序收集；三是组织运行保障机制缺失，难以实现农业面源污染防控技术的持续稳定规范化运行。在“十一五”、“十二五”国家科技重大专项洱海治理项目的实施中，我们针对洱海流域面源污染控制难题，经过多年的研发，通过关键共性理论和技术攻关，形成了面源有机废物资源化循环利用关键技术，并在洱海流域进行了规模化长期运行。本书基于“源头分类、多途径梯级循环利用、集中规模与分散农户控制并存、治理工程措施与强化管理策略并重”的思路，从堵源、资源化和规模化运行三个方面，通过6章进行阐述。

在堵源技术方面，首先，针对家庭养殖圈舍容量小、环境卫生条件差、缺乏固液分离设施、清粪周期短以及由此造成的粪便露天堆置污染问题，提出了“养殖上楼”的理念及“复合型”、“侧收型”、“下收型”和“模块化生态圈舍”等生态圈舍构建模式，形成了5种新建与改建方案。有效提高了圈舍粪便贮存和就地腐熟能力，延长了清粪周期，卫生状况得到了明显改善，减轻了奶农清粪和运输负担。其次，为解决粪便露天随意堆置带来的环境污染风险，同时满足农户的还田需求，设计了户用避雨堆沤、适度集中堆沤等多种废物分散收集模式，通过比选和规范粪便的堆沤方法，提高粪便的腐熟效率和农家肥的质量，减少堆沤过程中的氮磷流失。最后，针对分散避雨堆贮过程中难以规范化、监管不到位等问题引起的环境、社会风险，研发了奶牛粪便集中式收集站建设技术，为畜禽粪便的规模化集中收集和商品化循环利用创造条件。

针对沼气化过程中木质纤维素降解率低、产气率低、甲烷含量低等问题，开展了外场强化厌氧发酵技术研究，掌握了不同发酵阶段微生物的种群特征及其优化的发酵动力学条件，发现了电磁对微生物活性和酶活性的强化效应，并研发了多原料联合发酵技术、太阳能集热射流搅拌中温发酵技术、电磁强化木质纤维液化–射流旋流多级能源化技术、厌氧发酵残余物基质化技术等。

针对畜禽粪便、污泥等有机废物脱水困难、发酵周期长等问题，通过研究掌握微生物种群在堆肥化各阶段的变化规律，提出了“多级微生物接种策略”，进行了高温菌剂、木质素和纤维素降解菌剂的筛选。基于该结果研发了烟末、氧化钙、EM 菌剂等添加剂强化生物快速脱水堆肥化技术和多级返料接种堆肥化技术，显著提升升温速率，缩短堆肥周期。

传统还田利用模式下，奶牛粪便经济效益偏低，难以有效推动粪便收集的市场化和可持续运行。通过系统分析洱海流域气候特点、农业废弃物资源特性、场地条件等生态适宜性和优势，经过不断试验，成功探索了洱海流域农业废弃物食用菌基质化利用模式，研发了食用菌基质规模化生产技术。该技术在畜禽粪便快速生物干燥堆肥化技术的基础上，以牛粪、稻草、烟末等固体有机废弃物为原料，添加食用菌生长所需的矿物元素，生产食用菌基质。该技术在洱源县右所镇、喜洲镇等地建成示范工程，示范企业获得良好的经济效益。

参与本书整理工作的有瞿广飞、解若松、李军燕、黄凯、冯辉、刘玉环、毛伟娟、涂灿、陈晓天、杨聪庆、刘亮亮、李自赢、王芳、王晨朋、孙楝凯、蔡营营、李志顺成、吴丰辉等。全书由解若松博士和李军燕博士统稿、瞿广飞教授定稿。由于学识水平和文字水平有限，疏漏在所难免，请读者批评指正！

瞿广飞

2020 年 8 月

目　录

第1章　面源有机污染概况

1.1　湖泊流域有机面源污染概述

面源有机污染主要是指在农村生活和农业生产活动中，氮、磷等营养物质以有机污染物质的形式，通过地表径流和农田渗漏、农田排水形成的水环境污染，主要污染来源包括农业固体废物（如畜禽养殖废物、农作物秸秆、废农用薄膜等）以及居民生活中产生的废物，即农村生活垃圾。面源有机污染将大量氮、磷、重金属、农药等污染物质带入水体，不仅直接危害农业生态系统，而且对区域水环境和人类健康将产生严重危害，污染饮用水源，造成地表水的富营养化和地下水的污染。

面源污染所溶解的部分以及固体的污染物从非特定的地点，在降水（或融雪）冲刷作用下，通过径流过程而汇入受纳水体（包括河流、湖泊、水库和海湾等）并引起水体富营养化或其他形式的污染。相对点源污染而言，面源污染主要由地表的氮磷等营养物质、农药等有害物质、秸秆农膜等固体废弃物、畜禽养殖粪便污水、水产养殖饵料药物、农村生活污水垃圾、各种大气颗粒物沉降等，通过地表径流、土壤侵蚀、农田排水等形式进入水体环境所造成，具有分散性、隐蔽性、随机性、潜伏性、累积性和模糊性等特点，因此不易监测、难以量化，研究和防控的难度大。

20世纪90年代以前，人类对环境污染的控制主要集中在工业点源污染上。随着近年来人口的增加，粮食需求日益增加，资源开发利用进一步扩大，农业生产发展及资源不合理开发利用导致的农业面源污染也日益严重。21世纪以来，农业面源污染已成为世界共同关注的一个环境问题。研究表明，农业面源污染已成为中国流域性水体污染、土壤污染和空气污染的重要来源。在中国水体污染较严重的流域，由农田、农村畜禽养殖地带以及城乡接合部的生活排污，造成的流域水体氮、磷素营养化已超过了来自城市地区的生活点源污染和工业点源污染。我国作为农业大国，根据统计和测算，2017年，全国畜禽粪污产生量约为38亿t，农作物秸秆理论资源量为8.84亿t，农用塑料薄膜使用量为252.84万t。其中，日趋增加的畜禽粪便已经成为农村主要污染来源，而农用塑料薄膜的广泛使用也对农田土壤造成了较为严重的污染。

农业面源污染不同于点源污染，主要由氮磷等营养物质、农药、各种大气颗粒物等组成，通过地表径流、农田排水、土壤侵蚀、风沙扬尘等方式进入水、土壤或大气环境。农业面源污染具有随机性、多样性、广泛性、滞后性、模糊性、潜伏性和不易监测等特点，这增加了相应的研究、治理和管理政策制定的难度。

①形成过程的随机性。农业面源污染受降雨时间、降雨量、温度等自然条件和人的主观因素影响较大，由此产生的面源污染从时空上具有随机性。因而大多数面源污染的发生具有突发性、随机性和不确定性，往往给农业生产、人类生活及生物安全带来突发性灾难。

②影响因子的多样性。农业面源污染物具有不确定性，在某个区域内，多个污染者的排放相互交叉，排放途径各不相同且较复杂，因而所产生的污染物是很难确定的。这就给重点治理和责任追究造成很大的困难。

③分布范围的广泛性。农业面源污染物的分布具有不均匀性和分散性。土地利用状况、地形地貌、水文特征等不同导致了面源污染在空间上的不均匀性。此外，污染源的分散性导致污染物排放的分散性，因此其空间位置和涉及范围不易确定。

④监测的艰难性。由于农业面源污染的随机性，污染物的不确定性，以及不同条件下污染物的迁移转化，对某一种污染物进行识别和监测是很难实现的。

1.2 有机面源污染控制现状

1.2.1 养殖废物减排

目前对分散养殖过程中如何控制养殖面源污染，特别是养殖废物露天无序堆置，已开展了大量关于养殖废物从产生、收集及快速、就地堆腐处理等方面的研究。受分散养殖习惯和经济条件限制影响，传统养殖圈舍的养殖问题依然存在。早在20世纪50年代，丁黄大首次在“养牛模范谈养牛经验”中对养殖圈舍进行了描述，并认为牛圈要面向东南，地势要干燥，空气要流通，光线要充足，地面用石板铺平，前面稍高，向后倾斜，尿水才容易流出。清理方面也要格外注意，牛圈除每天打扫三次外，牛粪也要及时清理。该养殖方式也是国内欠发达地区奶牛养殖的主要方式，为奶牛提供了一个干净卫生的环境。然而，该养殖方式下圈舍对养殖粪便的贮存功能降低，养殖粪便清理频率加大，造成了养殖污水排放量的增加以及养殖固废随意堆置量的增加，因此也加大了面源污染的风险。之后，逐渐出现一些生态圈舍，能同时保障圈舍卫生和环境卫生。20世纪80年代，何贵明提出在圈舍建造选择地势高燥，排水方便的地面用木材铺成漏缝地板。1993年，王立人设计了多种圈舍，包括含有全条板地面或穿孔地板的圈舍，此类圈舍设有专门设计的排粪区。2010年，王志全提出了生猪养殖的高架式漏缝圈舍，解决了由于养殖业快速发展而使得生猪养殖逐渐走向规模化养殖的道路所带来的一系列问题；所提供的是一种使生猪养殖不再与垫料层接触的高架式漏缝圈舍，克服了现有微生物菌剂垫料层养殖方式所存在的缺陷，实现了清洁养殖，减少了各种疾病的发生，提高了料肉转化比，经济价值更高。2012年，赵益民提出了农户家庭育肥圈舍，考虑到目前生猪的养殖方式仍以家庭散养为主，传统散养不仅人畜混杂、环境脏乱、卫生条件差、易传染疾病，且生猪养殖工作量大、饲养成本高；所提供的一种农户家庭育肥圈舍，实现人和牲畜分离，减少了疾病的交叉感染，且占地面积小、饲养成本低。但此类技术主要以生态效益为主，未考虑人、畜和环境效益的协同；圈舍的结构设计理念难以在现有圈舍基础上简单改造而成；其中的固液分离技术以机械分离为主，不适用于经济较落后的农村环境。

关于养殖废物收集站建设以及收集模式的研究近乎没有，更多的是生活垃圾收集站的建设及分类有机规范。2014年，张晚凉等提出了一种城乡统筹下新农村聚居点小型生活垃圾分类收集站，解决了现有城乡统筹背景下新农村建设中存在的收集设施设备未分类且大型垃圾收集站结构复杂等问题，城乡结构不适于设大型垃圾收集站的问题。2018年，浙江省发布了《农村生活垃圾分类处理规范》，规定了农村生活垃圾的术语和定义，类别以及分类投放、分类收集、分类运输、分类处理、长效管理等内容。上述垃圾分类收集站的建设和农村生活垃圾分类处理规范对开展奶牛粪便集中式收集站建设技术研究具有重大意义，为养殖废物集中式收集站建设、收集模式以及处理后续的销路提供了借鉴。

1.2.2　有机废物的处理处置

1. 沼气化处理

国内厌氧发酵生物处理技术始于20世纪20～30年代，经过几十年的发展及推广，我国应用厌氧发酵技术处理有机废弃物生产沼气已得到了稳步发展。然而，我国90%以上的规模化养殖场缺乏养殖废物治污或者综合资源化利用的配套设施，使得大量畜禽养殖粪便不经过无害化处理就直接排放，造成环境污染问题日益严重。2000年，随着畜禽养殖业不断发展，畜禽粪便产量将不断增加，将畜禽粪便合理沼气化显得尤为重要。近年来，厌氧发酵生物处理蓝藻藻浆产甲烷技术也开始大力发展，为湖泊富营养化控制做出很大贡献。另外，利用有机固体垃圾、养殖场养殖废物等有机质含量较高的废物作为厌氧发酵的原料来制造沼气工程也有进行。据农业农村部统计，2009年中国农村家庭户用沼气发酵池已经有3507万户建设，沼气工程运行达56856处。沼气工程建设对于实现养殖废物资源化利用、改善生态环境质量、促进养殖业健康发展、提高居民生活质量、缓解能源紧张具有重要意义，符合当今生态循环经济、低碳环保的要求。对于厌氧发酵生物处理技术的基础研究，国内研究主要体现在四个方面：一是养殖畜禽粪便的厌氧发酵以及发酵产物——沼气、沼液、沼渣的综合利用；二是厌氧发酵生物工程菌的培育驯化及其应用研究；三是厌氧发酵时臭味控制；四是厌氧发酵时底物的有机结构的研究。

国外厌氧发酵生物处理技术的研究距今已有一百多年的历史。许多国家都建设了厌氧发酵沼气池，规模从几立方米到数千立方米都有，厌氧发酵生物处理技术发展到现在已取得了很大的进展。很多发达国家已经实现了厌氧发酵产沼气的产业化和商品化，拥有了工业化生产规模的实力。在欧洲，2007 年的沼气产量相当于600 万 t 石油，并且产量每年以20%的增长率在上升。在德国，有机农场的推广，农场标准化与模式组织化的设计及社会能源需求，使得厌氧发酵生物处理技术得以推广，成为世界上最大农业沼气生产国家，到了 2008 年年底，将近4000 座农业沼气工程在德国的有机农场中运行。对于厌氧发酵生物处理技术的基础研究，国外研究主要体现在三方面：一是厌氧发酵系统菌体对于底物的适应能力以及系统竞争机制的研究；二是对产甲烷阶段动态过程进行生化监测研究；三是对厌氧发酵水解步骤降解复杂高分子物质水解机制以及微生物调控机理的研究。

2. 堆肥化处理

目前，国内外畜禽粪便干燥或降低水分的方法较多，相对而言，好氧堆肥和生物干燥技术因为处理成本低、产物使用安全、肥效高而引人注目。1925 年，A. Howard 首先提出印多尔法堆肥技术，对此堆肥技术的起始描述是一种厌氧堆肥过程，后来由于堆肥过程中对物料的频繁翻堆处理，使其发展为好氧堆肥技术。20 世纪中叶，Dano 堆肥工艺在欧洲的一些国家盛行，其是运用可旋转的反应仓对堆料进行搅拌好氧堆肥，该堆肥工艺具有很高的堆肥效率。随着现代工业的发展，城镇化建设进程的加快，人类生产生活过程中产生的有机废物也越来越多，其中，对于污泥的堆肥化处理研究较为广泛。20 世纪 70 年代，Los Angeles 首次将条垛式堆肥系统应用到污水处理厂的污泥堆肥中，条垛式堆肥系统的最终处理规模可达到每天 100 t 污泥的处理量，经过研究人员的多次改进之后，该堆肥反应堆系统逐步发展为强制通风静态堆肥系统，该系统在美国得到了广泛的应用，之后逐步被应用于养殖废物处理。我国的堆肥技术起步较晚，而且堆肥工艺较粗放，发展较为滞后。陈世和等对城市有机固体垃圾堆肥过程中微生物变化进行了探索，结果表明，堆肥过程中，微生物酶的活性受温度的影响；冯明谦等研究发现大量的病原体将随着堆体温度的上升而逐渐消失，对堆肥过程中的微生物群落进行分析后得出芽孢杆菌和曲霉菌在群落结构中占主导作用。杨虹等通过筛菌的方式对堆肥过程中的微生物进行筛选得到目标菌落，将目标菌落接种到堆体中，发现能够提高堆肥的效率缩短堆肥周期。周少奇通过对堆肥过程中微生物代谢动力学的研究，推算出生物化学方程式。何晶晶等在脱水污泥和城市有机固体废物混合堆肥的研究中表明，污泥与固体废物的最佳配比为26%～38%（质量比）。张永豪等通过研究好氧堆肥的曝气量与污泥反应速率之间的关系，得出了曝气量与污泥反应速度的函数方程，利用此方程对污泥堆肥过程中曝气量进行调控，使污泥的反应速率大大提高，提出一种新的污泥堆肥工艺。引人关注的是，中国科学院生态环境研究中心经过研究，成功开发了强制通风静态仓式市政污泥堆肥技术。提出了自然通风与强制通风相结合的好氧堆肥工艺，具有低能耗、高效率的特点。杨意东研究得出，提前对堆体进行通风处理能够提高堆体温度并且维持在最佳堆肥温度，提高堆肥效率。陈同斌通过对污泥好氧堆肥过程中填充剂的研究，得出了添加填充剂的比例不同对污泥堆肥的影响，经过大量的污泥堆肥试验得出最佳填充剂比例。在日本，畜禽粪便堆肥已实现工厂化，他们研制的卧式转筒式和立式多层式快速堆肥装置，发酵时间约1～2周，具有占地少、发酵快、质地优等特点。俄罗斯研制的有机发酵装置每天生产100 t有机肥，最后成品肥每吨中约含N、P、K 45 kg。美国BIOTEC2120高温堆肥系统，由10个大型旋转生物反应器组成，通过微生物发酵在72h内可处理1300 t的畜禽粪便或垃圾，使之成为优质有机肥料，这种方法对于高湿物料具有特殊的作用。韩国采用槽式发酵和螺旋式搅拌，这在国际上属于较先进的粪便发酵技术。国外在堆肥发酵工艺、技术和设备方面已日趋完善，基本上达到了规模化和产业化水平，但是，欧美发达国家一些先进的堆肥设施由于运行成本太高，在我国还没有普遍应用。

3. 基质化处理

有机废物食用菌基质化利用方面。欧美以农作物秸秆与畜禽粪便为原料进行工厂化、专业化食用菌基质生产，食用菌的生产和消费主要以双孢蘑菇为主。亚洲食用菌生产主要以木腐菌为主，日本和韩国的木腐菌工厂化生产技术走在世界前列，栽培料以木屑为主；东南亚国家近年食用菌发展较快，其食用菌生产也以木腐菌为主，品种主要为香菇等常见木腐菌食用菌品种，培养料主要以木屑为主。近年来非洲的一些国家陆续开始了食用菌的生产，其高端市场需要的双孢蘑菇工厂化的成套栽培技术引自欧美，而农业式的栽培多数是糙皮侧耳，引自我国。现阶段，欧美双孢菇栽培呈现了工业化生产，均已形成专业化、集约化、规模化、工厂化、机械化直至自动化的生产。美国专业从事双孢蘑菇菌种生产的Sylvan公司已在全球建立了十多家连锁企业。而从事培养料业务的荷兰Heveco

培养料公司，建有大型发酵隧道，将发酵的优质培养料直接或播种后供应给农户，年栽培次数可达6次，平均产菇26～32 kg/m^2，极大地提高了工效与菇房设施的利用率。我国现阶段的食用菌生产因各地资源形状差异不明确、缺乏安全推广的栽培配方、缺乏高效的综合利用技术装备，生产过程中食用菌易染杂菌、生产人工成本高，使相关企业承受较大的经济风险与行业负面效应。因此，我国尚需加强农业废弃物在食用菌生产中的新配方应用研究，提升农业废弃物在食用菌生产中的关键技术装备的研发，完善农业废弃物生产食用菌的标准化技术体系，以期在解决农业废弃物的处置、减少农业面源污染的同时，因地制宜地完善农业废弃物食用菌基质化利用技术与生产模式，带来经济和社会效益。

4. 饲料化处理

养殖废物饲料化，将养殖废物制作生产成饲料，因为养殖废物中养分含量丰富，如大量未消化的蛋白质、B族维生素、矿物质元素、粗脂肪和一定的碳水化合物，经过干燥、分解或者发酵处理后，充分将养殖废物中各种养分的利用率提高，同时将养殖废物中的病原菌等有害成分消灭，改善牲畜适口性后，制作成饲料用来饲养畜禽。

尽管养殖废物含有丰富的营养成分，但同时又可以是有害物质的潜在来源，养殖废物中有害物质包括病原微生物（细菌、病毒、寄生虫）、化学物质（如真菌毒素、杀虫药、药物、激素）、有毒金属等，所以将饲料化作为养殖废物的发展方向具有较大的安全风险。

5. 卫生填埋

填埋是固体废物处理的传统方法，传统填埋会造成对水源和大气的污染。由于微生物的分解作用产生垃圾场渗沥水，使垃圾中的重金属和有毒、有害物质渗入地表污染地下水。填埋场地散发出的有毒气体也会污染环境，美国Love Canal公害事件就是最明显的例证。因此，世界上许多国家都先后制定法规，如美国1976年修订颁布了《资源保护和回收法》，禁止使用传统的填埋方法；英国1977年实行了《填埋场地许可标准法》。这就促使传统的填埋方法不断改进和完善，出现了卫生填埋法。除极少数国家（如瑞士、日本和丹麦等）有一半以上的垃圾是用焚烧处理外，其他世界经济强国有一半以上的垃圾均采用了卫生填埋。

地下填埋和堆高填埋是两种常见的垃圾处置模式。不论是哪类垃圾，有害的还是无害的，在一定的水文、气象、地质条件下都可以选用其中的一种作为垃圾的处置方法。地下填埋法就是在地面以下进行填埋的方法，其适用于干燥、河网密度小、降雨量小、蒸发量大、地下水位低和地表水不补给地下水的地区。由于这些地区的黏性土层厚度大、透水性差，垃圾渗滤液难以向下迁移而污染地下水。堆高填埋处置模式就是在地面以上将垃圾铺开、分层压实并覆盖起来的方法，在潮湿、河网密度大、降雨量大、蒸发量小、地下水位高、地表水和地下水互为补给的地区，多采用此法。

6. 焚烧处理

在国外，有机物的精蒸馏残渣在单元操作车间装桶收集后，大多采用焚烧方法处置。焚烧的主要目的是尽可能焚毁废物，使被焚烧的物质无害和最大限度地减容，并尽量减少新的污染物质产生，避免造成二次污染。焚烧处理技术的核心是燃烧的合理组织和二次污染的防治。

焚烧是一种高温热处理技术，即以一定的过剩空气与被处理的有机废物在焚烧炉内进行燃烧反应，废物中的有毒有害物质在高温下氧化、热解而被破坏，是一种同时实现废物无害化、减量化、资源化的处理处置技术。目前焚烧处理的工艺和设备很多，主要的焚烧装置有旋转炉、固定床炉、流化炉、工业锅炉和水泥窑等，焚烧炉是利用燃烧方式处理废物的主体设备，可以有效去除精蒸馏残渣所含的有毒有害有机物质。焚烧能力是以焚烧量来表示的，是焚烧炉每小时焚烧危险废物的质量。

7. 热裂解处理

热化学转化技术是指在缺氧条件下进行加热使生物质热解转化成高附加值、便于储存、易运输、能量密度高且具有商业价值的固、液及气态燃料，以及热能、电能等能源产品。生物质热化学转化技术是生物质资源化开发利用研究中的重要分支，包括燃烧、气化和裂解技术。生物质热化学转化技术具有很高的转化速率，可利用低能耗获得具有较高热值的燃料气、燃料油或高附加值的化工原料，已成为生物质资源化开发利用中的研究热点。

生物质的热解气化技术是指高温缺氧的条件下，在气化反应装置中将秸秆、锯末等农林废弃物进行热解气化，生成 CO、H_2及小分子烃类等可燃气体。气化炉装置是热解气化技术中研究及开发的重点，我国目前所使用的生物质热解气化炉大多是流化床和下吸式固化床两种类型，主要应用于集中供气、中小型气化发电领域及工业锅炉供热等。

生物质裂解制油技术是指通过加热裂解将生物质转化为能量密度高的液体燃料，使其附加值大大提高，便于人类使用及存储运输。根据不同的生物质原材料，其裂解制油的最终液体燃料产品也不尽相同，例如包括生物油、生物柴油、乙醇及二甲醚等，它们可以替代石油能源产品，成为车用替代燃料。

近年来，国内外已开展了大量生物质裂解热力学、动力学、裂解机理、裂解反应器等方面的研究工作，例如 Mohammad S. Masnadi 等研究了煤和生物质的共裂解及气化反应动力学，发现反应温度对生物质裂解和共裂解产生的焦炭的物化性质有明显影响，并且在混合物的共裂解中，生物质和煤的裂解是独立发生的。Yiqin Wan 等发现微波辅助生物质裂解能提高产物的选择性。Abhishek Sharmaa 等开发出一种生物质裂解粒径模型，并用此模型研究了操作温度和生物质粒径对生物质转化率的影响，发现生物质粒径越小越有利于其裂解转化，而含水率增高则会降低生物质的转化率。

目前，国内外鲜有关于生物质规模化裂解成功的报道，尽管生物质热裂解在多方向上已经做了大量工作，但仍然存在许多问题。例如裂解反应温度较高，因受热不均使得在裂解反应过程中多种反应同时存在，裂解产物种类多且复杂。又如绝大多数生物质催化裂解的研究中使用的催化剂多为固相催化剂，固相催化过程中除了受热不均还存在催化剂活性因子与生物质接触不充分，催化剂催化性能难以充分发挥等问题导致反应过程产物调控困难。这些问题不仅使生物质裂解过程能耗高、二次污染控制风险大，还不利于裂解产物分级分类的有效选择和利用。

另一方面，关于生物质裂解的产物演化机理研究不足，虽然目前关于纤维素的裂解过程及机理有一定研究但不全面，裂解产物精确调控的基础也尚未形成。如果能够掌握生物质催化裂解产物的演化规律并能形成产物精确调控的机制，则有望根据裂解产物、中间产物的性质和价值，发挥裂解技术的优势，最大限度分级分类选择性裂解生物质生成高附加值的燃料或化工原料，驱动裂解技术的规模化应用。

1.2.3　管理现状

1. 美国农业有机废物管理

美国在 1965 年制定了《固体废弃物处理法》。1976 年颁布的《资源保护和回收法》（RCRA），是一部为有害和无害固体废物处理提供准则的基本法律，目的是解决日益严峻的城市垃圾和工业废物问题。主要目标是减少垃圾产生、节约能源、保护人群健康和环境安全。

根据美国农业部和能源部的估算，美国每年的农业生产能够产出农作物秸秆约 4.28 亿 t。其处置的主要途径有四个方面：一是被养殖场的牲畜吃掉，二是在田间被进行堆肥处理，三是被加工制作家庭饰品和建材，四是被加工成生物质燃料。1972 年，美国制定《清洁水法》，将畜禽养殖场污染纳入点源污染源管理模式。1998 年，实施清洁水行动计划，对 CNMP（Comprehensive Nutrients

Management Plan）进行了定义，主要是针对水、土壤、空气和动植物资源所做的保护措施，对粪便、污水贮存和处理实施综合养分管理，采取的措施是强制大中型的规模化养殖场必须严格落实，鼓励小型养殖户和散养农户在自愿的基础上自主实施。

2. 日本农业有机废物管理

日本自1992年提出“环境保全型农业”概念，先后制定颁布实施了《食物、农业、农村基本法》《关于促进高持续性农业生产方式采用的法律》《家畜排泄物法》等多部相关法律。在农作物秸秆无害化处理上，主要采取混入土中还田和作为粗饲料喂养家畜，其中秸秆直接还田的比例占秸秆利用总量的68%，作为粗饲料养牲畜的占秸秆利用量10.5%，与畜粪混合作成有机肥的占秸秆利用总量7.5%，制成牲畜养殖用草垫的占秸秆利用总量4.7%，只有一小部分难以处理而就地燃烧。在农用塑料薄膜污染防控治理方面，1956年，日本工业标准委员会起草制定了关于聚乙烯农用地膜的技术标准，并在1994年根据该标准的执行情况，对其进行了再次修订完善，进而形成了JIS K6784（1994）。JIS K6784（1994）规定了聚乙烯地膜厚度需在0.02mm以上，同时要具有较高的强度，以便能在使用过程中和回收时不会出现大面积破碎断裂而无法收集的情况。《废弃物处理及清扫法》中规定了农民在农用地膜使用结束后，不得随意丢弃，也不能私自进行焚烧和填埋到垃圾处理场里，从事农业生产的每位农户都有义务将废旧地膜按照法律的要求进行回收、打捆，并将其运送到划定的地点进行集中分拣分类处理，如果农户私自进行焚烧处理，将会被处以高额的罚款。

3. 欧盟农业有机废物管理

欧盟的《农业废弃物填埋条例》和《农业废弃物焚烧条例》，对农业固体废弃物回收处理进行了规定。丹麦被公认为是欧盟国家里农业固体废物处理做得最好的国家，政府管理部门、社会公众、农牧场管理者以及新闻媒体，都对减少农业环境污染问题很有兴趣。政府采取的主要管理措施有：①农作物种植严格按照轮作表进行，一般每块农田4～5年的作物轮作表要提前上报给农业组织。②在畜禽饲养方面，政府规定农场主所拥有的家畜数量和土地之间必须有一定的关联度，不能超过规定标准。③畜禽粪便的储存和还田方面，农场必须有储存畜禽粪便的设施，以保证较少量的氮的流失。④在土壤管理方面，政府和农业咨询中心不仅监控农场的经济账户，还包括肥料用量、农药使用量、能源和水的消耗量、废弃物排放量以及自然和文化遗产等内容。⑤在农业补贴政策方面，为了使农民提高环保意识，对有机农业给予一定的环保补贴。

4. 我国农业有机废物管理

我国作为农业大国，根据统计和测算，2017 年，全国畜禽粪污产生量约为 38 亿 t，农作物秸秆理论资源量为 8.84 亿 t，农用塑料薄膜使用量为 252.84 万 t。其中，日趋增加的畜禽粪便已经成为农村主要污染来源，而农用塑料薄膜的广泛使用也对农田土壤造成了较为严重的污染。此外，近年来随着经济社会不断发展、人口增多、城乡居民生活水平持续提高，生活垃圾的产生数量正在逐年递增，而广大农村由于基础设施建设较为滞后、处理技术手段较为落后、群众环保意识较为薄弱等因素，导致其所面临的“垃圾围村”问题突出。截至 2017 年，我国农村人口达 5.77 亿，占总人口的 41.48%，每年产生的生活垃圾已超过 1 亿 t，而其中大部分垃圾并未经过无害化处理，根据住房和城乡建设部统计数据，2017 年全国乡一级的生活垃圾处理率为 72.99%，其中无害化处理率仅为 23.62%。日益严峻的农村垃圾问题不仅影响了农村居民的生活环境，更是造成了深层次的危害。一方面，长期露天堆放的垃圾会散发有毒气体和臭味，滋生大量的蚊虫、病原微生物和老鼠，严重危害周边居民的身心健康；另一方面，垃圾堆积产生的渗滤液会浸入土壤及地下水中，垃圾中重金属、残余农药等有毒有害物质也会随着雨水冲刷进入周边水系，这些有害物质通过水源、土壤和空气的立体交叉污染以及对农产品质量安全的间接或者直接影响，污染和破坏了农村及周边地区的生态环境，并最终将危害转嫁给人类。

农业固体废物的治理工作正在扎实推进，国家以东北地区为重点，建设了 143 个秸秆综合利用试点县，推动区域秸秆综合利用能力整体提升；农业部（现农业农村部）相继印发实施了《农膜回收行动方案》《畜禽粪污资源化利用行动方案（2017—2020 年）》，要求到 2020 年全国农膜回收利用率达到 80% 以上、畜禽粪污综合利用率达到 75% 以上，在甘肃、新疆、内蒙古 3 个重点用膜省（区）建立了 100 个地膜回收示范县，在全国范围支持 100 个畜牧大县开展畜禽粪污资源化利用基础设施建设和装备配置。

同时，农村垃圾治理也已迫在眉睫，为解决“垃圾围村”问题，住房和城乡建设部等 10 部门于 2015 年 11 月联发了《关于全面推进农村垃圾治理的指导意见》（建村〔2015〕170 号），首次提出了农村垃圾 5 年治理的目标任务，即到 2020 年，全国 90% 以上村庄的生活垃圾得到有效治理；2018 年 11 月，生态环境部、农业农村部印发《农业农村污染治理攻坚战行动计划》（环土壤〔2018〕143 号），进一步强化了农村生活垃圾治理、畜禽粪污、秸秆、农膜废弃物资源化利用等任务措施。

1.3　洱海流域有机面源污染特征

洱海是云南省第二大淡水湖泊，是大理市主要饮用水源地，又是苍山洱海国家级自然保护区和国家级风景名胜区的核心，是整个流域乃至大理白族自治州社会经济可持续发展的基础，被称为大理人民的“母亲湖”。洱海流域污染以面源为主，进入雨季后，由于面源在时间和空间上的不确定性，流域地面硬化率增加使径流过程加快，加上近年来极端天气频繁出现，水质年内波动性增强，从而导致污染源输入后有较大的水华风险。

洱海流域养殖发达，且以家庭散养为主。据不完全统计，2011 年，洱海流域奶牛存栏数约 9.0 万头，分散养殖量占到总养殖量 93%。2012 年，大理白族自治州奶牛养殖仍以散养为主体，户均养殖一般在 2 ~ 3 头，全州 10 头以上规模户 96 户，50 头以上只有 26 户。2013 年洱海流域奶牛存栏量为 114283 头，分散养殖量占到总养殖量 93%。2013 年永安江流域奶牛存栏量为 17974 头，均为散养，无规模化养殖场或合作社。养殖污水、粪便有序收集、处置困难，是当前洱海流域农业面源污染的主要原因之一。一方面，在农村分散式庭院养殖过程中，养殖粪便随意露天堆放、养殖废水任意排放。由于居民区没有完善的清污分离、收集设施，大量养殖污染物直接流入水体或沉积在村庄沟渠中，随初期暴雨地表径流冲刷进入水环境风险较大。其次，近年来传统圈舍向水冲洗圈舍转变步伐也逐渐加快，养殖粪便清理频率加大，养殖废水的排放量增加，加大了氮磷流失的风险。另一方面，养殖粪便处理措施单一，加剧了养殖粪便随意露天堆放的程度。目前，直接还田利用是养殖粪便主要的途径，缺乏养殖粪便的增值利用措施。

奶牛粪便等农业废弃物的利用方式单一，种养脱节问题突出。奶牛粪便等农业废弃物以直接还田利用为主。牛粪产生与种植季农田利用错位，种养脱节问题突出。每年 5 ~ 6 月和 10 ~ 11 月是农田大春和小春作物倒茬时期，形成了洱海流域奶牛粪便堆置的两个高峰期，累积存贮半年的奶牛粪将在这个时期被农田消纳。高峰期过后，奶牛粪便田间堆积量迅速回落，从 6 ~ 10 月以及从 11 ~ 次年 5 月奶牛粪便田间堆积量又逐渐增加。尤其是 6 ~ 10 月是暴雨集中时段，农田非用肥期随意堆置普遍，由传统农家肥变成了污染物，便成为农业面源污染的重要原因；加之小农数量大，虽有施用有机肥或农家肥的习惯，但有机肥利用方式经济效益低，导致农民更多或过量的施用化肥追逐高产，争取最大收益，结果却带来更大的农田面源污染。如稻-蒜轮作体系中，农家肥或有机肥的施用达到 $65t/hm^2$，化肥 N $0.8t/hm^2$。解决该期奶牛粪便的存储问题是解决养殖污染的关键所在。

小农生产模式以及激励机制欠缺是洱海流域农业面源污染防治的主要障碍。在洱海流域，无论是种植业还是养殖业，小农生产模式始终是农业面源污染防治的障碍。围绕水旱轮作和奶牛分散养殖引起的洱海流域农业面源污染的两大突出问题，如何将环境友好型农业技术从零散应用转化为规模化应用，努力达到预期环境保护目标，特别需要有针对性的深入研究以实现洱海流域农业面源污染规模化防控的组织模式与运行机制。转变洱海流域农业生产方式，优化农业生产结构，遏制洱海富营养化程度进一步恶化，保护洱海水环境安全的重大举措，也是大理白族自治州科技发展的重大需求[1-50]。

参考文献

[1] 杨建云．洱海湖区非点源污染与洱海水质恶化［J］．环境科学导刊，2004，23（s1）：104-105.

[2] 张建华．洱海湖滨区畜禽粪便污染与资源化利用措施［J］．土壤肥料，2006，（2）：16-18.

[3] 李书田，刘荣乐，陕红．我国主要畜禽粪便养分含量及变化分析［J］．农业环境科学学报，2009，28（1）：179-184.

[4] 廖青，韦广泼，江泽普，等．畜禽粪便资源化利用研究进展［J］．南方农业学报，2013，44（2）：338-343.

[5] 邹星炳．山区散养户多功能牛舍推广研究［J］．中国牛业科学，2015，41（6）：86-88.

[6] 贾丽娟，宁平，瞿广飞，等．洱海北部畜禽粪便沼气资源化潜力分析［C］．中国环境科学学会2010年学术年会，2010.

[7] Huang K，Qu G F，Ning P，et al. Research on nitrogen and phosphorus losses of natural composting manure in the northern region of Erhai Lake［J］．Advanced Materials Research，2010，160-162：585-589.

[8] 李劲松．当前农村小规模养猪户存在的问题及建议［J］．湖北畜牧兽医，2010，（11）：13-14.

[9] 蒋永宁，王吉报．云南大理奶牛产业化发展探析［J］．云南农业大学学报：社会科学版，2012，6（3）：28-30.

[10] 林可聪．畜禽粪便资源的高温堆肥处理［J］．中国资源综合利用，2001，（10）：33-34.

[11] 姚燕，王艳锦，李改莲，等．厌氧发酵液商品化开发研究［J］．河南农业大学学报，2003，37（1）：78-80.

[12] 彭奎，朱波．试论农业养分的非点源污染与管理［J］．环境保护，2001，（1）：15-17.

[13] 周轶韬．规模化养殖污染治理的思考［J］．内蒙古农业大学学报：社会科学版，2009，11（1）：117-120.

[14] D'Amico M，Filippo C D，Rossi F，et al. Activities in nonpoint pollution control in rural areas of Poland［J］．Ecological Engineering，2000，14（4）：429-434.

[15] 彭里．重庆市畜禽粪便污染调查及防治对策［D］．重庆：西南农业大学，2004.

[16] Evans P O, Westerman P W, Overcash M R. Subsurface drainage water quality from land application of seine lagoon effluent [J]. Transactions of the American Society of Agricultural and Biological Engineers, 1984, 27 (2): 473-480.
[17] 颜培实，李如治．家畜环境卫生学 [M]．北京：高等教育出版社，2011.
[18] Pell A N. Integrated crop-livestock management systems in sub-saharan Africa [J]. Environment Development & Sustainability, 1999, 1 (3-4): 337-348.
[19] 郭亮．规模化奶牛场粪便处置方法的比较研究 [D]．南京：南京农业大学，2007.
[20] 何明福．农村规模养殖的环境污染与治理对策 [J]．当代畜禽养殖业，2009，(1)：54-55.
[21] 黄灿，李季．畜禽粪便恶臭的污染及其治理对策的探讨 [J]．家畜生态学报，2004，25 (4)：211-213.
[22] 潘琼．畜禽养殖废弃物的综合利用技术 [J]．畜牧兽医杂志，2007，26 (2)：49-51.
[23] 相俊红，胡伟．我国畜禽粪便废弃物资源化利用现状 [J]．现代农业装备，2006，(2)：59-63.
[24] 汪建飞，于群英，陈世勇，等．农业固体有机废弃物的环境危害及堆肥化技术展望 [J]．安徽农业科学，2006，34 (18)：4720-4722.
[25] 孙永明，李国学，张夫道，等．中国农业废弃物资源化现状与发展战略 [J]．农业工程学报，2005，21 (8)：169-173.
[26] 叶美锋，吴飞龙，林代炎．农业固体废物堆肥化技术研究进展 [J]．能源与环境，2014，(6)：57-58.
[27] Schaub S M, Leonard J J. Composting: an alternative waste management option for food processing industries [J]. Trends in Food Science & Technology, 1996, 7 (8): 263-268.
[28] 杨柏松，熊文江，朱巧银．好氧堆肥技术研究 [J]．现代化农业，2016，(7)：57-59.
[29] 沈玉君，李国学，任丽梅．不同通风速率对堆肥腐熟度和含氮气体排放的影响 [J]．农业环境科学学报，2010，29 (9)：1814-1819.
[30] 马怀良，许修宏．不同 C/N 对堆肥腐殖酸的影响 [J]．中国土壤与肥料，2009，6：64-67.
[31] 庞金华，程平宏，余延园．高温堆肥的水汽矛盾 [J]．农业环境保护，1999，18 (2)：73-75.
[32] United States Environmental Protection Agency (USEPA). Composting of municipal wastewater sludges [C]. Seminar Publication, 1985.
[33] 李玉红，王岩，李清飞．不同原料配比对牛粪高温堆肥的影响 [J]．河南农业科学，2006，11：65-68.
[34] 吴鸿强．城市垃圾堆肥的深度加工的处理工艺及设备 [J]．环境保护，1998，(3)：22-24.
[35] 魏源送，樊耀波．堆肥系统的通风控制方式 [J]．环境科学，2000，1 (2)：101-104.
[36] Bertoldi M de, Vallini G, Pera A. The biology of composting: a review [J]. Waste Management & Research, 1983, 1: 157-176.

[37] Epstein E，Alpert J E. Composting：engineering practices and economic analysis [J]. Wat Sci Tech，1983，15：157- 167.

[38] Epstein E，Willson G B，Burge W D，et al. A forced aeration systems for composting wastewater sludge [J]. Journal WPCF，1976，48 (4)：668-694.

[39] Haug R T . The practical handbook of compost engineering [M] . CRC- Press，1993.

[40] 国家环境保护总局污染控制司. 城市固体废物管理与处理处置技术 [M]. 北京：中国石化出版社，1999，262-272.

[41] Finstein M S，Miller F C，Strom P E. Waste treatment composting as a controlled system [J]. Biotechnology，1986.

[42] 严煦世. 水和废水处理技术研究 [M]. 北京：中国建筑工业出版社，1991，808-809.

[43] Erickson B D，Elkins C A，Mulli L B，et al. A metallo- beta- lactamase is responsible for the degradation of ceftiofur by the bovine intestinal bacterium Bacillus cereus P41 [J]. Vet. Microbiol，2014，172：499-504.

[44] Epstein E，Willson G B，Burge W D，et al. A forced aeration system for composting wastewater sludge [J]. Journal of WPCF，1976，48 (4)：688-694.

[45] 魏源送，王敏健，王菊思. 堆肥技术及发展 [J]. 环境科学进展，1999，7 (3)：11-23.

[46] 陈世和，张所明，宛玲，嵇蒙. 城市生活垃圾堆肥处理的微生物特性研究 [J]. 上海环境科学，1989，8 (8)：17-21.

[47] 冯明谦，刘德明. 滚筒式高温堆肥中微生物种类数量的研究 [J]. 中国环境科学，1999，19 (6)：490-492.

[48] 杨虹，李道棠，朱章玉. 高温嗜粪菌的选育和猪粪发酵研究 [J]. 上海环境科学，1999，18 (4)：170-172.

[49] 周少奇. 有机垃圾好氧堆肥法的生化反应机理 [J]. 环境保护，1999，3：30-32.

[50] 何品晶，邵立明，陈绍伟. 城市垃圾与排水污泥混合堆肥配比的研究 [J]. 上海环境科学，1994，3 (6)：21-23.

第 2 章　有机污染堵源技术

2.1　生态圈舍构建技术

2.1.1　奶牛分散养殖现状

永安江流域的奶牛分散养殖主要以卫生圈舍为主（水冲洗圈舍），同时也保留了少量的传统圈舍。卫生圈舍需要定期清理粪污，为奶牛提供一个干净卫生的环境。然而该养殖方式加大了面源污染的风险，由于圈舍对养殖粪便的贮存功能降低，养殖粪便清理频率加大，造成了养殖污水排放量的增加以及养殖固废随意堆置量的增加。

永安江流域周边的奶牛粪便随意露天堆置是水体富营养化污染的主要污染源之一，消除奶牛粪便的随意堆置是解决洱海流域面源污染问题的必要措施。自奶牛分散养殖污染减排示范工程运行以来，示范区内每年约有 2 万 t 的奶牛粪便被收集处理为有机肥产品，避免了其在田间地头堆置时可能产生的污染。然而，收集站建成后依然能看到部分牛粪随意堆置的现象，调查后得知，部分养殖户由于自家有种植施肥需要，没有送往收集站卖出，而采取传统的方法堆置肥化（图 2-1、图 2-2）。

为深入解析永安江流域奶牛分散养殖中存在的问题，作者课题组对位于永安江下游核心示范区的多个自然村进行了抽样调研，结果如下。

（1）基础情况

从奶牛的养殖规模来看，核心示范区内以分散养殖为主，84% 的养殖户都只喂养 3 头以下，超过 10 头的养殖户只有 2%。养殖圈舍则以卫生圈舍为主，传统圈舍只占了 12%，而且在所有的养殖户中 93% 是以人畜混居的形式圈养的，即圈舍建在家庭的院子中。在调查中还发现，有 73% 的卫生圈舍是由传统圈舍改建的，在所有用过传统圈舍的养殖户中，约有 10% 的奶牛患有烂蹄子病（图 2-3）。因此，从保证奶牛的健康、牛奶的品质以及人居环境的卫生，卫生圈舍取代传统圈舍是合理的。但从环境角度来看，这种圈舍类型的演变给周边水体带来了潜在的富营养化的威胁。

图 2-1　永安江流域奶牛分散养殖情况现场调研

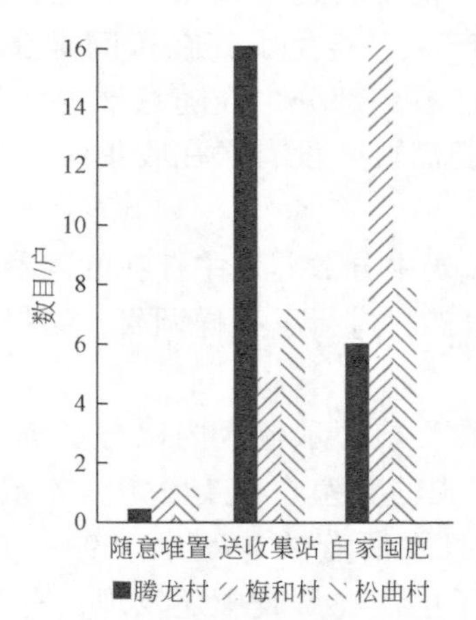

图 2-2　奶牛粪便处置方式调查结果

2013 年核心示范区的奶牛存栏量为 1.3 万头，产生奶牛粪便约 15 万 t。由于卫生圈舍所占的比例大，而且缺乏粪便贮存能力，大量的奶牛粪便没有出路，无疑会增加随意堆置的量。而且，分散的养殖方式也加大了粪便的处理与处置难度。

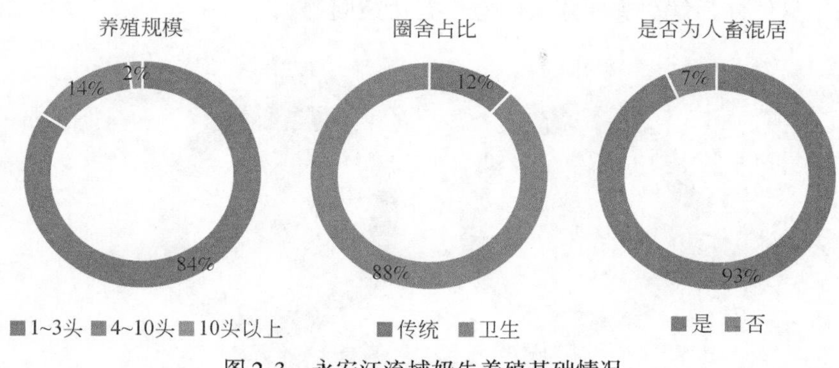

图 2-3　永安江流域奶牛养殖基础情况

（2）清粪周期

奶牛养殖圈舍的清粪周期直接影响粪便的随意堆置量。根据调查结果，传统圈舍的清粪通常为半年一次，最短的是一个月一次。在传统圈舍中，奶牛粪便得以贮存并发酵，在施肥季作为农家肥施用，避免了粪便在雨季的露天随意堆置。反观卫生圈舍，为保证圈舍的卫生，1 天内需要清粪 3 ~ 5 次，圈舍缺乏粪便贮存能力，养殖户主要以露天堆置为主，雨季到来时，给永安江流域造成极大的富营养化威胁（图 2-4）。

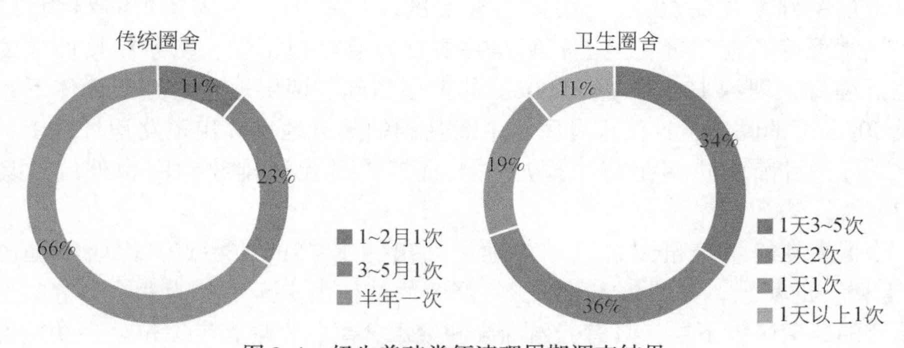

图 2-4　奶牛养殖粪便清理周期调查结果

（3）恶臭产生及蚊虫滋生情况

由于 93% 的奶牛养殖圈舍位于庭院中，考虑到人居环境的卫生，对传统圈舍和卫生圈舍的恶臭产生和蚊虫滋生的情况进行了调查（图 2-5）。与传统圈舍相比，卫生圈舍的环境卫生要更令人满意，有 35% 的养殖户认为卫生圈的圈舍卫生情况良好，不需要解决，而极少人满意传统圈舍的卫生情况。

基于以上的背景及调研分析结果，课题组对养殖圈舍的结构进行设计研究，使圈舍具有固液分离的能力，养殖粪便能在圈舍内贮存并得到初步处理，减少甚至消除恶臭气体，解决粪便露天随意堆置污染问题。

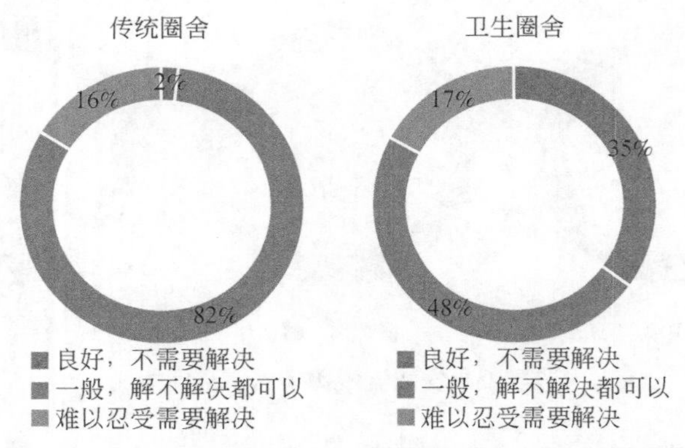

图 2-5　奶牛养殖圈舍恶臭产生及蚊虫滋生情况调查结果

2.1.2　基于功能区重构的固液分离技术

1. 结构设计及功能分区

永安江流域的奶牛养殖圈舍主要由地下埋身和地上石脚两层组成：地下埋身是下层基础，在深 50cm 的用素土夯实的基坑中埋入垒砌条形石材为骨架，用石块水泥等填充勾缝；地上石脚是将石材打磨对边干砌，灰浆粘接而成的窄于地下埋身，埋深 10cm，露出 90cm 的上层基础。两层地基上夯土墙体下还要敷设 50cm 高的圈梁，这使现有民居牛圈基础的圈舍地坪高出道路地坪约 1 ~ 2m（图 2-6），目前农户多是将牛圈冲洗水直接通过孔洞排放到圈舍外墙的臭水沟中。

根据大理奶牛养殖圈舍基础离地坪高出约 1 ~ 2m 的特点，课题组提出了“牛上楼”的概念，如图 2-7 所示，将圈舍的结构由上至下分为两个部分。上层为圈舍的养殖区，下层为具有养殖固废和废水分离、收集和半原位处理功能的处理区。牛床设有漏粪隔板，养殖废物通过漏缝地板由养殖区域下落到处理层，在清理层通过固液分离板实现粪尿分离，同时贮存和预处理固体废弃物；污水处理系统位于圈舍的最下端，可对养殖污水进行半原位厌氧发酵和氮磷脱除回收处理。

（1）奶牛养殖区

圈舍的养殖区域为圈舍的主体，单间牛圈（养殖 1 头奶牛）开间 3. 6m，进深 2. 4m，高度 2. 4m，具体构建面积根据养殖规模确定。圈舍设有过道和牛床，过道进深 0. 6m，过道与牛床之间用栅栏隔开；牛床的后端设漏粪板，奶牛粪便通过漏粪板进入下层清理层。

图2-6　现有居民奶牛圈舍基础

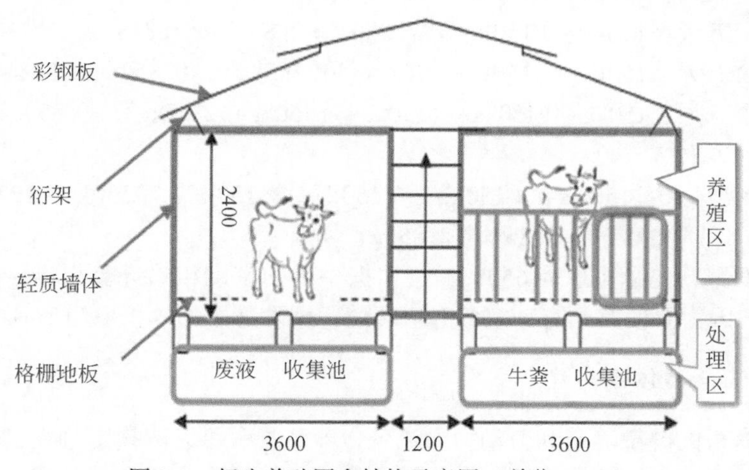

图2-7　奶牛养殖圈舍结构示意图（单位：mm）

养殖区选择性地进行功能分区，即生活区和挤奶区。生活区以传统的垫圈式圈舍为主，圈舍底部垫膨胀剂（如秸秆），撒入微生物菌剂加快粪便的腐熟速率。挤奶区干爽清洁，将奶牛迁入卫生干净的区域进行挤奶，保证了牛奶的品质。

（2）粪便贮存处理区

处理区位于养殖区的下方，具有养殖固废和废水分离、收集和半原位处理的功能。养殖废物在圈舍底部处理，能最大程度地减少其贮存和处理过程中对养殖区域以及对人居环境的影响。固液分离后，对养殖废物进行强化堆肥化处理，使堆肥过程能够在有氧的环境下快速进行，减少臭气的产生；废水进行外场强化厌氧发酵后，再将水中的氮磷等营养物质，用廉价的吸附剂进行吸附，可达到农田回用的标准，吸附饱和后的吸附剂可以作为有机营养土使用。

为在一定程度上延长圈舍的清粪周期，粪便的贮存和堆腐的区域大小设置按以下的方法进行设计：

对于养殖一头奶牛的农户，一头奶牛一天大约产生 30kg 的粪便，由于牛粪与牛尿的混合，使得圈舍的卫生环境较差，一般农户选择一天一清以保证圈舍卫生条件。

“牛上楼”圈舍的构建，在保证圈舍卫生条件的前提下，可在圈舍的处理区内进行牛粪的连续式堆肥化，清理周期可为一个月一次，降低劳动力。堆肥效果：30kg 牛粪堆肥 5 天变为 25. 5kg（按 5 天 15% 计算），第十天变为 21. 675kg。发酵区连续堆肥，一个月后其内堆料为：

第一个五天：150kg

第二个五天：150kg+127. 5kg=277. 50kg

第三个五天：150kg+（150kg+127. 5kg）×0. 85=385. 88kg

第四个五天：150kg+（150kg+（150kg+127. 5kg）×0. 85）×0. 85=477. 99kg

第五个五天：150kg+（150kg+（150kg+（150kg+127. 5kg）×0. 85）×0. 85）×0. 85=556. 29kg

第六个五天：150kg+（150kg+（150kg+（150kg+（150kg+127. 5kg）×0. 85）×0. 85）×0. 85）×0. 85=622. 85kg

所以发酵区的承重取为 650kg，且根据牛粪的密度粗略计算得，一吨牛粪大致有 $1m^3$，因为要使其具有一定的有氧环境，则发酵区的体积取为 $1m^3$/头奶牛。

2. 固液分离体系构建

由于禽畜的分散养殖和劳动力的流失，养殖圈舍每天清扫困难大，粪尿在没有分离的情况下长期累积在圈内，使得病原体大量滋生，恶臭现象明显，卫生情况堪忧。传统养殖是将禽畜排泄物直接归田，但现在随着社会和科技的发展，这已经与新时代的发展理念脱轨。现阶段以洱源县奶牛养殖为例，农户习惯对奶牛粪便进行集中清理堆积，待晾晒风干后还田，但往往是尿液和粪便相互混杂而难以分离，尿液中的能量因难以收集往往容易流失，而尿液中氮素含量约是粪便中氮素含量的 2 倍，渗入土壤中造成面源污染。如果能及时把粪便与尿液分开然后分别进行针对化处理，可达到高效资源化利用的目的。而现有的粪尿分离技术是对牛粪集中收集后用离心方法进行分离，不适用于奶牛养殖的散户。对此，在新建的圈舍中，开发尿粪分离技术，使得粪尿直接在圈舍内分离，以便于农户清理，同时还保障了圈舍的卫生。尿粪分离主要通过固液分离板实现，同时铺上辅助垫料以提高粪尿分离的效果和粪便的腐熟率。

（1）漏粪板

为将奶牛养殖过程中产生的粪尿快速地从养殖区域转到处理层，保持圈舍的环境卫生，减少清粪工作压力，以漏粪隔板作为垫圈材料，使粪尿自然下落至处理层。由于漏粪板能自发性漏下绝大部分粪便，漏粪板的清扫周期可以达到一个月以上一次。此外，漏粪板在温、湿度，微生物及 pH 等环境因素方面的稳定性更高，环境恶化或疫情爆发的风险会大大降低。对收集的牛粪进行集中处理，在资源化利用方面效果更好。

漏粪板的材料，可选择钢筋、水泥或新型的复合材料。其中钢筋、水泥具有强度高、易加工的特点，但其接触面积粗糙，会对牛蹄产生影响，因此，在应用中应再增加脚垫以保证奶牛生活的舒适性。复合材料为昆明理工大学自主研发的利用废弃物制作而成，材料外强度高，使用时间长，工艺更简单，生产过程更环保。具有长达 10 年以上的使用年限，相较于绝大多数垫圈材料拥有绝对优势。

漏粪板设计参数：牛漏粪板参照成年奶牛最大体重 800kg，成年牛蹄掌部平均长 18cm、宽 16cm，犊牛蹄掌部平均长 10cm、宽 8cm，漏粪板承重按体重 150% 的参数设计。牛舍漏粪板规格 150cm×54cm×14cm，漏粪缝隙宽 4cm，漏粪板厚度 6cm（图 2-8）。

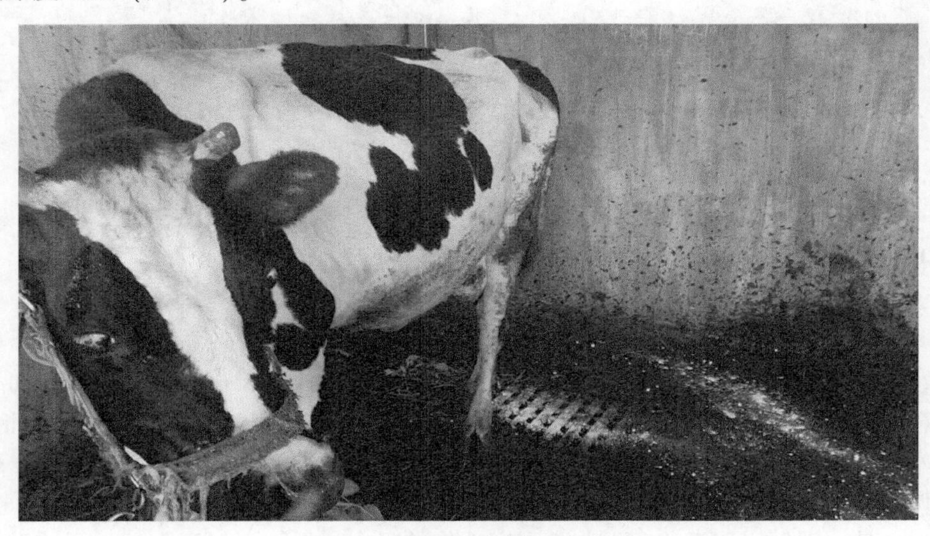

图 2-8　奶牛圈舍漏粪板实物图

（2）固液分离板

固液分离板是为了使养殖过程中的牛粪与牛尿发生自主式的分离，从而达到牛粪在固液分离板上部固化风化进行好氧堆肥，牛尿在固液分离板下部统一收集的效果。固液分离板的合理运用能有效地改善养殖圈舍的卫生环境，牛粪与牛尿不再与奶牛的生活区直接接触，且能在单独的模块内得到有效处理，减少了养殖废物污染物的排放，缓解了农村的面源污染严重的现象。

固液分离板的材料，可选择钢筋、钢板和新型的复合材料。钢板作为固液分离板的主要材料，是分离牛粪与牛尿的主要载体，钢板上设置的特殊圆形孔型，圆形结构能最大程度地减少对钢板稳定性的破坏，增加固液分离板的使用寿命。将固液分离板按与牛粪接触量划分为四个区域。与牛粪接触量大的区域，孔分布越密；与牛粪接触量小的区域，孔分布越疏，呈现为梯度分布，并将固液分离板向清粪口设置倾斜角为5°的坡度，能有效保障牛粪与牛尿的分离以及降低了固液分离板的生产成本。辅助材料为新型复合材料，是昆明理工大学自主研发的利用廉价材料精加工而成，其疏水效果好，使用时间长，固液分离效果更显著（图 2-9）。

图 2-9　圈舍改建中设计出的固液分离板及使用效果

设计参数：固液分离板参照成年奶牛每月产牛粪 900kg，其规格为 220cm×120cm×0. 3cm，圆形孔洞直径 0. 3 出门，孔数为 48 个。

（3）垫料

在功能区重构的情况下，奶牛粪便经过固液分离贮存在处理区的固液分离板上，进行半原位的堆肥化。为提高固液分离及发酵的效果，在固液分离板上加入垫料进行强化。如图 2-10 所示，在当地的传统圈舍中使用到的垫料主要有稻秸、玉米秆、松毛、茅草等，其中使用最多的是，稻秸和玉米秆，对粪便初始含水率的调节以及粪堆的透气性都能起到很大的改善。

此外，课题组用湖泊底泥制备了高性能的吸水材料，类似于陶粒，可铺设于

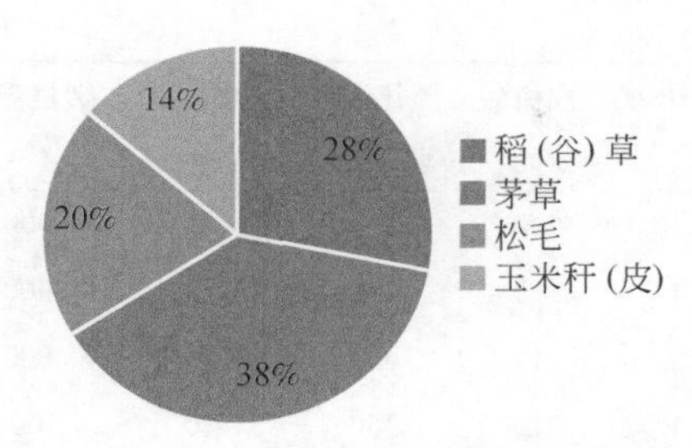

图2-10　永安江流域传统圈舍使用的垫料

粪便底部用于吸水过滤。吸水材料采用粉煤灰、膨胀剂对底泥进行共混膨化烧结处理，制备得到一种新型高效透水材料，吸水率达到66.71%。

研究选择了影响材料对水吸收的8个因素。其中包括原料比例和煅烧过程[沉淀物、煤灰、碳酸氢钠（$NaHCO_3$）、柠檬酸、预热温度、预热时间、煅烧温度、煅烧时间]。每个因子的三个水平被选择进行L9（3^8）正交试验。利用影响材料吸水的各种因素对材料的吸水性能进行了测试。然后确定了原料的最佳配比和最佳煅烧工艺。测试的8个因素和3个水平如表2-1所示。正交试验表见表2-2。正交试验方差分析表见表2-3。

表2-1　L_9（3^8）正交试验因素与水平

因子	水平1	水平2	水平3
沉淀物/g	20	30	40
煤灰/g	20	30	40
$NaHCO_3$/g	5	10	15
柠檬酸/g	5	10	15
预热温度/℃	300	350	400
预热时间/min	10	20	30
煅烧温度/℃	800	900	1000
煅烧时间/min	10	20	30

表2-2　正交试验结果表

编号	沉淀物/g	煤灰/g	$NaHCO_3$/g	柠檬酸/g	预热温度/℃	预热时间/min	煅烧温度/℃	煅烧时间/min	吸水率/%
1	20	20	5	5	300	10	800	10	24.66
2	30	30	10	10	350	20	800	20	25.25
3	40	40	15	15	400	30	800	30	27.31

续表

编号	沉淀物/g	煤灰/g	$NaHCO_3$/g	柠檬酸/g	预热温度/℃	预热时间/min	煅烧温度/℃	煅烧时间/min	吸水率/%
4	30	40	10	5	300	20	900	10	52.08
5	40	20	15	10	350	30	900	20	57.42
6	20	30	5	15	400	10	900	30	43.71
7	40	30	15	10	350	30	1000	10	65.14
8	20	40	10	15	400	10	1000	20	55.59
9	30	20	5	5	300	20	1000	30	56.81

根据正交试验方差分析结果可知，材料煅烧温度的 F 值远大于 F 0.95（2，7），因此煅烧温度对材料的吸水性有显著影响。沉积物、预热时间和 $NaHCO_3$ 的 F 值略大于 F 0.95（2，7），这意味着沉积物、预热时间、$NaHCO_3$ 对材料的吸水有一定的影响。显著性：沉积物=预热时间>$NaHCO_3$。其他因素不显著。煅烧的试验主要是为了提高其吸水性。第七组试验，吸水率高达65.14%。结合正交试验表和正交试验方差分析表。然后确定最佳的原料配比和最佳煅烧工艺，30组吸水材料采用最佳原料配比和最佳煅烧工艺进行煅烧。根据实测结果，该吸水的材料的吸水量最高为66.7%，最低为57.7%，平均吸水率为61.1%，明显优于类似陶粒的吸水率（10% ~ 48%）。

2.1.3　生态圈舍改建与新建方案研究

1. 方案一：侧收型改建

根据现有民居牛圈基础的圈舍地坪高出道路地坪约1 ~ 2m，在圈舍外垒设带雨棚的两个收集槽，收集孔洞排出的废液的同时还可储存一定的牛粪。粪便收集池深1m，加入三分之一的垫料（由生物菌剂、秸秆、稻壳等材料混合而成），固液分离后的粪便在池中初步发酵。处理后的粪便可直接还田使用，或卖给收集站、有机肥厂和沼气站。分离后的污水经处理后可用于奶牛圈舍冲洗，实现循环利用。该方案的优点是可以在现有农户家的圈舍外墙直接垒砌，无需大的土方重新构建圈舍，投资少见效快。改造效果如图2-11所示。

方案一在永安江下游的梅和村进行了简易的改造，如图2-12所示。在圈舍后部设牛粪收集池，并在圈舍内的地面设可开关的清粪口，奶牛粪便通过人力由圈舍内通过清粪口清扫至收集池。该改造方案养殖户需要每天对圈舍内的奶牛粪便进行清理，与现有的卫生一致，但粪便可在收集池中贮存0.5 ~ 1.5个月。此方案在一定程度上减轻了养殖户的劳动强度，改善了人居和环境卫生，但空间利

图2-11　侧收型奶牛圈舍改造效果图

用率差，而且收集池简易构建也存在氮磷流失的问题，不能很好地解决奶牛分散养殖圈舍的问题。

图2-12　侧收型奶牛圈舍改造实物图

以该改建为案例对永安江流域村镇的奶牛养殖户进行了问卷调研，结果如图2-13所示。从饼状图中可以得出，大部分养殖户对侧收型生态圈舍的清粪便利性比较认可，有 54. 55% 的人认为方便，34. 34% 的人认为比较方便，这部分养殖户认为粪便的贮存周期可达一周以上，因此偏向于便利。有 11% 的人认为侧收型生态圈舍不方便，他们认为粪便需要 1 ~ 3 天清扫一次。

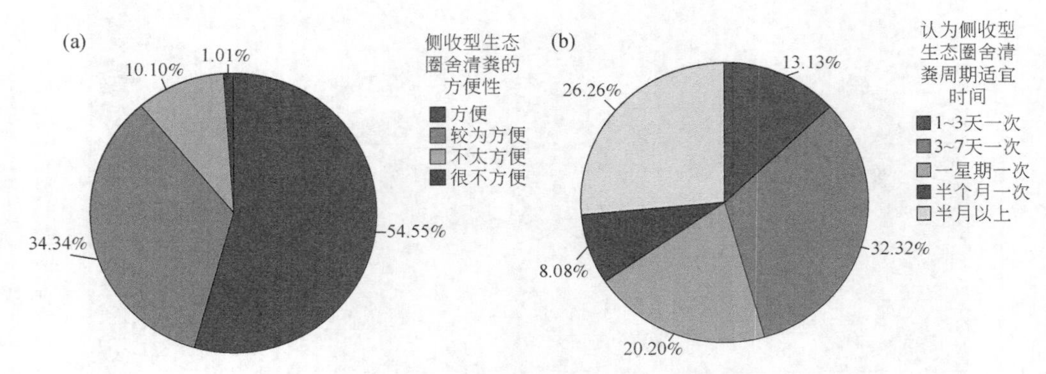

图 2-13　侧收型生态圈舍清粪方便性和清粪周期调查结果

2. 方案二：下收型改建

在不改变现有奶牛圈舍主体结构的基础上，根据“基于功能区重构的固液分离技术”进行下收型圈舍改建。在圈舍的后下方或侧下方打出 1. 5 ~ 2m 深的粪尿收集池，粪尿的收集处理系统以组装的形式放到池子里，牛床与粪尿收集池用漏粪板隔开，如图 2-14 所示。

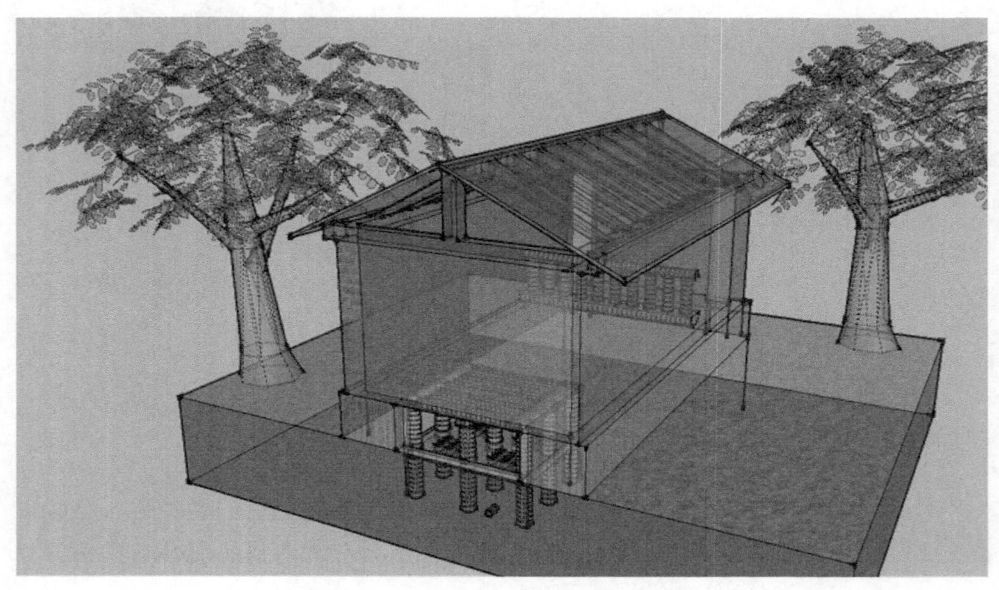

图 2-14　现有圈舍的下收型改建效果图

方案二在永安江下游的腾龙村进行了改造，如图 2-15 所示。在圈舍底部设 1. 2m 深的粪尿贮存区，与圈舍通过漏粪板隔开，奶牛的粪尿通过漏粪板进入粪尿贮存区后，通过固液分离板实现固液分离，尿液进入收集池。该改造方案奶牛粪自然进入粪尿贮存区，不需要养殖户对圈内进行清理，粪便可在收集池中发酵贮存 1 ~1. 5 个月。此方案具有清粪劳动强度低、干湿分离、清粪效率高、空间利用率高、人牛生活状况极大改善、环境污染小、人居和环境卫生的优势，但改造及新建费用稍高于方案一。

图 2-15　下收型奶牛圈舍改造实物图

以该改建为案例对永安江流域村镇的奶牛养殖户进行了问卷调研，结果如图 2-16 所示。与方案一对比，下收型的粪便贮存能力更好，超过 60% 的人认为其清粪周期可达到半个月以上。大部分养殖户对下收型生态圈舍的清粪便利性亦比较认可，有 32. 32% 的人认为方便，35. 35% 的人认为比较方便，这部分养殖户普遍认为粪便的贮存周期可达半月以上，因此偏向于便利。有 24. 24% 的人认为下收型生态圈舍不太方便，这部分养殖户对圈舍的贮存能力亦比较认可，78% 的人认为清粪周期达半个月以上，而他们认为不方便的原因是贮存区里的粪便出粪时不太方便。有 8. 08% 的人认为下收型生态圈舍非常不方便，这部分人否定了圈舍粪便贮存的能力，有 50% 的人认为需要 3 ~5 天清一次粪，他们的理由主要是粪便贮存区的容积太小。

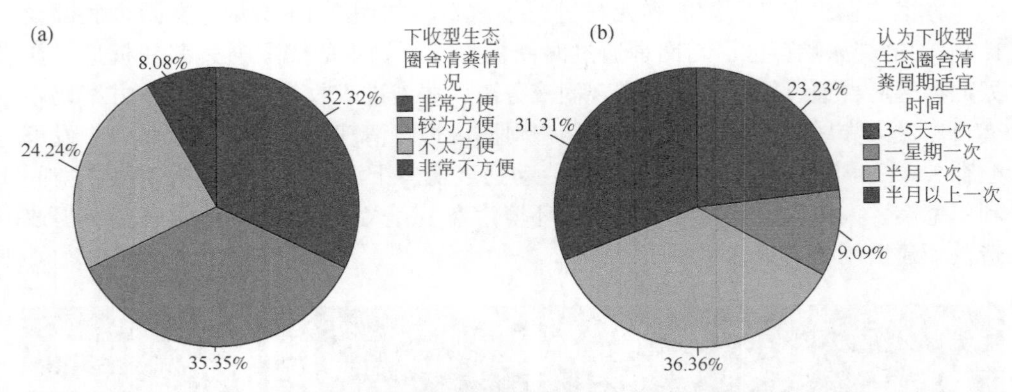

图 2-16　下收型生态圈舍清粪方便性和清粪周期调查结果

3. 方案三：下收型新建

圈舍设置两开间，中间设爬梯可上到阁楼空间。单间牛圈开间 3. 6m，进深 2. 4m，高度 2. 4m。单间牛圈为单面敞开，设置栏杆，分别设喂料口和 1. 2m 的门。单个圈舍主体被 6 个 30cm 圆柱架起 1. 5m，脱离地面的空间设置牛粪收集池和废液收集池。

该方案中，我们考量的是在准备建设牛圈的农户家中参与设计和构建，在尊重农户需求的同时，将撑脚圈舍建筑形式和轻型建筑概念融合在一起。方案三设计的效果如图 2-17 所示，针对墙体、屋面、地板、基础等方面的设计理念如下。

图 2-17　新建奶牛圈圈舍效果图

（1）墙体

采用箱型结构作为单间圈舍结构。用4张尺寸为1220mm×2440mm的保温防潮板材围成环状单元，3个单元串联成圈舍箱体，单元间用肋板固定，保证环状结构的稳定性。最后在一端安装侧板，从而形成五面为合一面敞开的箱体。所有连接均为螺钉连接的方式，安装过程简单快捷。

墙体材料可选用面板+芯材的多层复合板作为墙体材料，其夹心层可以用硬质保温板材作为芯材，或者填充自行研制的牛粪陶粒；面板可选用自行研制的带自除臭功能的牛粪纤维板。

（2）屋面和顶棚

箱体组成的墙体上表面形成一个平台，可做草料贮藏。屋顶骨架两排三角衍架搭设，屋面铺设茅草保温隔热。

（3）地板

采用昆明理工大学自行研制的复合材料作为地板格栅面层。

（4）基础

计算单间牛圈舍的总荷载约为10t，由6个独立的短桩基础承托。基础的现场施工可利用当地传统的松木桩的形式，也可利用直径的PVC管或30cm的水泥涵管为混凝土浇筑模具进行混凝土浇筑。

（5）走廊

大理地区风力很大，下雨时飘雨很深，特别是来自洱海东岸的风，吹进来的飘雨（人称“过海雨”）深度很大；针对这一独特的自然条件的需求，遮阳避雨的走廊也就成为白族民居中不可或缺的组成部分。本设计中圈舍亦结合当地民俗习惯设置走廊，走廊坐落在农家院落地坪之上，使得撑脚牛圈和农家院形成有机的整体。

（6）功能

结合当地建造屋舍通常会建造1.5m的地基的传统习惯，将牛圈舍设计成上述撑脚式的点式独立基础，使得圈舍主体被架起1.5m，在架空空间设置牛粪收集池和废液收集池。

图2-18为三合围院效果图。“三坊一照壁”是大理民居的一种独特的风格，是由三幢房屋和一个照壁加围墙组成一个院落：中间朝东的为正房一坊及朝南的厢房一坊为楼下住人，楼上作仓库；朝北的一坊楼下当畜厩，楼上贮藏草料称作草料楼；正房对面为照壁。本设计依循此传统特色院落进行布置，为了展现牛圈背面，将朝南的厢房用牛圈代替。

图 2-18　新建奶牛圈圈舍三合院效果图

4. 方案四：复合式生态圈舍

方案四是基于方案二和方案三的拓展，对养殖区进一步分为生活圈和挤奶间。单栋牛圈为两开间，中间设搭梯可上到草料楼。图 2-19 立面示意出单间牛圈开间 3.6m，进深 2.4m，高度 2.4m；图 2-20 展示坡度为 30°的坡道。这样的设计使牛可每天定时“下楼散步”，每天定时进入干爽清洁的挤奶间进行挤奶，改善奶牛的生活环境可使得奶牛产奶量增加。单个圈舍主体被 6 个 30cm 圆柱钢管架起 1.5m，圆柱钢管底部设法兰，用螺栓固定在地面，脱离地面的空间设置 8m×3m 的收集池（图 2-21）。效果图如图 2-22 所示。

基于该方案的设计理念，在永安江下游的梅和村对传统的养殖圈舍进行改造，如图 2-23 所示。由于养殖数量的减少，原有的圈舍空出后清扫整理作为挤奶区，奶牛在生活区喂养，挤奶时牵到挤奶区进行挤奶，保证牛奶的卫生与品质。

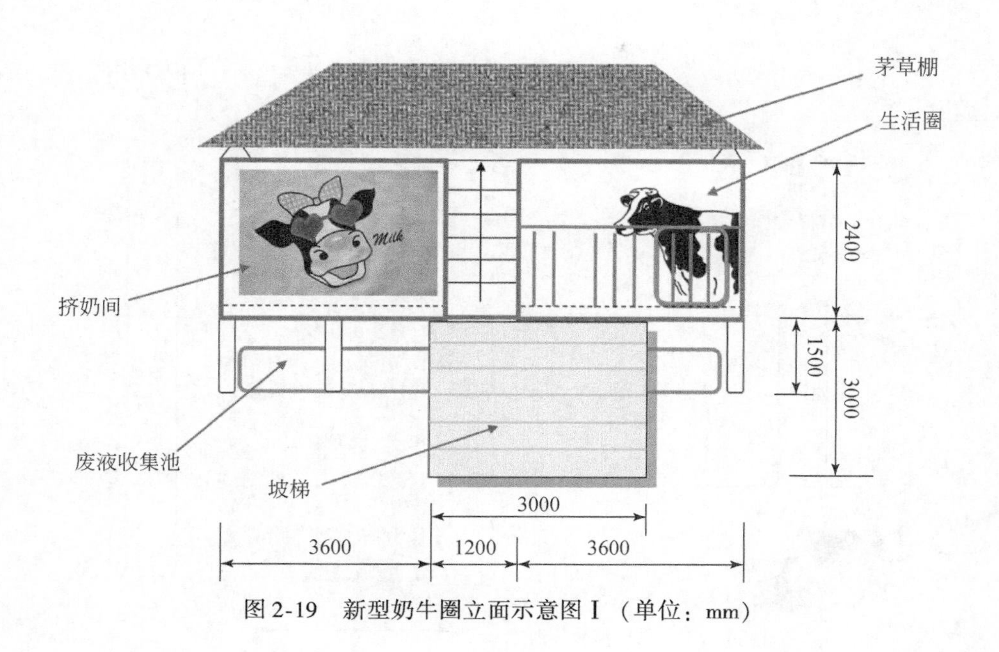

图 2-19　新型奶牛圈立面示意图Ⅰ（单位：mm）

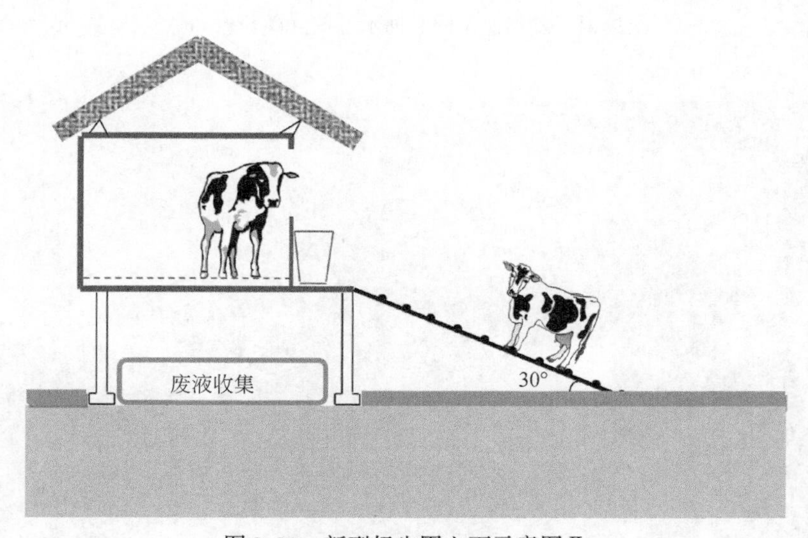

图 2-20　新型奶牛圈立面示意图Ⅱ

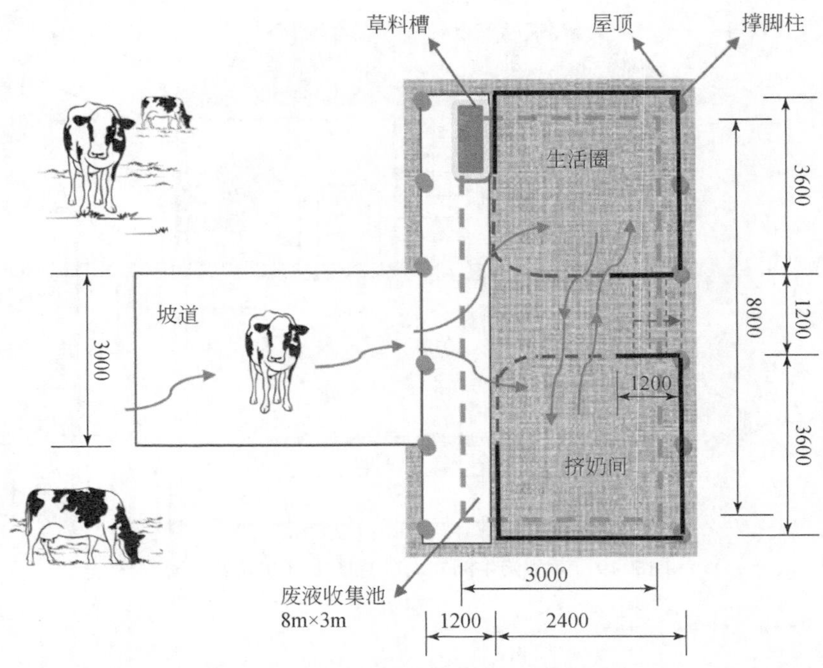

图 2-21　新型奶牛圈平面示意图（单位：mm）

图 2-22　新型奶牛圈效果图

图 2-23 现有圈舍的改建

5. 方案五：模块化集成生态奶牛圈舍

模块化集成生态奶牛圈舍由模块化部件集成，如图 2-24 所示，具有快速建设、二次拆卸组装方、利于仓储运输等优点，并可进行工业化、规模化生产，早日实现畜禽养殖的规模化标准化。虽然大理洱海地区奶牛分户散养的方式一时不能得到改变，但集中养殖仍是奶牛养殖业的主要发展方向。本方案可实现奶牛圈舍的易拆易装，如果在近期可以推广使用，则农户的圈舍可在将来集中化养殖时，直接搬到集中地，形成形式统一的规模化养牛场，而不会造成建设的重复和浪费。

模块化集成生态奶牛圈舍分为三部分，从上至下分别为：最上层为具有粪尿分离功能的奶牛养殖层，中间为清理牛粪便、尿液等污染物的清理层；最下层为收集养殖固废和废水的污水收集系统。

养殖层：奶牛养殖层为该生态圈舍的主体。牛圈开间 3. 6m，进深 3. 6m，高度 2. 4m，分为 2 间，设有过道、牛床等。过道进深 0. 6m，过道与牛床之间用栅栏隔开；牛床由 22 块 1800mm×300mm×100mm 的组合板拼接而成，组合板之间均有 10mm 的间隙，便于对奶牛粪便及尿液进行清理，并且不影响奶牛的正常养殖；粪便及尿液通过间隙进入下层清理层。养殖层主体骨架采用轻钢结构，外围采用帐篷式防水面料进行包裹，组合拼装方便，并且使牛圈整体重量极大减轻，成本更为低廉。

图 2-24　模块化集成生态奶牛圈舍

清理层：清理层主要由基础桩及支撑组成，整个奶牛圈舍的总荷载约为 6.5t，由 9 个独立的基础桩及支撑柱支撑，使得圈舍主体被架起 0.6m，在架空空间设置牛粪、尿液等收集渠道。牛圈底部坡度向收集渠方向倾斜 2°，外围桩周边用 240 砖砌两层挡墙，高度为 110mm，防止污水外流。

污水收集系统：牛圈下的污水收集系统主要为污水收集渠，污水收集渠采用 400mm×400mm 砖砌结构，收集汇拢后的污水统一进入附近污水处理系统进行统一处理。每个牛圈按照养殖 2 头奶牛考虑，污水产生量约为 0.32m^3/d，如果单独设置污水处理系统，成本过高，且运营维护比较困难，因此本设计采用单独收集、统一处理的方案进行设计。

2.1.4　移动式奶牛粪便发酵试验设备

1. 真空生物干燥

如图 2-25 所示，有机固体废物真空生物干燥设备是由进气系统、进料系统、真空生物干燥反应器、控制及检测系统、排气系统和排料系统组成，通过进料构建堆体、抽真空把生物好氧发酵和真空干燥结合起来，能够有效地使具有黏性较大、含水率高、孔隙率小、氧气输送困难等特点的有机固体废物的含水率降低、腐熟分解。该设备能够克服传统工艺的效率低、干燥效果差、耗能高和污染环境的缺点，并且得到可直接再次利用的有机固体废物，真正实现有机固体废物的减量化、无害化和资源化。

图2-25　有机固体废物真空生物干燥设备

在使用过程中，将第一批次有机固体废物加入到反应器中形成第一层堆体，当堆体内的温度上升到50～90℃时，第二次加入有机固体废物形成第二层堆体，当第二层堆体内温度上升到50～90℃时，第三次加入有机固体废物，以此类推。底层干燥并且降解好的有机固体废物随时排出，产生的气体经过降温、除湿、除臭、除尘处理后再排放。发酵物料加入量不超过反应器的3/4，反应器侧壁3/4处以下布满小孔，小孔直径为0.02～2cm。

发酵的同时对反应器间歇抽真空，抽真空使反应器内形成负压状态，造成的空气流动会使下层发酵物料的温度传到上层，从而使上层物料的温度升高加快，也会使下层发酵物料的微生物菌种强制传到上层，从而加快降解速度，快速抽真空过程抽出了已经汽化的蒸气，实现有机固体废弃物的干燥；抽真空时反应器内的压强为0.013 Pa～ 100 kPa。

在抽出气体的过程中，反应器内物料形成真空负压状态，使外部氧气等气体通过底部小孔迅速进入反应器；由于好氧发酵产生了二氧化碳、氨气等气体，与物料外部的压差逐渐增大，促进了物料内部气体向外部输送的过程，在抽真空过程中也会抽出反应中产生的二氧化碳、氨气等气体，随着这些气体的排出，反应器中氧气的浓度会增加，这更加有利于好氧微生物的繁殖，并且产生的恶臭气体也会大大减少；同时抽真空时会带出水蒸气，这也能加快干燥的速度。

有机固体废物分批次加入反应器中，等到原有的有机固体废物温度上升到50～90℃时，再加入下一批次的物料，最后形成一层一层的堆体，每层物料的性质会有差别；底层干燥并且降解好的有机固体废物可以通过排料口随时排出；堆体因为有机固体废物加入的时间不同，会逐渐分成四个阶层，从上到下分别定义为：干燥脱水层、适应繁殖层、快速降解层、降解完全层；降解完全层的有机固体废物通过排料口排出，这会使得上层堆体向下移动，最终每层堆体都会经过干燥脱水、适应繁殖、快速降解、降解完全四个阶段，进而加速了真空干燥堆肥的进程（图2-26）。

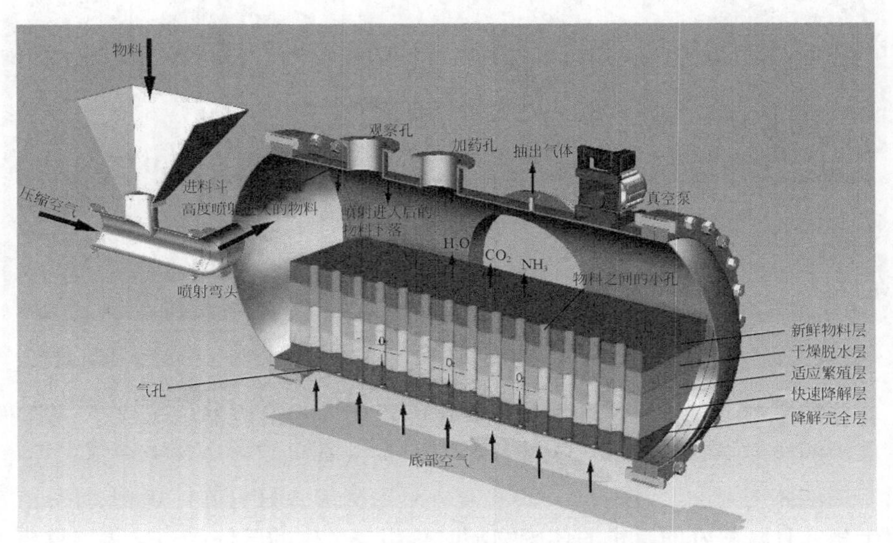

图2-26　有机固体废物真空生物干燥过程模拟

有机固体废物真空生物干燥技术具有成本低、周期短、操作简单、臭气量小、生产安全、设备占用场地不大、随处理随排放等特点，并且此方法处理有机固体废物仅需5～15天，过程无需翻堆。通过处理后的有机固体废物，不再稀稠粘连，而是疏松透气，可直接掩埋、铺垫、用作种植用土或者用作肥料，变废为宝，化害为益。可以使含水率为70%～95%的有机固体废物，处理后含水率小于40%，干燥后的有机物可直接用于后续的处理与处置。

2. 造粒（颗粒化）后堆肥化

如图2-27所示，造粒（颗粒化）后堆肥化生产粒状有机肥设备是由反应器、支架、脱水造粒装置、振荡装置、废液收集池、液压伸缩装置、加压装置等组成的。对难脱水有机固体废弃物在进行生物好氧堆肥化前进行颗粒化处理，并通过发酵过程气体压力的变化不断地强化堆肥过程中微生物好氧发酵的过程，进而彻底有效地进行好氧发酵，产生性能优良的粒状有机肥。该设备能够克服传统工艺的效率低、耗能高、周期长和二次污染等缺点，并且得到降解完全、肥效价值更高的颗粒状肥料。

设备的使用包括2个主要步骤，①脱水造粒：将有机固体废物脱水至含水率

图2-27　造粒（颗粒化）后堆肥化生产粒状有机肥设备

为50%～70%后加入黏合剂进行混合；对混合后的有机固体废物原料造粒，原料形成颗粒后进入反应器进行好氧堆肥；进料过程中对反应器进行倾斜振荡；脱水过程中产生的水分经收集并处理后排放。②压差强化传质传热发酵：有机固体废物颗粒发酵至温度为50～90℃时，采用间歇抽真空方式从反应器内抽出气体，干燥并降解好的有机固体废物颗粒外排，发酵产生气体经降温、除湿、除臭、除尘处理后排放。

有机固体废物颗粒粒径为2～20mm；物料在反应器内的最大充满度为3/4；反应器底部进气孔孔径为2～10mm；抽真空操作的真空度为0.08～100kPa，抽真空间隔时间为1～72h，每次抽真空时间为2～15min；加压操作的压力范围为0.1～700MPa，加压过程为5～20min；发酵温度范围在50～90℃。

当物料的水分达到70%以下时，就会有利于有机固体废物中微生物的繁殖。进入反应器中的物料为颗粒态，并且在整个发酵过程都保持颗粒态，颗粒态的好氧堆肥化发酵原料保障了发酵堆体有较均匀的气流空隙，利于堆体内均匀传热传质。相对小且均匀颗粒状发酵单元不仅方便了堆肥化过程热量传递，而且降低了微生物及酶、O_2、CO_2、水汽等的传质纵深和传质阻力，使得发酵堆体内部温度保持较均匀分布，所以物料中的微生物会大量繁殖，使得物料能够快速高效好氧发酵。

压差增强有机固体废物颗粒好氧发酵过程中物质的传质传热，发酵过程间歇进行从反应器内抽出气体的抽真空操作和从反应器外部鼓气泵鼓气加压操作。首先在抽真空的过程中，反应器内部以及有机固体废物颗粒之间的气压逐渐减小。相比之下，颗粒内部由于好氧发酵产生了二氧化碳以及甲烷等产物，与颗粒外部的压差逐渐增大，促进了颗粒内部气体向颗粒外部输送的过程，同时随着有机质的消耗，逐渐能够在颗粒的内部形成镂空的状态。同时抽真空的过程还能够带出反应器内部的水蒸气，这也能够加快内部颗粒干燥的速度。其次在空气加压过程中，随着空气的逐步加入，反应器内部与有机固体废物颗粒之间的气压逐渐增大，在此过程中，有机固体废物颗粒外部与颗粒内部之间的压差会逐渐增大，促进了颗粒之间的氧气及微生物向颗粒内部有机质部分输送的过程，进而促进了有机固体废物颗粒内部有机质的不断消耗（图 2-28）。

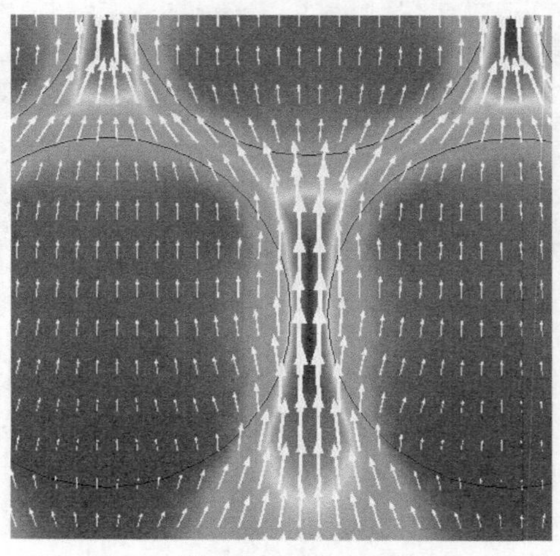

图 2-28　颗粒堆肥氧传质过程模拟结果

有机固体废物造粒后堆肥化生产粒状有机肥技术具有成本低、周期短、操作简单、臭气量小、生产安全、设备占用场地不大、随处理随排放等特点。可以使含水率为 70% ~95% 的有机固体废物，通过进料装置后含水率降低到 70% 以下，经过压差强化传质传热好氧发酵后的有机固体废物含水率小于 40%。此方法处理有机固体废物仅需 7 ~ 16 天，并且处理后的有机固体废物不再稀稠粘连，而是疏松透气、肥效高、可直接使用的颗粒态有机肥。

2.1.5　养殖废水处理

1. 电磁协同强化生物降解奶牛粪便养殖废物

为使奶牛养殖废物处理更好地达到资源化、无害化及减量化，利用中温厌氧处理的方法，从厌氧发酵产气量及产气品质、奶牛养殖废物木质纤维素高效降解的角度进行研究。在大理农村户用沼气池中采集沼液后，进行扩培并连续稳定三次驯化后作为试验接种物，再通过实验室自主设计的生物发酵器进行发酵试验，如图 2-29 所示。

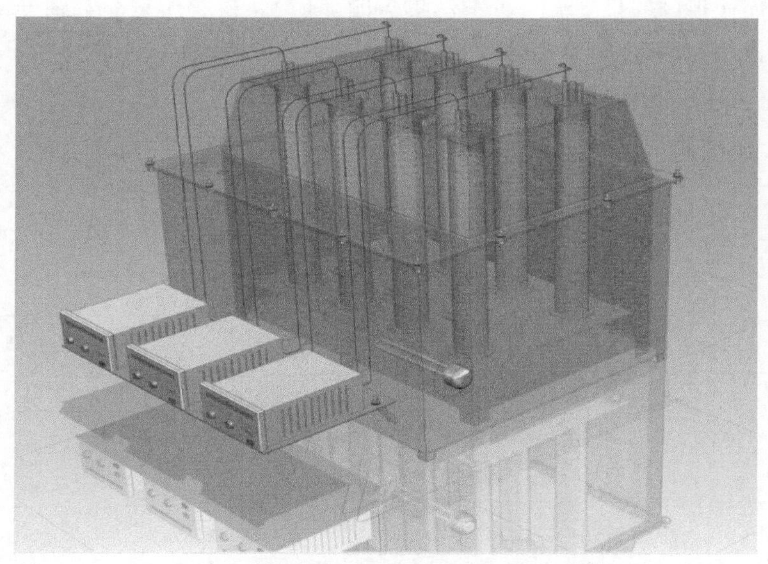

图2-29　养殖废物电磁协同强化发酵设备图

具体研究内容为：在相同的中温厌氧发酵条件下，探索Fe-C填料比对奶牛养殖废物厌氧发酵的影响并筛选出最佳Fe-C填料比；初探在电、磁、Fe-C填料三元条件结合下，对奶牛养殖废物厌氧发酵的影响；从厌氧发酵微生物系统菌群结构及菌群种类角度对奶牛养殖废物厌氧发酵系统的作用机制进行初步探讨。

（1）Fe-C组合对于奶牛养殖废物厌氧发酵的影响

选取Fe、活性炭、Fe-C组合对比空白试验组，以及不同Fe-C比分别对奶牛养殖废物厌氧发酵的影响进行了分析，考查了发酵产气与木质纤维素降解率两个指标，结果如图2-30、图2-31所示。

经过四周时间的中温（35℃）厌氧发酵表明，该试验加入经过三次相同环境系统驯化的沼液，能快速适应同种厌氧发酵系统环境并进行正常繁殖发酵生命活动。由图2-30可看出，厌氧发酵体系添加Fe、活性炭、Fe-C后，发酵产气能力和CH_4含量提升。Fe-C试验组单位累计气体产量由87.07mL/g（CK）提升至101.59mL/g，且产气高峰期持续时间更长，同时纤维素降解率由16.1%（CK）提升至20.4%，木质素降解率由7.0%（CK）提升至7.5%。因为Fe能参与合成厌氧微生物，加速了产甲烷菌的生长繁殖，菌群密度增大，使得厌氧系统能快速进入产气高峰期；同时前期活性C吸收了营养物质，在发酵中后期，活性C将营养物质释放出来，使得系统再次出现产气小高峰；Fe-C组合造成的微电解反应会产生更多的铁离子并加快厌氧系统的传质速率，不仅会有利于微生物代谢生长，也会使得微生物酶分泌产量增多，使得对于养殖废物中的木质纤维素降解率增大，从而使得产气量变大。以上结果表明，加 Fe 和活性炭会有辅助厌氧发酵产气量的作用。

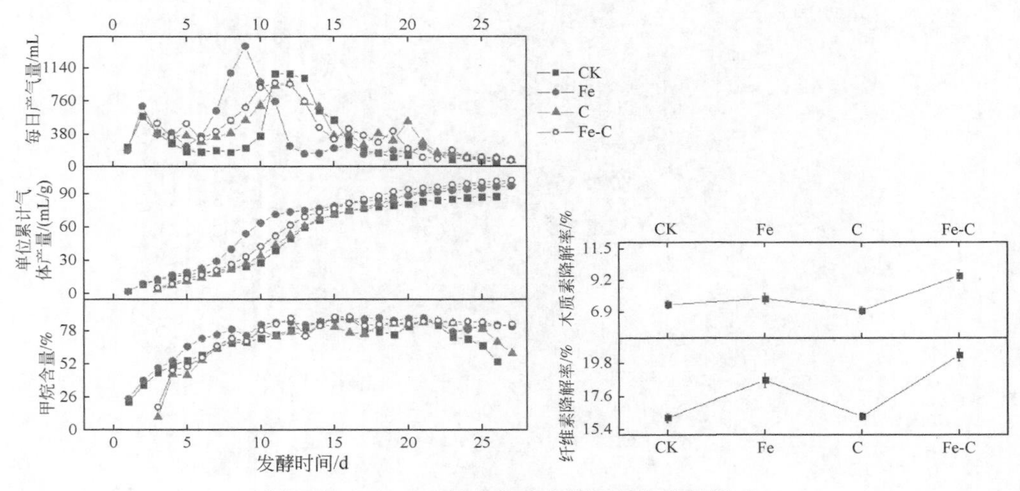

图 2-30　Fe-C 对奶牛养殖废物厌氧发酵的影响

对五组 Fe-C 组合筛选试验对比，结果如图 2-31 所示。在厌氧发酵期间，Fe-C 30 : 150 组合对于提高奶牛养殖废物厌氧发酵产气量效果最佳，其单位累计产气量为 123. 72mL/g，产气高峰期保持较长，纤维素降解率提升至 28. 6%，木质素降解率提升至 15. 4%。而从 CH_4 总产量占总产气量比例来说，则是 Fe 的含量越大，总产气中 CH_4 所占比例越高。

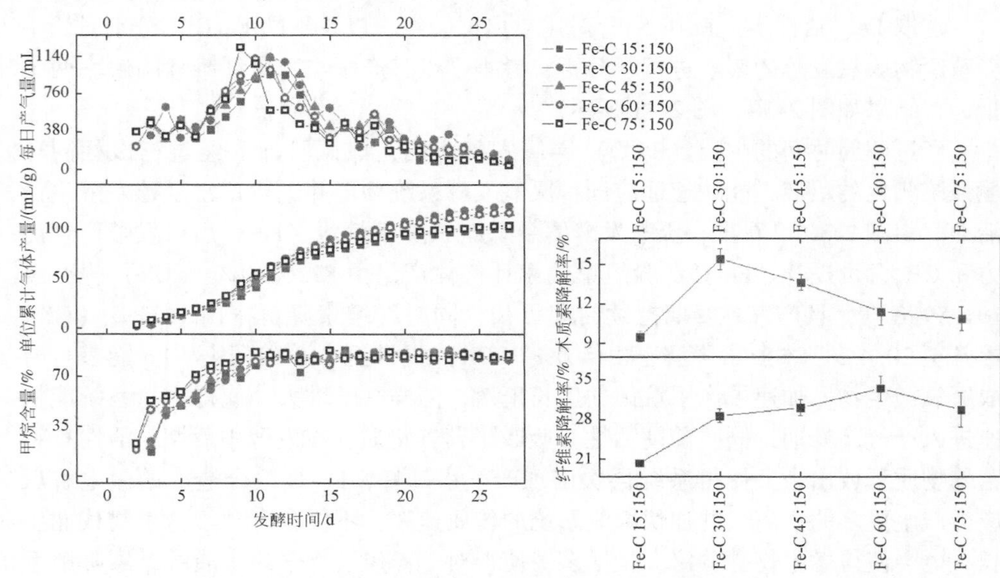

图 2-31　Fe-C 组合对奶牛养殖废物厌氧发酵的影响

（2）电场对奶牛养殖废物 Fe-C 组合厌氧发酵的影响

在获得 Fe-C 组合对厌氧发酵产气效果及木质纤维素降解效果最佳的比例后，对比不同电压条件下的奶牛粪便厌氧发酵产气结果及木质纤维素降解情况。选取 0.3V、0.5V、0.8V 三种不同电压条件作用奶牛粪便厌氧发酵进行试验。从图 2-32 看出，加载电压使奶牛粪便厌氧发酵产气高峰期提前，产气速率增大，发酵周期缩短。而且随着加载电压提高，纤维素与木质素的降解率也随之上升。其中，0.8V 电压下，奶牛养殖废物单位累计产气量为 142.74mL/g，纤维素降解率为 36.6%，木质素降解为 20.4%。

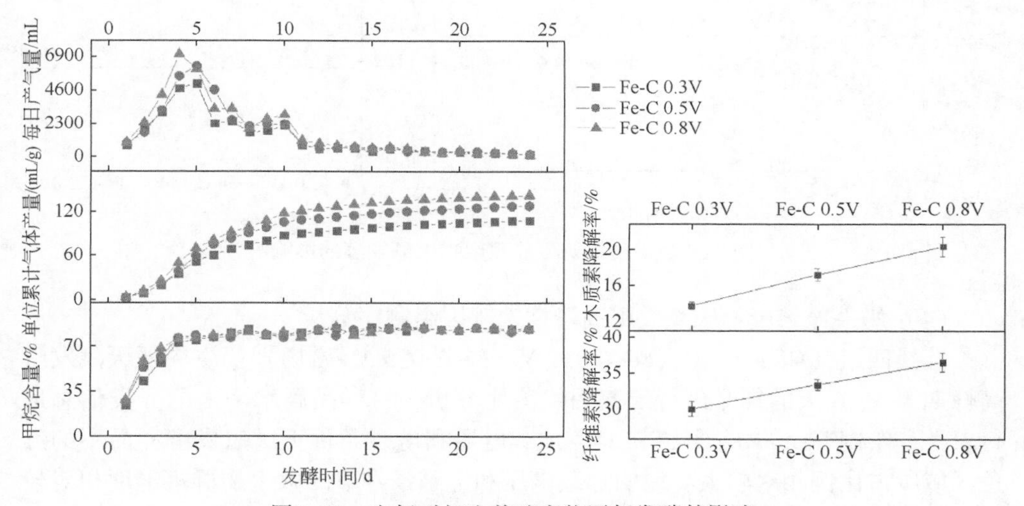

图 2-32　电场对奶牛养殖废物厌氧发酵的影响

（3）电场兼弱磁场对奶牛养殖废物 Fe-C 组合厌氧发酵的影响

在电场辅助厌氧发酵试验条件基础上，用弱磁桶对厌氧发酵系统加上一个弱磁环境，探索电磁场混合条件对于奶牛养殖废物厌氧发酵的产气特性效果及木质纤维素降解效果。结果如图 2-33 所示，磁场环境对于加载 0.5V 电压的奶牛养殖粪便 Fe-C 组合厌氧发酵的产气量具有良好提升作用，发酵产气高峰期再次提前，产期高峰期持续时间增长，同时厌氧发酵后期产气速率略有提高。0.5V 电压协同 Fe-C 强化奶牛养殖废物的单位累计产气量提升至 148.83mL/g。从三组试验组产气量以及木质纤维素降解来看，磁场环境与加载 0.5V 电压对奶牛养殖粪便 Fe-C 组合厌氧发酵效果最好，其纤维素降解率为 36.3%，木质素降解率为 22.5%。

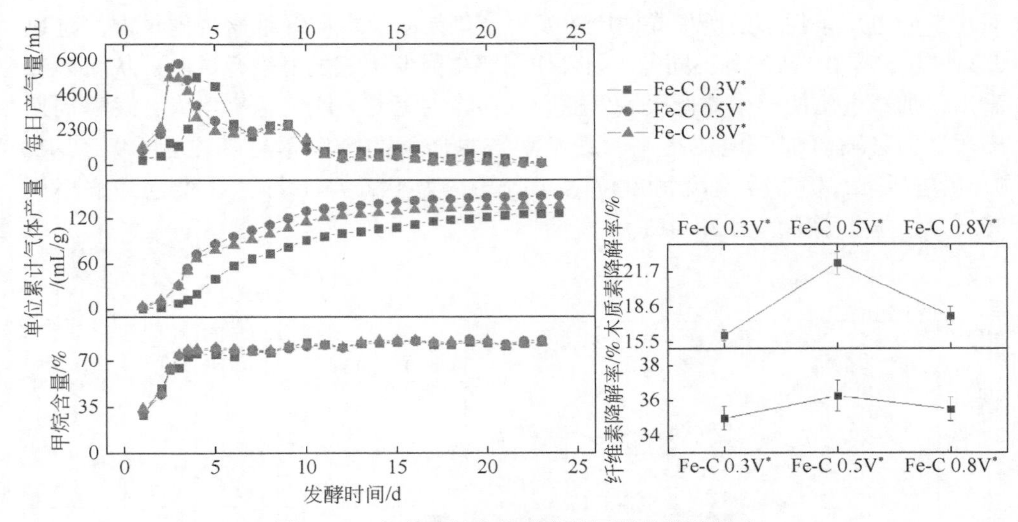

图 2-33　电磁对奶牛养殖废物厌氧发酵的影响

（4）奶牛养殖废物厌氧发酵高峰期宏基因组测序分析

选择四组（CK；Fe-C；Fe-C 0.5 V；Fe-C 0.5 V+磁场）奶牛粪便厌氧发酵高峰期第 5、6 天的样品进行宏基因组测序分析，将样品属水平上的分类信息进行聚类，绘制 heatmap，见图 2-34。加载电压和电磁条件下厌氧发酵样品中的红色区域所占比例相对较大，说明加载电压和电磁条件下的微生物群落丰度相对较高。其中 *Blautia*、*Methanospirillum*、*Methanoculleus*、*Caldicoprobacter*、*Garciella*、*Clostridium*、*Fibrobacter* 等是电磁组热图中较强烈的信号，这些优势种群与甲烷产量、木质纤维素降解密切相关，有效微生物含量高，因此在电磁作用下奶牛粪便厌氧发酵效率高。

（5）结论

电化学、磁生物效应、Fe-C 微电解效应联合起来，环境条件利于与甲烷产量、木质纤维素降解密切相关的优势种群生长繁殖，强化了奶牛养殖粪便厌氧发酵，使发酵过程产气高峰期提前且持续时间更长，单位累计产气量由 87.07mg/L 提升至 142.74mg/L，同时提升了产气中甲烷含量，纤维素降解率由 16.1% 提升至 36.3%，木质素降解率由 7.4% 提升至 22.5%，大大提升奶牛养殖粪便资源化效果。

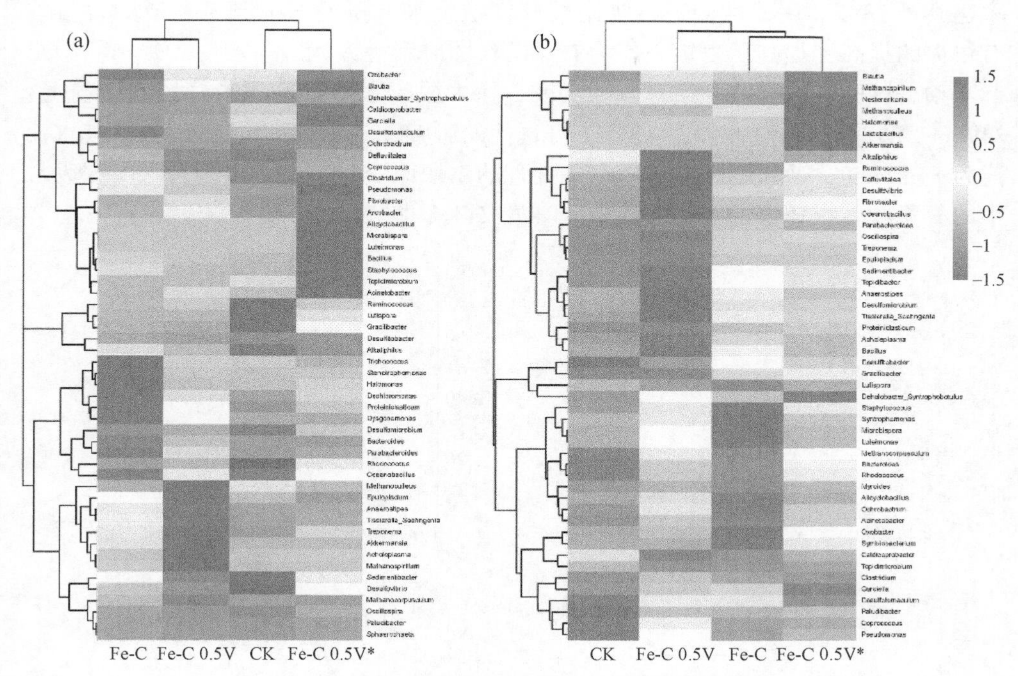

图2-34　奶牛养殖废物厌氧发酵高峰期宏基因组测序分析

2. 改性麦饭石吸附牛尿废水中氨氮和磷

随着我国畜禽养殖业得快速发展，畜禽养殖业产生的废水对环境的污染问题也日益严重，因其含有大量的氮、磷等元素，若未经处理而直接排放极易造成水体富营养化。因此对畜禽污染产生的废水进行脱氮除磷对于防治水体富营养化意义重大。本研究选取廉价易得的麦饭石作为吸附材料，针对大理洱海富营养化污染问题，以牛尿废水为处理对象，分别用氢氧化钠和硝酸铁改性麦饭石进行氨氮和磷的吸附试验。探究了麦饭石最佳改性方法及改性麦饭石静态和动态吸附废水中氨氮和磷的最佳吸附条件，并对改性麦饭石吸附氨氮和磷进行了等温模型拟合及改性吸附前后麦饭石的表征分析，探究了改性麦饭是吸附氨氮和磷的机理。

（1）改性麦饭石对氨氮和磷的吸附效果

研究结果表明，经改性后麦饭石对废水中氨氮和磷的吸附效果显著提高。在50mL的模拟水样中投加经过氢氧化钠改性的麦饭石1g，在水样pH为6.0，25℃的条件下，吸附4h，氨氮的去除率达到了86%；在50mL的模拟水样中投加经过铁盐改性的麦饭石0.8g，在水样pH为7.0，25℃的条件下，吸附6h，磷的去除率达到了98%。用改性麦饭石吸附处理模拟废水，麦饭石中氨氮和磷的含量均有很大的提高，提高了麦饭石作为农业肥料的应用潜力。

动态试验中的影响因素对改性麦饭石除牛尿废水中氨氮和磷（废水中氨氮：2491mg/L，总磷：57mg/L）的效果有直接的影响，当滤柱高度为40cm，进水流速为5mL/min，通入本试验中所采集处理的牛尿原液时，改性麦饭石对牛尿废水中的氨氮和磷有较好的吸附去除效果（图2-35、图2-36）。

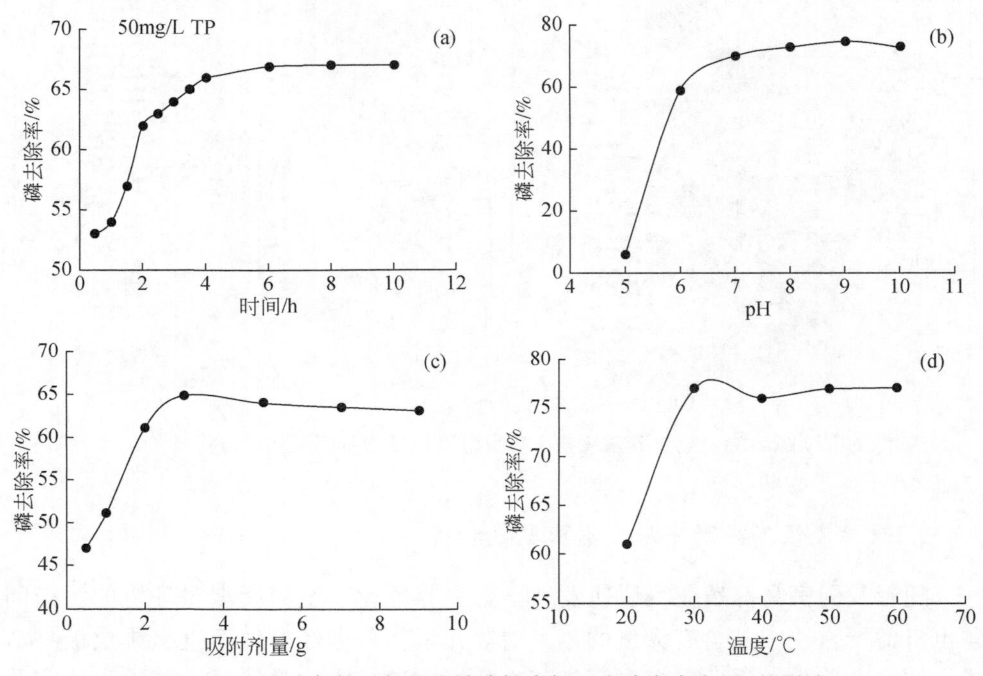

图2-35　试验条件对氢氧化钠改性麦饭石去除废水中TP的影响

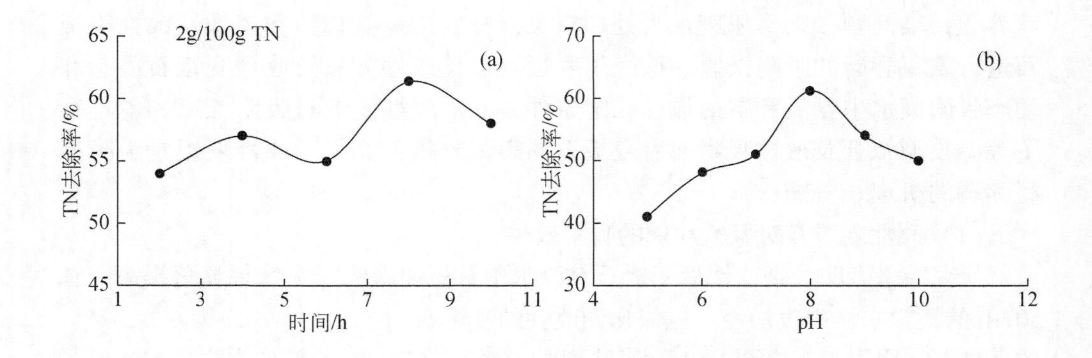

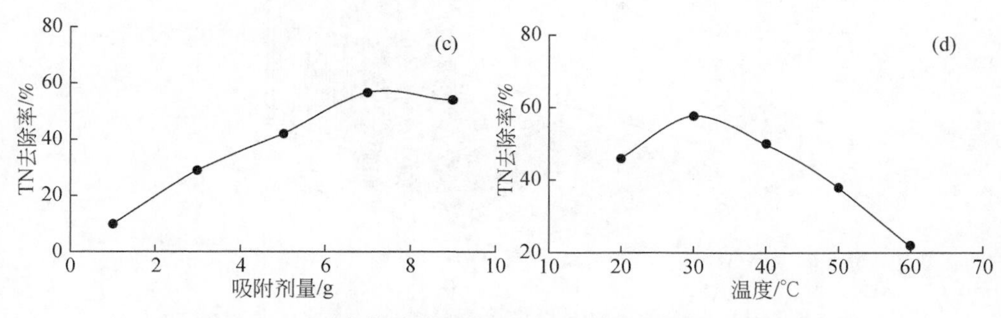

图 2-36　试验条件对铁盐改性麦饭石去除废水中 TN 的影响

（2）改性麦饭石吸附氨氮和磷机理

利用 BET、XRD、SEM 和 FTIR 分别对天然麦饭石和吸附前后的改性麦饭石进行表征。结果显示，经过改性后的麦饭石形成了疏松多孔的结构，经过吸附后，废水中氨氮和磷附着在麦饭石上，并且改性方法并没有对麦饭石的晶格结构产生影响。对 Freundlich 吸附等温曲线的结果分析表明，改性麦饭石对氨氮和磷的吸附为非均一的多分子层吸附过程。

对改性麦饭石吸附氨氮和磷的机理研究表明，改性麦饭石吸附氨氮和磷的吸附过程可能分为两步：首先，溶液中的氨氮和磷与麦饭石上的有效吸附位点相结合；然后与吸附位点上的物质发生化学络合反应和离子交换反应，其孔道表面分布的 Na^+ 等阳离子与水中呈正电荷的 NH_4^+ 发生交换作用，从而达到吸附废水中氨氮的效果，磷与氧化铁水合物发生络合反应，生成 $Fe_3(PO_4)_2$、$Fe(PO_3)_3$ 和 $Fe(H_2PO_4)_3$ 等沉淀化合物从而去除水体中的磷，将溶液中的氨氮和磷固定在麦饭石的表面或孔道内，从而达到对溶液中氨氮和磷的吸附效果。

（3）结果与展望

奶牛养殖废水含有大量的氮和磷等物质，若未经处理直接排放极易造成周边水体的富营养化，经过改性后的麦饭石对奶牛养殖废水中的氮、磷具有较好的吸附效果，一方面可降低废水对周边水体的危害，另一方面吸附后的填料可做有机营养土或经解吸回收再利用以避免二次污染。

课题组基于该研究结果研发了一种组件式反应器处理养殖废水的技术。反应器由多个吸附组件单元构成，如图 2-37 所示，可依据废水水质选择组件单元个数，选择性地更替组件中的填料，吸附后的填料可做有机营养土或经解吸回收再利用以避免二次污染。

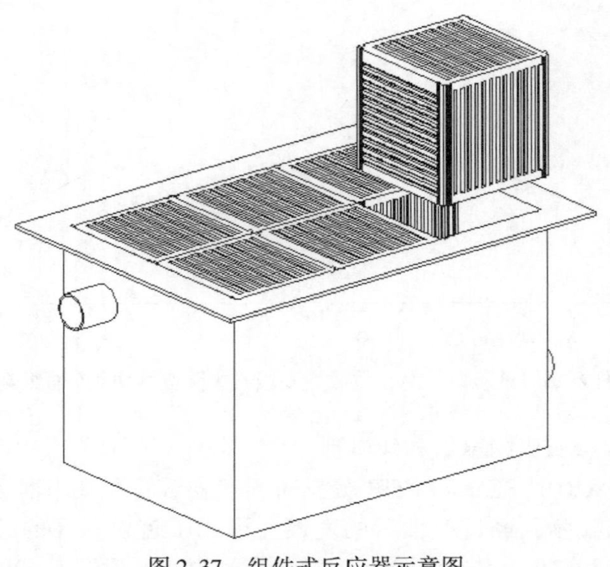

图 2-37　组件式反应器示意图

2.2　规模化养殖小区

2.2.1　养殖小区概况

在奶牛养殖迅速发展的几年里，以小区养殖为代表的模式得到了充分的推广和应用，尤其京、津、冀地区更为明显。加入此模式的从个体养殖户、乡村政府到大公司无所不包，基本上有以下 4 种方式。

（1）奶牛特区方式

以集中提供综合服务为特点，在特区内一般由政府或乳品公司牵头提供全套设施（包括大型挤奶机）以及奶牛饲养、育种、疾病预防等服务；集中收奶、统一销售、定期结款，使养殖户享受到更多的实惠。这种方式适合于小资金的中、小养殖户，他们能充分利用特区内的各项服务，把精力放在奶牛饲养上，避免奶价谈判能力弱的弊端。

（2）合作社方式

在合作社模式下，合作社所有者提供大型的规范奶牛养殖场及整套挤奶设施，加入合作社的养殖户将自己的奶牛牵入合作社的牛场内集中养殖，以奶牛入股，合作社的经营者定期给入股者分红。这种模式将分散的资源有效地结合起来，具有极强的规模效益和竞争力，并且可以形成奶源垄断地位。

（3）都市广场方式

所有者提供大型规范养殖场及全套设施，加入广场者将自己的奶牛牵入牛场集中饲养，与合作社不同的是奶牛所有者并未入股，只是以合同的形式规定了双方集中饲养、原料奶定价等方面的权利义务。广场所有者赚取原料、奶的差价，凭借源奶的数量可以加强与乳品公司的谈判能力，享受较高的奶价和优先的付款等条件；而奶牛户得到的奶款比自己卖到奶站的要高些。这也是我们为洱源地区设立养殖小区的参考依据来源。

（4）公司方式

在奶牛养殖较早且乳品业发达的地方，一些个体养殖者经过几年的创业，形成了独立的奶牛养殖场，有自己的挤奶设备，饲养、育种技术人员，独立销售，独立经营核算。

2.2.2　运营模式

由洱源县政府征地扶植，个体企业出资，我们项目探究小组提供技术服务，率先在洱源县三营镇新龙村选址备建1000头奶牛标准的奶牛饲养小区。顾名思义，该养殖小区内部设有数百户独立的奶牛养殖单元，只要农户的奶牛数量达到该单元的最低标准，便可以免费“入住”养殖小区，免费享用养殖场的养殖设施。如果养殖农户的奶牛数量不能达到该数目标准，还可以和其他养殖农户共同使用一个养殖单元，为便于管理，该单元只能注册一个户主。此外，如果有想扩大养殖规模的奶牛养殖小区户主，可以自己现有奶牛为抵押，通过养殖小区协调银行贷款。

奶牛的饲养方式须由养殖站制订，其中包括以下几点：①每天喂食四次。②产奶期奶牛的食物以青饲料、精料为主。③定期接受养殖站对奶牛的体检及医疗。④挤奶的时间及次数。⑤奶牛的培育及牛犊的饲养管理。农户必须按照养殖站内的养殖方式来管理自家奶牛。

洱源县政府统一规划场地，规范园区建设标准，并且负责奶牛饲养小区的水、电、路配套建设。养殖站配有专职技术人员负责奶牛卫生、医疗、产奶销售等管理，可以保障奶牛健康以及提高产奶质量。

养殖站配有饲料加工厂为奶牛提供青贮饲料，养殖站需向当地农户购买生产青贮饲料的原料，加工成青贮饲料后再出售给农户使用。

养殖站的牛奶出售须由养殖站统一出售，售奶的钱将返还给农户。

奶牛站产生的粪便也将归属于养殖站，由养殖站规范化堆肥后出售给农户使用。

2.2.3 建设标准

1. 选址

奶牛饲养小区建在地势高燥、开阔整齐的平地上，排水良好。远离村庄和其他畜牧场及主要公路。在可能的情况下，尽量少占或不占用耕地。养殖站配套养殖设施包括牛舍、青贮窖、挤奶站、医疗室、管理区、水塔以及扩建牛栏的施工场地等，占地总面积约为 80 亩。

根据在洱源的调研，最适合建立奶牛养殖小区的地点为洱源县三营镇新龙村。该地区职业中学后面有超过 100 亩（1 亩 = 666.67m^2）的空地，且未被列为耕地。该地区远离城区，但附近村落较多，且奶牛数量极多；并且耕地面积较为广阔，可以保障养殖小区生产饲料的原料供给。同时经过民意调查，大部分农户可以接受奶牛集中养殖模式，且愿意给养殖站的饲料加工厂提供青草、新鲜秸秆等原料。

2. 牛舍

前面提到，奶牛养殖小区包含数百个独立的养殖单元，而这些养殖单元具体所指就是牛舍。为便于养殖分类管理，养殖小区将成年奶牛、分娩期奶牛、犊牛分离养殖。每个养殖单元都包括成年牛舍、分娩牛舍以及犊牛舍。

（1）成年牛舍。新建成年奶牛舍 1 栋，采用轻钢半开放式结构，建筑面积 594m^2，外形尺寸 54m×11m，水泥地面，水泥石灰砂浆墙面，棚顶为轻钢架单层彩钢薄板，立柱为焊接钢管，檐高 3.3m。牛舍内主要设施有牛床、清粪通道、粪沟、饲料通道等。

牛床：牛床是奶牛吃料和休息的地方，奶牛在一天内约有一半的时间是躺着的，因此牛床必须能保证奶牛安静地休息，保持牛体的清洁，便于操作并容易打扫。牛床设有适宜的坡度，以利冲洗和保持干燥，坡度采用 2%，坡度不宜太大，以免造成奶牛的子宫后垂或脱出。

牛床采用水泥面层，并在后半部画线防滑。这样的面层能够防水、防滑，而且也易于清扫。但是在冬季则比较冷，需要加铺垫草。

食槽：食槽为固定式，由于奶牛的体力很大，所以食槽必须坚固。同时，食槽需经常刷洗，其表面光滑，不透水，而且耐磨、耐酸。食槽底部要平整，两侧要带圆弧形，以适应奶牛用舌采食的习性，并不使饲料浪费。食槽做成统槽式，其长度和牛床的宽度相同。在食槽后沿上设牛栏杆，自动饮水器可装在食槽上。

清粪通道与粪沟：牛舍内的清粪通道同时也是奶牛进出的通道，道路的宽度除了要满足运输工具的往返外，还要考虑工具的通行和停放，而不致被牛粪等溅污。通道宽度为2m，路面画线防止奶牛滑倒。

（2）分娩牛舍。新建分娩舍1栋，外形尺寸为54m×11m，建筑面积594m^2，包括分娩舍、保育间。采用全封闭式砖混结构，屋面为轻钢架保温彩钢板结构，檐口高度为3.3m，水泥地面，水泥石灰砂浆墙面。

分娩舍与保育间中间用240mm厚砖墙隔开，墙中留1.5m宽门。由于产期牛只抵抗力差，要求牛舍冬季保温好，夏季通风好，因此牛舍内冬季考虑采暖，夏季考虑降温通风，保育间设置活动式犊牛栏，以便可推到户外进行日光浴，并便于舍内清扫，保育间保证阳光充足。

（3）犊牛舍。新建犊牛舍1栋，外形尺寸为48m×11m，采用全封闭式砖混结构，屋面为轻钢架保温彩钢板结构，檐口高度为3.3m，水泥地面，水泥石灰砂浆墙面，建筑面积528m^2，南面设运动场。舍内设固定犊牛栏，按月龄分群管理，小月龄固定养于单栏中，大月龄养于通栏中，将饲料通道与清粪通道分开，舍内地面、墙面及其他做法，可参照母牛舍，考虑采暖、通风、降温。在牛栏与清粪通道之间设粪槽，槽内设0.3%坡度，便于清粪。

3. 青贮窖

青贮窖适用于制备、储存青贮饲料，专门供产奶期的奶牛食用，以提高奶牛的产奶量以及改善奶质。窖址应选择在地势较高、土质坚实、地下水位低、背风向阳、距牛舍较近、四周有一定空地，而且便于运送原料的地方。由于青贮窖直接关乎着奶牛的体质、产奶量以及奶质问题，所以特别提及“窖、料、净、水、碎、快、实、严”八字要诀。

①窖。就是指青贮窖要挖好，窖址应选择在地势较高、土质坚实、地下水位低、背风向阳、距牛舍较近、四周有一定空地，而且便于运送原料的地方。窖型一般有地下式和地上式及半地下式3种，前者适用于地下水位低，土质较好的地方；后两者则适用于地下水位高，土质较差的地方。由于新龙村地下水位低，土质较好，所以采用地下式窖型。窖容的大小，应根据牛的饲养数量来计算，每头成年牛需要的青贮饲料大约为15m^3。应于青贮前1周左右将窖挖好，让太阳光照射杀菌。青贮窖的窖深选为2m，窖宽为4m。窖壁必须平直光滑，最好窖的上口大于下口，窖角呈钝圆形。如利用旧窖，则应事先进行清扫和补修，并用石灰水涂刷一次。

②料。就是指青贮原料要选择好，经过多年实践证明，玉米秆特别是多穗玉米秆，是最好的奶牛青贮原料；其次是优种高粱秆，因为它们含糖分较高，故青贮效果很好。二者可以单贮，也可以混贮。玉米秆和高粱秆均为收获粮食后的秸

秆，作为青贮的原料，应该使其保持在青绿的状态下进行加工，即使叶子干了，秆子也不能干枯。而其他秸秆一般不用于制作奶牛青贮饲料。

③净。就是指青贮原料要干净，绝不能在原料中混入泥土、粪便、铁丝和木片等异物，也绝不能让腐败变质的原料进窖。在青贮饲料的制作过程中要特别注意防止被泥土污染，若泥土进窖一点，青贮饲料则变质一片。玉米和高粱的根系部分也不能用于青贮。如发现带根带土的原料，宁可停贮待料，也绝不能让它混入窖中。

④水。就是指原料含水量要适当，通常原料的含水量应为70%左右。检查原料含水量的土办法是：两手用力握拧原料，以手指缝露出水珠而不往下滴为宜。若原料过干，就撒一些水，然后立即搅拌踩踏，以达到加水均匀和防止水分再散发等目的；若原料过湿，就将原料在阳光下晾晒后再加工。此外，在加工氨化青贮饲料时，加氨或加尿素可以和加水同步进行。在青贮期间，还要经常检测温度，常用的简易方法是，用手探摸窖内深度为30cm左右处的原料温度，如超过人体正常体温（37℃），应加水降温。值得注意的是，加水不可过量，应保持原料的含水量始终在70%左右，否则乳酸菌就不能正常繁殖。

⑤碎。就是指原料要切碎用切草机或切草刀将原料切成长度为4cm左右的小段，如发现切得过长了，要马上磨刀。原料切得碎，易于装填紧密，有利于排尽空气，也可使秸秆中的糖汁渗出，供乳酸菌生长繁殖所需。

⑥快。就是指青贮时速度要快，青贮是一项时间性很强的工作，要做到随运、随切、随装和随踩（压），贮满一窖后，应快速封窖，目的是避免原料让太阳久晒而损失水分和营养，避免贮青过程拉长，使原料在窖内发热变质。对于特别嫩绿的秸秆，割倒后应在阳光下晒1～2天，再进行贮青，这样可以散发少量水分，促进植物细胞的死亡，还可杀死一些寄生微生物，有利于青贮成功。

⑦实。就是指原料要装好、压实，要一边切，一边踩压，尤其是窖的四周及四角，要特别注意踩实压紧。装贮原料应添加至高出窖沿大约60cm之后再封窖，待原料下沉后可以自然降到与窖沿持平，也可起到压实作用。在装填大型青贮窖时，可用链轨式拖拉机等车辆来压实。压实的目的主要是排尽空气，挤出糖汁，以利于乳酸菌生长繁殖。总之，原料压得越实越好，这一点是比较重要的。

⑧严。就是指青贮窖要封闭严密，要求青贮窖不透气、不渗水。特别是窖顶，应先在原料上铺15cm厚的湿高粱秆，若盖上一层塑料薄膜则更好，然后再加土封盖，盖土厚度为70cm以上。盖土时应分两层，下面的一层土要一脚挨一脚地踩实，并把表面拍打光滑；上面的一层土只需用铁锹拍实即可，这样可以使裂缝自行填住。同时，还要经常观察，若发现有下陷及裂缝现象，应及时加土封

严。要保持窖顶排水良好，防止雨水和空气进入窖内。冬季要扫去窖顶的积雪。总之，青贮窖必须封闭严密，越严越好，就像封严实的罐头瓶子一样，人称青贮“草罐头”，这一点是非常重要的。

4. 挤奶厅

在养殖区中心部位新建挤奶厅1栋（包括挤奶间、奶罐间及操作间），总建筑面积为460m^2，每栋外形尺寸为46m×11m，采用彩钢结构，屋面为轻钢架保温彩钢板，檐口高度为4.5m，厅内作塑料吊顶，水泥地面，彩钢夹心板墙面，其中挤奶操作坑内贴白瓷砖。

5. 给排水工程

养殖站内主要的用水点为挤奶车间、牛舍、办公、化验室等。奶牛养殖场内的给水为环行管网，新增牛舍和挤奶厅用水从室外环行供水管网接入。

①预计全场日排水量约为100m^3，主要来源于牛舍冲洗及挤奶车间等。

②排水系统采用合流制排水系统。利用原有的水处理系统，将污水初步沉淀后，经管道排至氧化塘，进一步生物处理后达标排出，用于灌溉饲料种植地或绿地。

6. 消防工程

根据防火规范，室外消防水量应按15L/s计，室内应按2.5L/s计。消防管网与生产用水管网共用，在生产区设置室外地下式消火栓，备用200m麻质消防水带；设置200吨蓄水池，除提供生产生活用水外，满足场内2h的消防容量，并在主要建筑物附近设置消防工具与器材等。

2.2.4　运营管理

（1）统一进行奶牛饲养管理技术指导

若想让养殖小区取得稳步前进，就必须要先让养殖小区内所有的养殖农户摆脱陈旧的养殖观念；若想让养殖农户摆脱陈旧的养殖观念，就离不开科学的管理技术指导。

举办奶牛新技术学习班，分期、分批对小区内奶牛饲养户进行技术培训。养殖小区面向小区内所有养殖农户开设奶牛新技术学习班，传授国内外最新养牛技术，介绍当今奶牛的优良品种，扩大农户的养殖视野。同时，在平日里，分期分批对养殖农户进行技术培训，帮助农户提高经济效益。

畜牧兽医站负责小区的奶牛饲养技术指导和疫病防治。通过政府部门协调，聘请当地的畜牧养殖兽医为养殖小区的奶牛饲养和疫病防治提供技术服务，加强养殖农户的科学饲养以及疫病防治观念。

畜牧兽医站负责小区内奶牛配种工作。通过政府部门协调，聘请当地的畜牧养殖兽医为养殖小区的奶牛配种工作提供技术服务，加强养殖农户奶牛管理的科学配种观念。

（2）奖励政策

为了提高广大养殖农户的养殖积极性，养殖小区要特别推出一系列的奖励政策，便于农户们在养殖技术方面相互学习、共同进步。具体所设的奖项包括月产奶量最高的奶牛、年产奶量最高的奶牛、奶质最好的奶牛、卫生条件最好的养殖单元等。获得以上奖项的养殖户，养殖小区将以资鼓励，同时将受邀与其他农户以及小区内工作人员分享交流心得体会。

2.2.5　效益分析

养殖小区的实施可为种植业提供一种优质的有机肥源，经过熟化后能培肥地力、优化土质结构、改良土壤，促进当地农业生态系统的良性循环。本项目养殖业的发展，可带动草业生产的大发展，调整农业产业结构，退耕还草，减少水土流失，改善生态环境。

①项目建成后，预计可带动约200家农户发展奶牛产业，户均增收5000元，人均增收1000元。

②养殖小区将会引进良种奶牛，对改良项目区奶牛种群，推动项目区奶产业发展有着非常重要的作用。同时，项目通过企业饲养示范和技术推广，对改进项目区奶牛饲养水平和挤奶技术将起到促进作用。

③通过项目的实施，可带动农户种植专用饲料玉米1200亩，亩均增收300元。同时，项目通过企业饲养示范和技术推广，对改进项目区奶牛饲养水平和管理水平将起到促进作用。

④项目建成后可新增15～20个就业机会，对解决项目区目前紧张的就业压力有一定的促进作用，同时通过对相关饲料工业、运输业、营销业的带动发展，可更进一步增加就业。

⑤奶牛特有的消化系统能将含在饲料中的纤维素转化为高质量的动物性食品牛奶。奶牛将大量人、猪、禽等单胃动物不能直接食用的青粗料转换成动物蛋白，从而在很大程度上避免了与其他牲畜争夺蛋白质饲料。在云南省人口增长对耕地和粮食的压力日益增加的情况下，大力发展奶业，不仅可以缓解人口增长对耕地和粮食的双重压力，而且为农民脱贫致富增加了又一新的途径，对发展节粮、经济、高效农业也将起到重要的作用。

2.3　农业与农村分散有机废物收集

2.3.1　收集模式分析

畜禽污染是我国农业面源污染的主要来源。农业面源污染日益突出，缺乏管理监控，导致土地退化、农村和农业环境恶化，影响水安全、农产品安全、人民健康。畜禽粪便外排日期与施肥日期错位，监管不力，造成畜禽粪便流失严重，是农业面源污染的原因之一。非点源污染已成为水污染的主要危害，它已开始取代点源污染，成为农村生产生活中水污染的重要因素。

畜禽养殖业一直是农村地区的主要污染源。畜牧业的速度快速，所以动物粪便在1999年达到19亿t。规模化畜禽养殖业污染物的治理刻不容缓。

非点源污染正成为我国农村环境退化的主要原因之一，如果不合理利用畜禽粪便，将面临巨大的风险。

①大量的氮、磷的流失会导致水体严重的富营养化。

②畜禽粪便中存在多种病原体，极易引起疾病。

③畜禽粪便损失严重，将导致化肥用量大量增加，增加农业投入成本。

④农村地区的环境会受到畜禽粪便的污染，村庄的外观也会受到污染。

因此，对畜禽粪便进行减量化、资源化、无害化处理，对保护农村生态环境、发展现代农业技术、发展循环经济具有十分重要的意义。要实现这一目标，建立科学合理的收集机制，依靠收集设施达到有效收集畜禽粪便的标准是最直接的途径之一。

为解决非点源污染问题，建议对区域散养禽畜废弃物实行统一规划、强制监管、统一收集、集中处理。对于非集约化畜禽养殖废弃物污染情况，考虑养殖区的地形、交通限制等情况，有助于统一清除和运输城市固体废物的收集方式。垃圾收集系统分为车辆移动收集模式和中转站收集模式。建立统一的畜禽粪便来源信息数据库、服务区域地图、集中站点、位置、收集频次、工作人员数量、收集装置类型等区域户信息收集。收集路线应设计合理，并应根据牲畜粪便的量，通过不断检测，仔细评估人力资源和材料的成本。

（1）家庭式收集模式

这种收集模式（农民–收集池–农田）主要针对分散的农村农民，为满足农户的还田需求，解决粪便露天随意堆置带来的环境污染风险，以户用避雨收集池作为中转站，满足粪便6个月的贮存时间，通过覆膜和简易翻堆的形式进行堆腐，有效地削减了收集环节流失进入洱海的污染负荷量。但这种收集模式也有许多弱点。其一，收集池需求数量大，总成本高；其二，养护分散程度高，难以统一管理；其三，一些农民转移到其他行业时，会造成收集池的空置和浪费。

（2）适度集中采集模式

适度集中收集模式是指在养殖户位置相对集中，但不单独收集的情况下，建设一个收集装置，将畜禽粪便集中收集起来。

这种收集方式涉及农民的所有权和使用问题，即农民只有使用收集罐的权利而没有所有权。如果一些农民不再需要收集罐，管理层可以将多余的收集罐分配给其他农民，以免浪费空间。

图 2-38 所示的收集模式相对于家庭式集中收集模式有很多优点。随着畜禽粪便的浓缩，畜禽粪便可用于有机肥料生产原料和能源。相对于家庭式的集中征收模式，这种征收模式需要的成本更低。

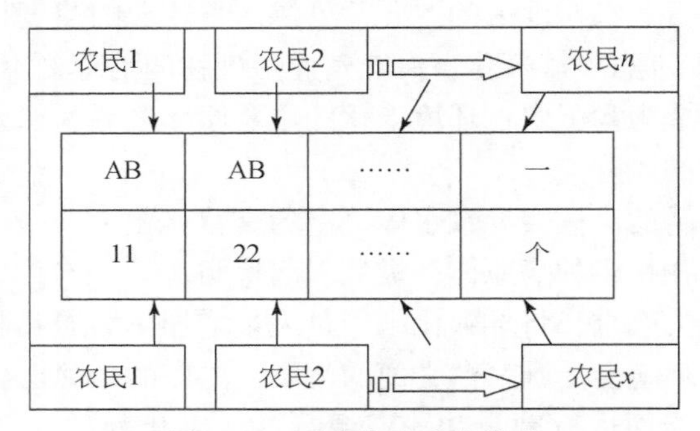

图 2-38　适度集中采集模式

（3）集中式收集方式

对于养殖数量较多的地区，如养殖场、养殖小区、密集养殖区等，有必要根据区域内牲畜的养殖数量，建立一些大型收集设施作为中转站，连接农业社区和后续处理设施（如有机肥厂、加气站等）。采集方式如图 2-39 所示。

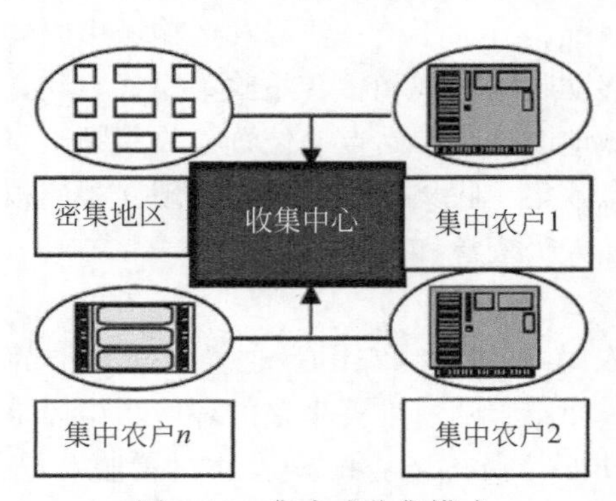

图 2-39　集中式收集模式

在这种模式下，提出了收益指导和绑定收集机制。种养户对农业有机废物的消纳能力有限，导致大量废物的随意堆置，而有机肥料和沼气能源生产企业可有效利用这些废物。政府可以利用这一点，给企业补贴建设集中收集中心，将这些有机废物收集起来共同使用。该机制不仅实现了种养户和企业的共同利益，而且解决了难处理废物的污染问题。

（4）其他采集方式

集中收集站附近的一些农场可以自行将农业废弃物运送到收集站进行处理。农民们被给予一定数量的粪便桶，把牲畜粪便运到集中的收集站，然后把干净的桶拿回循环利用。如图2-40所示。

例如大型养殖小区的集中收集中心和一些相对集中的养殖区，有必要建立一些大型设施，收集能力是根据牲畜的数量而定的。这些收集设施作为中转站，主要连接农业社区和后续处理设施（如有机肥厂、加油站等）。采集方式如图2-40所示。

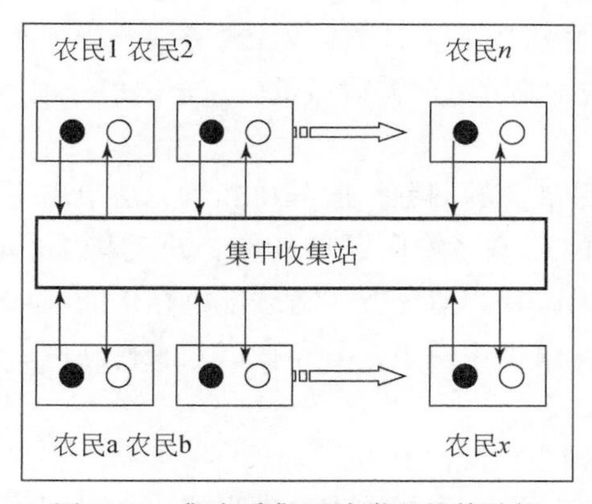

图2-40　集中采集区域附近的养殖场

结合当地的实际情况和这四种收集系统，对大部分农村农业垃圾收集是有效的（表2-3）。

表2-3　不同仓储设施对比

收集设备	优点和缺点	使用对象	收集的单位成本/（元/t）
集中收集池	优点：主要用于大规模集中养殖，收集大量废弃物到收集点资源化 缺点：所需空间大	规模化养殖，集约化养殖	2.0～2.5

续表

收集设备	优点和缺点	使用对象	收集的单位成本/（元/t）
适度集中收集池	优点：农民可以自由结社按数量分开牲畜，更少的空间需求 缺点：不方便管理，因为数量需要及时调整	家庭饲养	2.8～3.3
家庭类型收集池	优点：可建在房屋和田地附近，简单灵活 缺点：单位成本回收高	部分繁殖	4.0～4.8

2.3.2 畜禽粪便的收集案例

以洱海流域为例，畜牧业发展迅速，成为该地区农民的重要收入来源。目前，奶牛12.12万头，猪42.26万头，各类鸡72.25万只，粪便产量2411万t/年。由于养殖规模分散，农户成本高，故经济效益低，甚至出现亏损。从畜禽粪便的收集到利用，存在许多问题。

首先，资金短缺是最大的问题，散养户养殖无法治理畜禽粪便污染，直接排放畜禽粪便造成严重的环境污染问题。其次，缺乏科学的监督和技术指导，约57%的畜禽粪便处于无监督的情况下，随意堆放在田间或农家周围。最后，监管难度大，因为大多数养殖场规模小，分布在广大农村地区。这一系列问题导致了畜禽粪便的严重流失。

（1）畜禽废弃物损失概况

随着畜牧业的快速发展，农村城市化进程加快，可用于畜禽粪便处理的耕地减少。另一方面，随着养殖业的专业化，产生的养殖废物超过了当地农田的最大消纳能力，导致废弃物过度堆积。

调查过程中发现，大约有53%的粪肥在缺乏监管的情况下堆放在田地或房屋周围。40%的畜禽粪便虽然做了简易的堆沤池，但污染物依然会随着降雨径流进入环境。只有7%的废物以正确的方式处置。

（2）养分流失概况

洱海盆地位于云贵高原西部。降水主要集中在5月至10月，最大降水在6月、7月和8月。无人监管、随意堆放在田间或农家周围的状态下，畜禽粪便中的氮、磷随着降雨过程中的地表径流严重流失和污染。据中国农业科学院土壤与肥料研究所初步估算，即使只有10%的粪堆随径流外溢到水体中，氮的富营养化贡献率也可达10%，磷的富营养化贡献率可达10%～20%。不同牲畜排放量见表2-4。

表2-4　不同牲畜排放量（kg/d）

物种的牛	播种	猪	绵羊鹅蛋鸡
数量20～45　7～11　3～4.5　2.5～2.8	0.2	0.15	0.1

（3）畜禽粪便损失的原因

一是现行禽畜废物污染控制法规政策不完善；政策法规难以从技术、财务、认知等方面进行落实，再加上现有的原则性法规、文件等方面缺乏现实操作性。

二是畜牧业的发展及其废弃物处理缺乏统筹规划和布局。畜禽养殖业的发展和畜禽粪便污染的来源在地区间呈现出不平衡的现象。

三是缺乏一些优惠政策（如税收补偿、信贷、公用事业等），导致有机肥行业和大型沼气企业出现高运行成本。国家对畜禽废弃物处理的补偿机制和激励机制不足，企业缺乏资金等规避措施，在一定程度上造成了废弃物处理率低、处理效果不佳。

四是垃圾处理工程不合理、不成熟、运行费用高。追求排放标准水平或单方现场使用，不能因地制宜地优化和改进治理工程或制定治理模式，是造成异常运行的重要因素。许多处理工程造成污水排放量增加、处理费用高、处理效果差等诸多明显缺陷。

（4）收集分析

为加强本地区畜禽粪便的管理，控制流入洱海的氮、磷含量，政府建设了多个化粪池和血吸虫厕所改造相结合的家庭化粪池。本项目使畜禽粪便收集基本完成，环境卫生条件得到改善，但仍有部分农户缺乏建设畜禽粪便堆场的土地，这部分畜禽粪便仍存在严重的乱堆浪费问题。收集池的容量不能满足一些拥有大量农场的村庄的收集需求，一些村庄只收集粪便卖给附近的农民，他们的成本很低，可以在种植季节用于田间。因此，大部分粪便的收集和利用是不合理的。

针对这种情况，我们根据损失的严重程度和当地情况的原则，提出了以下存储建议：

①在一些地区已建成化粪池，根据现有的储存规模和建设规模适度的集中收集池分配给农民。收集池的中间可以设计成一个可移动的墙壁，每当农民随着牲畜数量的变化而改变它，以增强收集设施的可变性的灵活性。

②分散农户只能得到一种移动的采集模式，必须将定时采集与定点采集相结合，在合理的搬迁和运输线路上进行轻量化。计时采集是指每天、每周定时采

集。定时收集需要根据畜禽粪便的量来设定清除和运输的周期和频率。定点是指农民通过指定的汽车收集点运送牲畜粪便。定点采集时应考虑方便的交通问题，尽量减少农民之间的距离。

③针对规模较大的养殖场和集中的村庄，可以在政府的指导下规划养殖区域，使大型养殖场远离易形成地下水径流的区域。同时，可以建设集中式的大型收集站，并加强监管，从源头上降低畜禽废物收集利用成本和环境污染风险。

④另外，可以借鉴发达国家在畜禽粪便资源化、零排放处理技术方面的成功经验。我们可以采用大型燃气项目和好氧堆肥模式相结合的方式，实现非集约化畜禽废弃物资源的统一收集和运输，实现零废物处理。

（5）结论

畜禽养殖业蓬勃发展。畜禽粪便逐年增多，贮存压力逐年增大。水体富营养化随着氮、磷的严重流失而日趋严重。随着养殖业的发展，农村的空地越来越少，有的被用来修建单户化粪池。此外，养殖技术和农村卫生条件的改善，将逐步导致家庭养殖模式向集中养殖模式过渡，集中采集也应呈现仓储设施。随着养殖模式由非集约化向集约化发展，收集贮存模式也需要向集约化发展。必须构建自产自销的模式和立体文化产业。

日益严峻的农村垃圾问题不仅影响了农村居民的生活环境，更是造成了深层次的危害。一方面，长期露天堆放的垃圾会散发有毒气体和臭味，滋生大量的蚊虫、病原微生物，严重危害周边居民的身心健康；另一方面，垃圾堆积产生的渗滤液会浸入土壤及地下水中，垃圾中重金属、残余农药等有毒有害物质也会随着雨水冲刷进入周边水系，这些有害物质通过水源、土壤和空气的立体交叉污染对农产品质量安全产生间接或者直接影响，污染和破坏了农村及周边地区的生态环境，并最终将危害转嫁给人类。

云南省农村人口多、居住分散、区域面积大。2017 年，全省农村人口达 2559 万人，占总人口的 53. 3%，据测算每年将产生生活垃圾约 475 万 t。广大农村中，农作物秸秆资源化利用率相对偏低，还有很大一部分的农作物秸秆丢弃在农村环境中，造成极大的浪费；畜禽养殖规模化程度不高，大量的养殖粪便随意堆放产生了恶臭和病原微生物污染，严重威胁人体健康；废弃农膜回收和资源化利用的问题也仍未解决。同时，以生活垃圾为代表的固体废物主要是易腐废物，包括餐厨垃圾、农业生产和畜禽养殖废物等，是可以再利用的资源，但当下农村生活垃圾成分日益复杂化、种类日益多样化，加之全省农村居住分散且以小规模种养为主，产生的废物量大面广，收集的难度大。在省内大部分农村地区垃圾分类收集体系和基础设施缺乏的情况下，农业农村固体废物大部分处于无序堆放的状态，不仅为其资源化利用带来很大难度，也造成了严重的环境污染问题。根据住房和城乡建设部统计数据，2017 年，云南省乡一级生活垃圾处理率为75.65%（略高于全国72.99%的平均水平），全国排名第16位；其中无害化处理率仅为9.72%（远低于全国23.62%的平均水平），全国排名第20位。

农业与农村固体废物处理难的核心难题之一在于对农村生活垃圾的运输和处理成本过高，只有通过对农业与农村固体废物实施分类减量，才能有效降低运输、处理成本。根据云南省美丽乡村建设工作要求，结合云南省农业农村生产生活习惯以及生活垃圾分类收运体系和再生资源回收体系特点，建立完善农村固体废物“分类减量—清运回收—无害化处理”的模式，能够推动实现云南省农村固体废物的无害化处理和资源化利用。

2.3.3　集中式有机废物收集站建设

本技术研究了畜禽粪便收集站占地面积确定的方法和选址依据，对收集站系统构成、占地面积、选址和平面布局进行了规划设计。对收集站基本的系统构成给出了建设性意见，并推荐在建设和收集规模较大的收集站内进行堆肥处理。按照收集站内各个设施的功能结合畜禽粪便收集、贮存、处理、转运的处理流程，研究了进行堆肥和不进行堆肥的收集站平面布置。

（1）收集站规模

经过前期深入细致的调研，以核心示范区内为例，共辖146个村民小组，总户数8378户。这些村都是典型的农耕经济村，种植和养殖是村民经济增长，实现农户增收的主要途径。截至2014年末，这三个村的奶牛存栏约13843头，则可产生奶牛粪便约17万t，生猪约16617头，产生猪粪约40万t，粪便总量约为57万t。

通过对上述核心示范区畜禽养殖以及畜禽粪便产生量的情况了解，将在梅和村、松曲村及腾龙村内各择取一块适宜且不影响附近村民正常生活的地方修建年收集量分别达4万t/年、4万t/年、40万t/年的畜禽粪便收集站。

根据云南等地的调研结果，密集养殖区收集站内最重要的区域为畜禽粪便堆放区，收集站占地面积主要由畜禽粪便堆放区的占地面积确定。堆放区占地面积主要由收集站所服务区域内每天畜禽粪便实际收集量及在堆放区的停留时间确定。不同畜禽粪便的日产粪量根据HJ 497—2009《畜禽养殖业污染治理工程技术规范》给出，畜禽粪便收集系数根据大理顺丰洱海环保科技股份有限公司提供的数据，计算方法采用第一次污染源普查工作方案的方法。

进行堆肥处理的收集站除堆放区外，辅料贮存区也是收集站内较为重要且占地面积较大的场所。堆肥处理场地位于堆放区内，鲜粪贮存场地规模和堆肥场地占地面积相同，堆放区占地面积为上述二者之和。根据畜禽粪便鲜粪含水率等因素可计算出渗滤液收集贮存处理设施占地面积与畜禽粪便堆放设施的体积比，进而可确定面积比值。根据《关于进一步支持设施农业健康发展的通知》（国土资发［2014］127 号），确定配套设施占地面积的最大比值，进而确定配套设施占地面积。根据堆肥过程中辅料的添加量可确定辅料贮存设施占地面积与堆存区面积比值，因而可以确定整个收集站的占地面积。

（2）收集站选址

根据上述所确定收集站规模进行选址，综合对比分析《动物防疫条件审查办法》（农业部令 2010 年第 7 号）、GB/T 27622《畜禽粪便堆放设施设计要求》、HJ 497—2009《畜禽养殖业污染治理工程技术规范》、HJ/T 81《畜禽养殖业污染防治技术规范》、NY/T 1168《畜禽粪便无害化处理技术规范》等标准的选址要求并结合本项目实际，确定了本收集站构建技术的选址要求。

根据 NY/T 1168《畜禽粪便无害化处理技术规范》和 HJ/T 81《畜禽养殖业污染防治技术规范》要求确定了禁止建设密集养殖区畜禽粪便收集站的区域及与禁止建设区域应保持的最少距离；根据《动物防疫条件审查办法》（农业部令 2010 年第 7 号）确定了与畜禽饲养场边界及种禽场的防疫距离，根据 HJ/T 81《畜禽养殖业污染防治技术规范》确定了本收集站构建技术与各类功能地表水体的防护距离。

与畜禽养殖场至少保持 500m 的防疫距离，与种畜禽养殖场至少保持 1000m 的防疫距离，与地表水体至少保持 400m 的安全防护距离，应位于下风向或侧风向处，畜禽粪便在收集站堆存设施中的贮存时间宜为 15 ~20d。

对于收集站的服务半径，在永安江流域进行了问卷调查。结果表明，参与牛粪收集的养殖户距离收集站的距离在 5000m 以内，但超过 1500m 以后上交收集站的人数减少。因此，收集站服务区域半径不宜超过 5000m，在社会、环境、经济、地理等条件允许的情况下，最优的收集半径为 1500 ~ 2000m（图 2-41）。

（3）收集站功能分区

对收集站内各个系统的平面布置做了相应的要求。收集站内畜禽粪便的处置流程为畜禽粪便经过计量收集后进入畜禽粪便堆放区，有条件的收集站在堆放区内对畜禽粪便进行预加工处理，降低其初始含水率，然后进行转运。渗滤液在整个过程中被收集，根据重力作用自流至渗滤液收集池，便于操作和减少收集站运行成本，因此在平面布置中做了符合标准需要满足的要求，应位于整个收集站高程的最低处。附属设施涉及人员办公等，推荐位于整个收集站的上风向处。并给出了其他设施的布局要求和提出了最后应达到的效果要求，给出了进行堆肥处理的收集站和不进行堆肥处理的收集站的平面布置示意图。

收集站内各设施应按畜禽粪便收集、处理、转运的程序合理布局并进行功能分区。渗滤液收集设施应在整个收集站最低处，设置于收集站外；固液分离主要通过添加吸水性材料进行预处理实现；科学划定收集站原料堆腐、配料贮存、翻

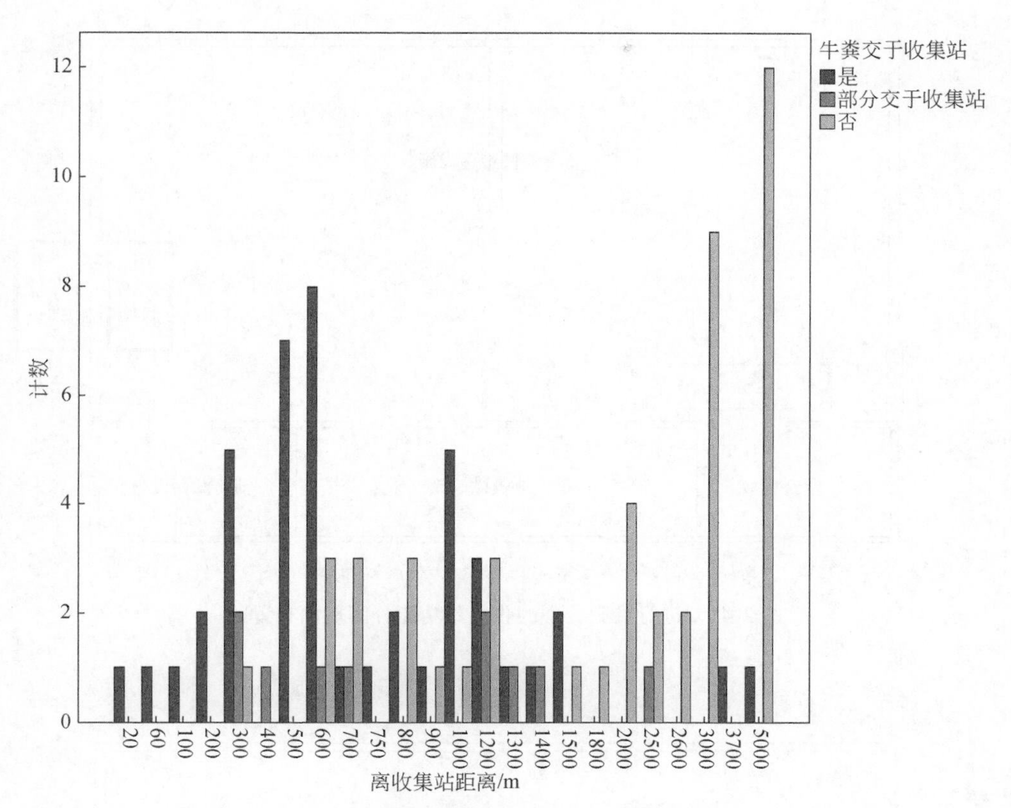

图 2-41　收集站距离与是否上交牛粪的关系图

堆、计量、办公等功能分区。办公区域宜位于整个收集站的上风向处，其他各项分区按照功能紧凑布局。根据收集站周围养殖密度确定收集站的建设规模以及其是否用于堆肥化处理，分别对进行堆肥处理和不进行堆肥处理收集站的功能布局进行优化设计，其平面布置图如图 2-42 和图 2-43 所示。

称重区：根据实际情况规定的地磅秤的称重范围、长度和宽度的确定要求。规定了地磅秤安装的地面基础要求，安装位置要求，确保计量设施的正常运转。

堆存区：对贮存设施的结构进行了相应的规定。根据 GB/T 27622《畜禽粪便堆放设施设计要求》对地面和墙体厚度做了相应的规定，并根据 GB 50069《给水排水工程构筑物结构设计规范》和 GB18598《危险废物填埋污染控制标准》的要求对地面和墙体混凝土的防渗要求做了规定。同时标准还考虑了贮存设施的渗滤液收集问题，规定了地面向渗滤液收集处理设施方向倾斜并设置排污沟。

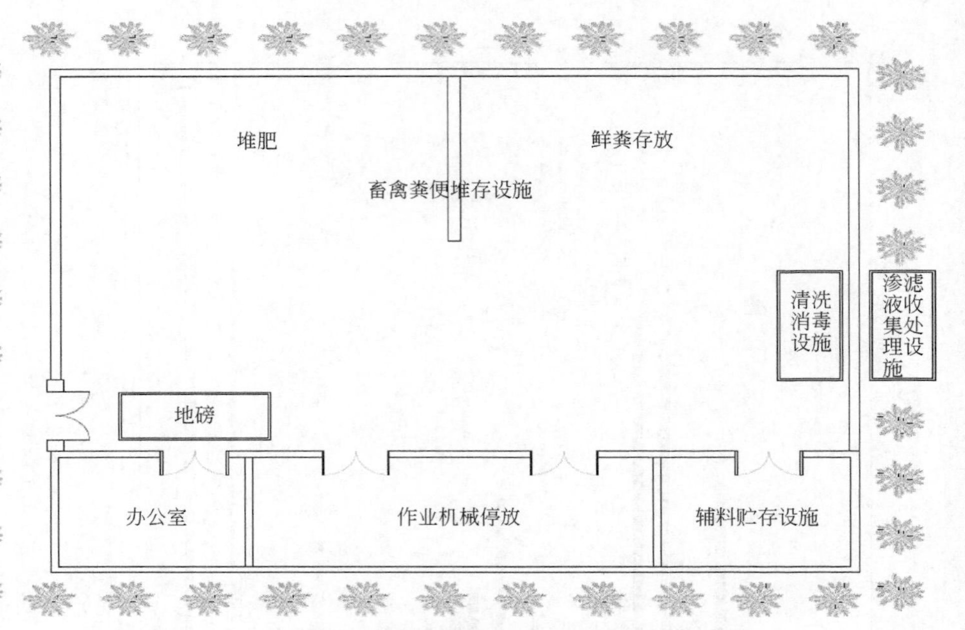

图 2-42　进行堆肥处理的收集站功能分区平面布置图

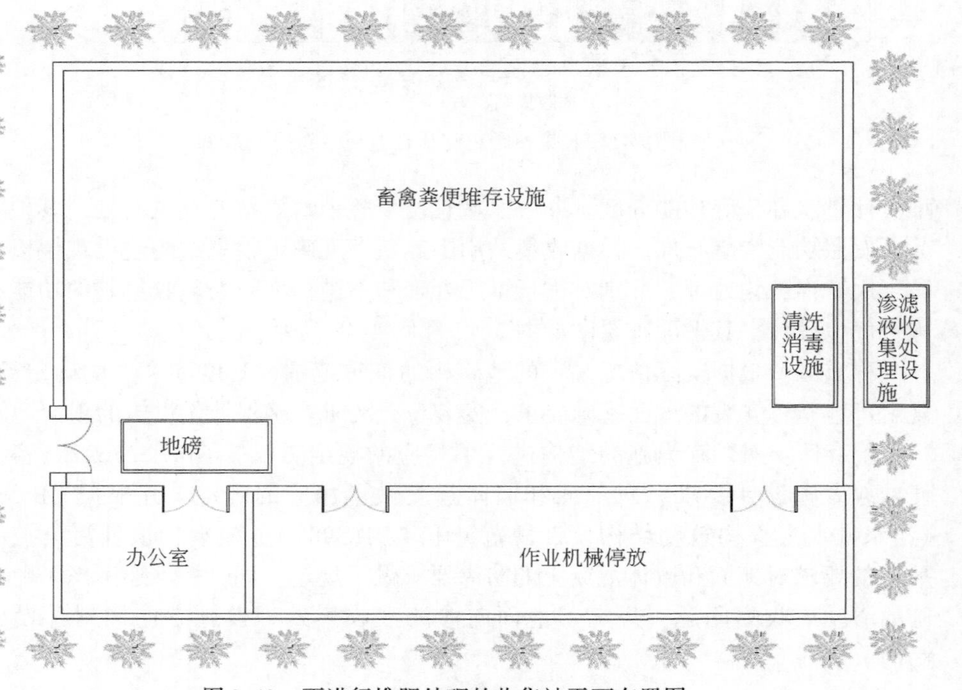

图 2-43　不进行堆肥处理的收集站平面布置图

根据雨污分流要求和降低粪便中水分的需要，提出了建设带阳光板屋顶的钢结构雨棚，并根据方便装载机、运输车及起垄机和翻抛机作业要求并结合 GB/T 27622《畜禽粪便堆放设施设计要求》的参数提出了雨棚下玄与设施地面的净高度要求，对地面荷载做出了要求。考虑到安全生产等因素，提出了应设置明显的警示标识和防护措施。

渗滤液收集处理区：收集的新鲜畜禽粪便的含水率一般为 80% 左右，适合堆肥的畜禽粪便的含水率一般为 65% 及以下，因此有 15% 的水分需要在收集站中消耗，水分中有部分经过蒸发或秸秆吸附散失，考虑到转运车辆的清洗用水需求，因此规定渗滤液收集处理设施规模为贮存设施规模的 10%，考虑到畜禽粪便还田要求在畜禽贮存设施中滞留时间不低于 30d，为了渗滤液后续还田需要，因此规定在设施内停留时间不低于 30d。

考虑到渗滤液收集后的实际处理情况，推荐渗滤液收集池采用三格式地下结构并在冻土层以下，并给出了推荐的三格式地下结构示意图。渗滤液收集池宜采用混凝土浇筑，并进行防渗和防腐蚀处理，防止渗滤液腐蚀混凝土和渗漏。

渗滤液收集处理设施为地下池子，渗滤液达到一定深度后会发生厌氧硝化反应产生甲烷，因此要求设置通风装置。设置围栏，为了防止误入和孩童攀爬对围栏高度做出了要求。

（4）收集站配套设施

本部分主要规定了附属设施的配备，运输车辆应进行清洗消毒满足防疫要求，因此需要配备运输车辆清洗消毒设施。为延长装载机、运输车辆及其他作业机具的使用寿命，因此配备机械停放间和维修间。同时满足收集站人员办公的需要，还应设置办公用房。同时对进行堆肥的收集站提出了应配备秸秆贮存间，考虑到秸秆易燃等特性，要求收集站配备消防设施。

要求建设植物缓冲带，在净化空气、防控污染的同时还可达到美化环境，并满足防疫的要求。

收集站内各设施均为低压配电设备，因此直接引用了 GB 50054《低压配电设计规范》中的相关要求。

（5）运行管理

对收集站的运行管理进行了相应规定，对管护主体、畜禽粪便转运时间、含水率、运输过程防止二次污染和收集站内部日常运行管理提出了要求。

收集站应明确管护主体及其责任与义务，由管护主体对收集站进行日常的巡查和管护，负责收集站的运营管理。

对畜禽粪便何时转运给出了推荐性的要求，即贮存时间为 15～20d，时间的确定依据主要是畜禽粪便高温堆肥前的堆置时间为 15～20d。

从各个方面对收集站可能产生的水污染物进行了规定，规定了收集站内应实行严格的雨污分流设施，渗滤液不得直接向环境排放，并规定了防止雨污混合及渗滤液下渗的要求。

对畜禽粪便转运车辆做了相应的要求，清洗转运车辆上残留的畜禽粪便，并对其进行消毒处理，防止运输过程中的二次污染并满足防疫要求。对清洗过程中用水和清洗废水提出了明确的处理要求，并规定了处理后的渗滤液的去向为还田处理，规定了还田应满足的卫生学要求。要求直接引用了 NY/T 1168《畜禽粪便无害化处理规范》相应的卫生学要求。

对收集站内的臭气控制处理也给出了相应的除臭措施并推荐根据条件采用。结合生物炭、膨润土、锯末和秸秆等多孔材料的物理吸附，臭氧、双氧水（即过氧化氢）等强氧化剂对有机恶臭污染物的氧化作用和生物提取物、酶制剂及生物菌剂等对产生恶臭气体的微生物进行抑制等除臭原理，分别给出了物理、化学和生物的除臭方法，并提出了选择的化学除臭试剂应无二次污染风险的要求。针对夏天收集站内苍蝇等有害生物过多的现象，提出了采取灭蝇网灭蝇等环保灭蝇措施要求。给出了运行管理过程中污染物排放要求。水污染物、恶臭气体的最高日排放浓度要求，直接引用了国家强制性规范 GB 18596《畜禽养殖业污染物排放标准》的相关要求，并规定了固体废弃物、噪声及其他污染物的排放应符合相关法律法规的标准。

考虑到辅料的贮存等情况，要求收集站内严禁烟火。制定全面的运行管理、维护保养制度和安全生产操作规程，没有给出规程的具体内容是由于各地方情况不一样，不对其做限定有利于各地结合各自实际情况制定适合的收集站相关制度和规程。要求明确岗位责任机制，以及各设施设备根据设计的工艺要求和说明使用，便于收集站内部安全高效运转。

2.4 分散有机废物收集工程示范

2.4.1 示范工程概况

核心示范区位于永安江流域中上游，包括右所镇的三枚村、梅和村、中所村、松曲村、陈官村以及邓川镇的腾龙村。2013 年，核心示范区奶牛存栏量为 13705 头，奶牛粪便产生量为 15 万 t，无收集站对奶牛粪便进行集中收集。

奶牛分散养殖污染减排示范工程，依托洱源县洱海流域畜禽养殖污染治理与资源化工程进行示范，示范内容为：畜禽粪便集中式收集站建设及规模化运行机制。核心示范区工程主体包括：位于梅和村、松曲村和腾龙村的收集站，以及位于洱源县的右所有机肥加工厂，具体信息如表 2-5 所示。三个村级收集站将分散的奶牛养殖粪收集后，转运到右所有机肥加工厂统一进行高效处理与肥料化增值利用，生产商品有机肥。

表2-5　收集站基础信息表

工程主体	分布地	处理能力/（t/年）	GPS坐标	建成时间
梅和收集站	洱源梅和	0.72万	100.07016，26.04571	2016年4月
松曲收集站	洱源松曲	1.08万	100.10085，26.02364	2015年3月
腾龙收集站	洱源腾龙	4.32万	100.10716，26.00721	2015年3月
右所有机肥加工厂	洱源军马场	80万	100.12357，26.02762	2015年12月

示范工程位置示意图见图2-44。

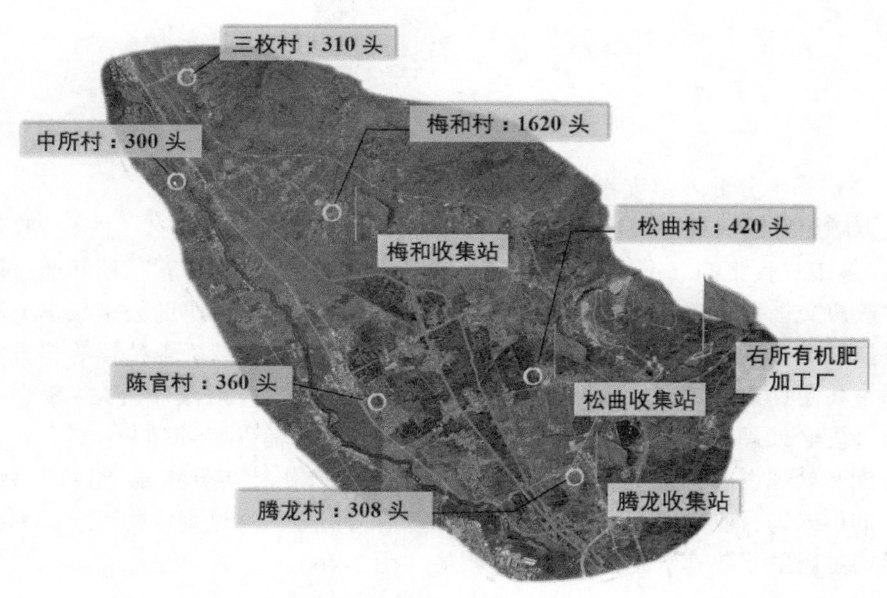

图2-44　示范工程位置示意图

2.4.2　总体方案设计

依托云南顺丰洱海环保科技股份有限公司在永安江流域周边的奶牛分散养殖区建设中转式和集中式收集站，通过有偿的形式对奶牛粪便进行收集，加工成高附加值的有机肥产品出售，形成一条稳定的收集链，达到奶牛分散养殖污染长期减排的目的。示范工程建设的主要内容包括以下方面（图2-45）。

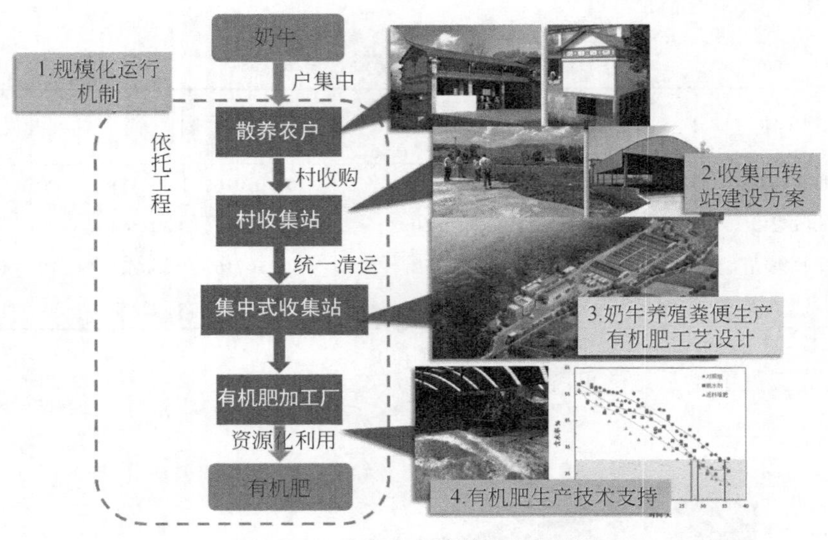

图 2-45　示范工程建设技术路线图

（1）奶牛分散养殖废物多级收集机制

课题组针对大理洱海流域畜禽养殖废物面源污染问题，提出“农户-收集中转站-集中式收集站（配套处理设施）”多级收集模式。“十二五”期间通过调研了解散户交售畜禽粪便的意愿，在原有的收集体系基础上，协助云南顺丰洱海环保科技股份有限公司建立起以收集站为核心，农户、合作社、养殖场等多方参与的奶牛粪便收集模式和运行保障机制。农户以“养殖户-收集中转站-集中式收集站（配套处理设施）”的多级收集模式为主，同时辅以“养殖户-集中式收集站（配套处理设施）”、“流动收集”进行收集，合作社与养殖场通过“协议收购”的形式进行收集。运行机制方面，以政府为引导，通过企业购买或以粪换肥的形式对奶牛分散养殖废物进行有序收集（图 2-46）。

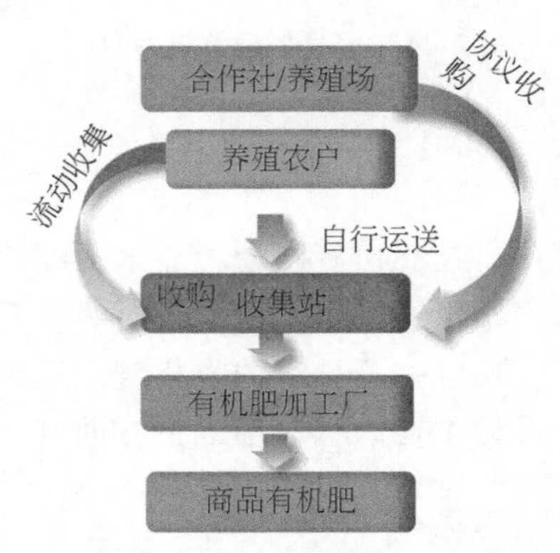

图 2-46　奶牛分散养殖废物收集机制示意图

（2）各级收集站及其配套构筑物的建设

收集站包括位于养殖密度较大区域的中转式收集站和配套有机肥加工厂的集中式收集站。示范区的收集中转站分别位于梅和、腾龙和松曲，集中式收集站位于洱源县军马场。

在示范工程建设期间，课题组为示范工程建设单位提供了奶牛粪便收集站建设方案设计和奶牛养殖粪便生产有机肥的工艺设计。

（3）奶牛粪便快速干燥技术（图 2-47）

示范工程建设以来，奶牛粪便的收集量大幅增加，但在奶牛粪便生产有机肥的过程中存在升温慢、脱水困难、堆肥周期长等问题，致使奶牛粪便收集后长期滞留在有机肥加工厂里，导致收集链的末端缺失，影响散养奶牛粪便收集工程的长期有效规模化运行。

图 2-47　奶牛粪便快速干燥试验图

针对该问题，课题组通过返料技术，在堆肥初期引入活跃的微生物并加快微生物的适应过程，明显加快了升温速度，该技术已应用到有机肥生产中。此外，课题组为该有机肥加工厂提供了能快速脱水的堆肥化技术，包括：①利用生石灰吸水、放热、消毒等特性的养殖废物快速干燥堆肥化技术。堆肥过程跳过低温阶段直接进入中温阶段，避免了氧气和易分解的有机物提前消耗，使中温型微生物能快速繁殖、代谢产热，在该技术下，肥堆第 3 天即进入高温堆肥阶段，显著减少了堆肥周期。②通过多阶段返料接种快速腐熟堆肥化的方法，提高升温速率，温度上升至 60℃的时间由 12 天缩短至 6 天，27 天左右含水率即降至 30% 以下。

建设的梅和、松曲和腾龙中转收集站的收集量分别为 8000t/年、5400t/年和9000t/年。军马场的集中式收集站占地 80 亩，配套建设有机肥加工厂，年处理奶牛粪便 10 ~ 11 万 t，处理其他粪污 0. 8 ~ 1. 5 万 t，年生产发酵粪肥 6. 2 万 t。

2. 4. 3　运行效果

1. 集中收集量

畜禽粪便集中式收集站建成后，总收集量达到 1 万 t/年。

(1) 核心示范区畜禽粪便集中收集总量

2017 年位于核心示范区的梅和收集站、松曲收集站以及腾龙收集站每月畜禽粪便的有序收集量如表 2-6 所示。2017 年梅和收集站的收集量为 5378. 46t，松曲收集站的收集量为 2631. 63t，腾龙收集站的收集量为 19823. 48t，奶牛粪便有序收集总量为 27833. 57t。

表 2-6　2017 年核心示范区有序收集（收集站）的收集量

核心示范区	梅和村	松曲村	腾龙村
有序收集量/t	5378. 46	2631. 63	19823. 48
总计/t	27833. 57		

(2) 各收集站收集情况

①梅和收集站

2013 年梅和收集站工程建设前，梅和村及周边村庄的奶牛粪便的有序收集量几乎为 0。工程建成投入运行后，梅和收集站 2017 年收集奶牛粪便等农业废弃物 5378. 46t，如图 2-48 所示。

月收集低峰集中在 6 月和 10 月，这与洱源县梅和村及周边村庄 6 月大春水稻种植和 10 月大蒜种植模式密不可分，农民自身对牛粪的需求量增多，牛粪主要去向为农民自行返田消纳，从而导致梅和收集站的收集量锐减；月收集高峰分别出现在 5 月、8 月及 10 月，经过种植高峰，农民自身对牛粪需求量开始降低，更多的牛粪被送往集中收集站。此外，梅和收集站平均每天的收集量约为 14. 73t，高峰值可达到 74. 88t/天。

②松曲收集站

2013 年松曲收集站工程建设前，松曲村及周边村庄的奶牛粪便的有序收集量几乎为 0，工程建成投入运行后，松曲收集站 2017 年收集奶牛粪便等农业废弃物 2631. 63t，如图 2-49 所示。

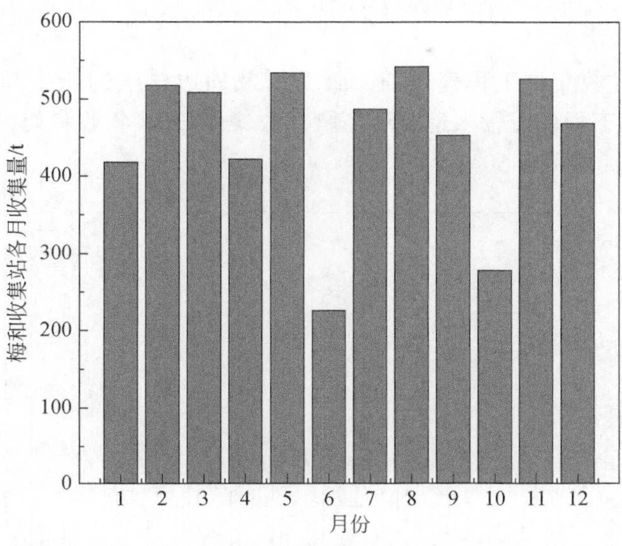

图 2-48　2017 年梅和收集站各月收集量

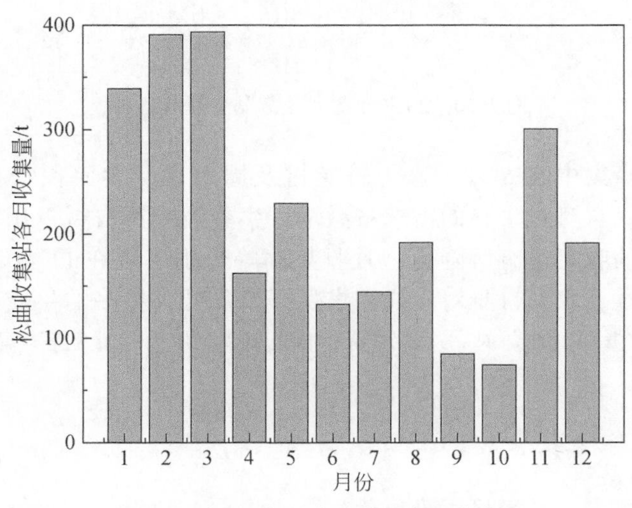

图 2-49　2017 年松曲收集站各月收集量

月收集低峰集中在 6 月、7 月、9 月、10 月，这与松曲村及周边大湾村 6 月、7 月水稻种植和 10 月、11 月大蒜种植关系密切，此时，农民自身对牛粪的需求量激增，牛粪主要被农民自行返田消纳，从而导致松曲收集站的收集量锐减；月收集高峰分别出现在 1 月、2 月、3 月及 11 月，种植高峰过后，农民自身对牛粪需求量开始降低，更多的牛粪被送往集中收集站。此外，松曲收集站平均每天的收集量约为 7. 21t，高峰值可达到 33. 83t/天。

③腾龙收集站

2013 年腾龙收集站工程建设前，腾龙村及周边村庄的奶牛粪便的有序收集量几乎为 0，自工程建成投入运行后，腾龙收集站 2017 年收集奶牛粪便等农业废弃物 19823. 48t，如图 2-50 所示。

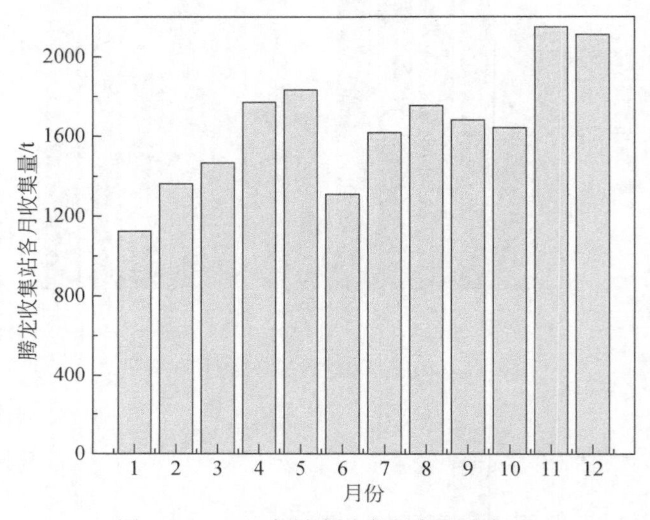

图 2-50　2017 年腾龙收集站各月收集量

月收集低峰集中在 6 月，这与腾龙村及周边 6 月大面积水稻种植关系密切，此时，农民自身对牛粪的需求量激增，牛粪被农民自行返田消纳，从而导致腾龙收集站的收集量有所降低；月收集高峰分别出现在 11 月、12 月，此时种植高峰期已过，农民自身对牛粪需求量开始降低，更多的牛粪被送往集中收集站。此外，腾龙收集站平均每天的收集量约为 54. 31t，高峰值可达到 230. 33t/天。

2. 污染负荷核算

（1）2013 年核心示范区污染负荷

①奶牛粪便产生量

2013 年，核心示范区奶牛存栏量为 13705 头，奶牛粪便产生量为 15 万 t，按照农业面源污染负荷核算方法，核心示范区奶牛粪便氮、磷污染负荷量分别为 59. 7t/年和 3. 11t/年。

②奶牛粪便集露天堆置量

2013 年核心示范区内没有建设收集站，产生的奶牛粪便以露天堆置为主，因此奶牛粪便的露天堆置量为15万t/年，产生氮、磷污染负荷量分别为59.7t/年和3.11t/年。

（2）2017年核心示范区污染负荷

①奶牛粪便产生量

2017年项目实施后，核心示范区分散养殖奶牛的存栏数为3318头，每年产生奶牛粪便3.6万t。根据奶牛粪便氮（磷）污染负荷量计算公式，若产生的奶牛粪都无序堆置，将分别产生氮、磷污染负荷量14.3t和0.75t。

②奶牛粪便集中收集量

2017年示范工程建成运行后，核心示范区内有序收集的奶牛粪便为2.78万t，分别削减养殖污染氮、磷负荷11t和0.58t。

③奶牛粪便露天堆置量

2017年核心示范区内产生的奶牛粪便减去收集的部分，剩下露天堆置的量为0.82万t，产生氮、磷污染负荷量分别为3.3t/年和0.17t/年。

（3）2017年集中收集率

2017年核心示范区内产生的奶牛粪便产生量为3.6万t，集中收集2.78万t，集中收集率为77%。

（4）养殖污染负荷削减率

2013年项目实施前，核心示范区奶牛粪便露天堆置量为15万t，产生氮、磷污染负荷量分别为59.7t/年和3.11t/年。

2017年项目实施后，核心示范区奶牛粪便露天堆置量为0.82万t，产生氮、磷污染负荷量分别为3.3t/年和0.17t/年。

项目实施后，核心示范区内养殖污染减排量为94.5%。

2.4.4　效益分析

本项目是以保护和改善生态环境为最终目的，实现工业化和社会化迅速发展与生态环境、人居环境持续改善的相互平衡，整个项目对环境无害，属于重点鼓励支持发展的环境保护与资源节约综合利用的优势产业，不但符合市场和环境对绿色新能源的需求，也符合国家可持续发展的产业政策。该项目通过对牛舍的改造，解决了传统圈舍的养殖粪便存贮容量小、清粪周期短、大量养殖污水排放、大量养殖粪便随意堆置等问题。同时通过将奶牛粪便进行收集生产有机肥生产，使得奶牛粪便随意堆置流失的N、P年减排量达40%以上，流域内水体富营养化等环境问题得到了有效的改善，形成了系统的、有针对性的治理方法和改善措施。不仅减少了化学肥料的用量，增加土壤有机质，实现减肥增效和农田的可持续利用，而且降低有毒有害物质的排放，完成了畜禽粪便的资源化利用，降低能源消耗，对实现生态环境战略有重要的促进作用。

项目通过修建村收集站、集中式收集站、有机肥加工厂，改善了地方产业布局，丰富了产业链，提供了新的工作岗位，增加对项目所在地劳动力的需求，解决了地方劳动力过剩问题；同时利用奶牛粪便生产有机肥并销售到国内外，成功完成“牛粪变黄金”的资源化生产模式的构建，有力推进了地方经济发展；该项目使得当地畜禽养殖中产生的养殖废物的收集、利用得以规范化、专业化，当地奶牛养殖模式成功走上了循环经济路线，降低了环境污染补救及医疗投入，实现了洱海流域的畜牧养殖业的可持续发展；同时，项目的实施有利于提升地区产业在行业内的竞争力，促进了畜禽产业现代化发展，大幅度提高高新技术产业的技术含量。

该项目成功实现了当地农村畜禽散养养殖模式向集约规模卫生生态型转变，对畜禽养殖中产生的养殖废物的收集利用实现正式、正规化，形成了系统、专业养殖格局，改变了以往农村传统养殖模式，促进了家庭奶牛养殖业不断向前发展，完成了对当地农村奶牛养殖业结构的调整，使得传统养殖业逐步向新型养殖业的转化，并向集约化养殖迅速发展，经济结构也逐步向环保生态经济型转变。同时，发展了农村生态循环经济，促进了农民经济增收，改善了农村大量劳动力的就业问题。环保卫生生态理念深入人心，推广建立畜牧业与生态环境保护协调发展的长效机制，走出了一条与生态文明建设要求相适应的“产出高效、产品安全、资源节约、环境友好”的现代化畜牧业发展道路[1-52]。

参考文献

[1] 张永豪，林荣忱，赵丽君．硝化污泥间歇式堆肥操作气量控制方式［J］．城市环境与城市生态，1994，7（3）：1-4.

[2] 张永豪．气量对硝化污泥堆肥平均反应速率影响的研究［J］．中国给水排水，1994，10（4）：25-28.

[3] 陈世和，谌建宇．DANO 动态堆肥装置的特性研究［J］．上海环境科学，1991，10（12）：10-13.

[4] 陈世和，谌建宇．城市生活垃圾堆肥动态工艺（DANO）的研究［J］．上海环境科学，1992，11（5）：13-15.

[5] 李艳霞，王敏健，王菊思．环境温度对污泥堆肥的影响［J］．环境科学，1999，（6）：63-66.

[6] 赵丽君，杨意东，胡振苓．城市污泥堆肥技术研究［J］．中国给水排水，1999，（9）：58-60.

[7] 陈同斌，黄启飞，高定等．城市污泥堆肥温度动态变化过程及层次效应［J］．生态学报，2000，（5）：736-741.

[8] Brito L M，Coutinho J，Smith S R. Methods to improve the composting process of the solid fraction of dairycattle slurry［J］．Bioresource Technlogy，2008，99，8955-8960.

[9] Tiquia S M, Tarn N E Y, Hodiss I J. Microbial activities during composting of pig manure sawdust litter at different moisture contents [J]. Biores Trchnol, 1996, 55 (2): 201-206.

[10] 李国学，张福锁．固体废弃物堆肥化与有机复合肥生产［M］．北京：化学工业出版社，2000，190-191.

[11] RYNK R. Monitoring moisure in composting system [J]. Biocycle, 2000, 41 (10): 53-58.

[12] Bernal M P A, Moral R. Composting of animal manures and chemical criteria for compost maturity: A review [J]. Bioresource Technology, 2009, 100 (22): 5444-5453.

[13] 施宠，张小娥，金俊香，等．牛粪堆肥不同处理全N、P、K及有机质含量的动态变化［J］．中国牛业科学，2010，36（4）：26-29.

[14] 中华人民共和国农业部．NY525-2012，有机肥料［S］．北京：中国农业出版社，2012.

[15] 雷大鹏，黄为一，王效华．发酵基质含水率对牛粪好氧堆肥发酵产热的影响［J］．生态与农村环境学学报，2011，27（5）：54-57.

[16] RK. Determination of the relationship between FAS values and energy consumption in the composting process [J]. Ecological Engineering, 2015, 81: 444-450.

[17] Gareia C, Hernandez T. Study on water extract of bio solids composts [J]. Soil Science Plant Nutrition, 1991, 37: 399-408.

[18] 张硕．禽畜粪污的“四化”处理［M］．北京：中国农业科学技术出版社，2007.

[19] 牛俊玲，梁丽珍，兰彦平．板栗苞和牛粪混合堆肥的物质变化特性研究［J］．农业环境科学学报，2009，28（4）：824-827.

[20] Pitta D W, Pinchak W E, Dowd S E, et al. Rumen bacterial diversity dynamics associated with changing from bermudagrass hay to grazed winter wheat diets [J]. Microbial Ecology, 2010, 59 (3): 511-522.

[21] Shannon C E. Part III: A mathematical theory of communication [J]. M. d. computing Computers in Medical Practice, 1997, 14 (4): 306-317.

[22] Mahaffee W F, Kloepper J W. Temporal changes in the bacterial communities of soil, rhizosphere, and endorhiza associated with field-grown cucumber (Cucumis sativus L.) [J]. Microbial Ecology, 1997, 34 (3): 210-223.

[23] Tang J-C, Katayama A. Relating quinone profile to the aerobic biodegradation in thermophilic composting processes of cattle manure with various bulking agents [J]. World Journal of Microbiology and Biotechnology, 2005, 21 (6-7): 1249-1254.

[24] Tang J-C, Kanamori T, Inoue Y, et al. Changes in the microbial community structure during thermophilic composting of manure as detected by the quinone profile method [J]. Process Biochemistry, 2004, 39 (12): 1999-2006.

[25] Simujide H, Aorigele C, Wang C-J, et al. Reduction of foodborne pathogens during cattle manure composting with addition of calcium cyanamide [J]. Journal of Environmental Engineering and Landscape Management, 2013, 21 (2): 77-84.

[26] Petric I, Avdihodi E, Ibri N. Numerical simulation of composting process for mixture of organic fraction of municipal solid waste and poultry manure [J]. Ecological Engineering,

2015，75：242-249.

[27] 顾希贤，许月蓉．垃圾堆肥微生物接种试验 [J]．应用与环境生物学，1995，1（3）：274-278.

[28] Richard T L，Hamelers H V M，Veeken A. Moisture relationships in composting processes [J]．Compost Science & Utilization，2002，10（4）：286-303.

[29] Huang G F，Wong，J W C，Wu Q T，et a1. Effect of C/N on composting of pig manure with sawdust [J]．Waste Management，2004，24（8）：805-813.

[30] Chefetz B，Hatcher P G，Hadar Y，et a1. Chemical and biological characterization of organic matter during composting of municipal solid waste [J]．Journal of Environmental Quality，1996，25（4）：776-785.

[31] Domeizel M，Khalil A，Prudent P. UV spectroscopy：a tool for monitoring humifieation and for proposing an index of the maturity of compost [J]．Bioresource Technology，2004，94（2）：177-184.

[32] Haug R T. The Practical Handbook of Compost Engineering [M]．Boca Raton：Lewis Pubishers，1993.

[33] Petric I，Selimbasic V. Development and validation of mathematical model for aerobic composting process [J]．Chem Eng J，2008，139（2）：304-317.

[34] 朱铁群．我国水环境农业非点源污染防治研究简述 [J]．农村生态环境，2000，16（3）：55-57.

[35] 朱兆良．由"点"到"面"治理农业污染 [N]．人民日报，2005-02-02，第五版．

[36] US Environmental Protection Agency. Non-Point Source Pollution from Agriculture [EB/OL]．http：//www. epa. Gov/ region8/ water/ nps/ npsurb. html，2003.

[37] Vighi M，Chiaudani G. Eutrophication in Europe，the Role of Agricultural A ctivities [R]．In：Hodgson E. Reviews of Environmental Toxicology. Amsterdmn：Elsevier，1987：213-257.

[38] Lena B V. Nutrient preserving in riverine transitional strip [J]．Journal of Human Environment，1994，3（6）：342-347.

[39] Foy R H，Withers P J A. The Contribution of agricultural phosphorus to eutrophication [J]．Proceedings of Fertilizer Society，1995：356.

[40] Uunk E J B. Eutrophication of surface waters and the contribution of agriculture [J]．Proceeding of the Fertilizer Society，1991，33（3）：1026-1033.

[41] Boers P C M. Nutrient Emissions from agriculture in the Netherlands：causes and remedies [J]．Water Science and Technology，1996，33（4-5）：183-189.

[42] Borgvang S A，Tjomsland T. Nutrient Supply to the Norwehiau Coastal Areas（1999）Calculated by the Model TEOTIL. NIVA- report nr. 4343- 2001，Statlig program for fomrensningsoverakning 815/01 TA-1783/2001（in Norwegian）.

[43] Mander Ue，Kuusemets V，Loehmus K，et al. Efficiency and aimensioning of riparian buffer zones in agricultural catchments [J]．Ecol Engineer，1997，（8）：299-324.

[44] Lowrance R, Altier LS, Williams RG, et a1. The riparian ecosystem management model [J]. Soil Water Cons, 2000, 55 (1): 27-34.

[45] 全为民，严力蛟．农业面源污染对水体富营养化的影响及其防治措施［J］．生态学报，2002，(3)：22-26.

[46] 崔键，马友华，赵艳萍，等．农业面源污染的特性及防治对策［J］．中国农学通报，2006，1（22）：335-340.

[47] 王建兵，程磊．农业面源污染现状分析［J］．江西农业大学学报（社会科学版），2008，(9)：35-39.

[48] US Envimrmlental Protection Agency. Non- Point Source Pollution from Agriculture. http://www. epa. gov/ region 8/ water/ nps/ npsurb. html. 2003.

[49] 孙永明，李国学，张夫道，等．中国农业废弃物资源化现状与发展战略［J］．农业工程学报，2005，21（8）：169-173.

[50] 汪建飞，于群英，陈世勇，等．农业固体有机废弃物的环境危害及堆肥化技术展望［J］．安徽农业科学，2006，34（18）：4720-4722.

[51] 潘琼．畜禽养殖废弃物的综合利用技术［J］．畜牧兽医杂志，2007，26（2）：49-51.

[52] 相俊红，胡伟．我国畜禽粪便废弃物资源化利用现状［J］．现代农业装备，2006，(2)：59-63.

第3章　有机废物沼气化技术

3.1　有机废物沼气化概述

3.1.1　基本理论

沼气化是指利用厌氧发酵技术将有机废弃物中可生物降解的有机物质分解，转化为可作为能源使用的沼气的过程。厌氧发酵是指在无氧或者缺氧的条件下，厌氧或者兼性厌氧微生物菌群通过自身生命新陈代谢作用，分解有机物获取自身生长繁殖所需物质和能量，生成的产物一般为 CH_4 和 CO_2 等。沼气化技术具有多功能优点，不但能治理环境污染问题，又能产生沼气和优质肥料，被证明是一种十分能效和环境友好型的再生能源生产技术。

随着对厌氧生物处理技术研究的不断发展深入，人们将复杂的厌氧发酵过程分为多个阶段，目前被讨论最多的是三阶段理论和四阶段理论。

（1）三阶段理论

第一阶段，水解和发酵。在这一阶段中复杂有机物（如多糖、淀粉、纤维素、烃类等）在微生物（发酵菌）作用下进行水解和发酵。多糖先水解为单糖，再通过酵解途径进一步发酵成乙醇和脂肪酸等。蛋白质则先水解为氨基酸，再经脱氨基作用产生脂肪酸和氨。脂类转化为脂肪酸和甘油，再转化为脂肪酸和醇类。第二阶段，产氢/产乙酸（即酸化阶段）。在产氢/产乙酸菌的作用下，把除甲酸、乙酸、甲胺、甲醇以外的第一阶段产生的中间产物，如脂肪酸（丙酸、丁酸）和醇类（乙醇）等水溶性小分子转化为乙酸、H_2 和 CO_2。第三阶段，产甲烷阶段。甲烷菌把甲酸、乙酸、甲胺、甲醇和（H_2+CO_2）等基质通过不同的路径转化为甲烷，其中最主要的基质为乙酸和（H_2+CO_2）。厌氧硝化过程约有70%甲烷来自乙酸的分解，少量来源于 H_2 和 CO_2 的合成。

（2）四阶段理论

第一阶段：水解阶段，水解发酵菌群将厌氧发酵底物中复杂的、不溶的可生物降解的大分子有机物（碳水化合物、蛋白质、脂肪）在胞外酶（纤维素酶、蛋白酶等）作用下水解成具有溶解性的低分子有机物（单糖、二糖；肽、氨基酸；甘油、长链脂肪酸等）；第二阶段：酸化阶段，在厌氧发酵系统中，水解发酵菌群进一步在细胞内将低分子有机物经过复杂的新陈代谢反应转化成小分子物质（乙酸、丙酸、丁酸、乳酸等有机酸以及乙醇与 H_2 和 CO_2）；第三阶段：产氢/产乙酸阶段，产氢/产乙酸菌群利用前两阶段厌氧菌群分解代谢后产生的有机酸与醇，将脂肪酸降解成为乙酸和氢气，同时同型产乙酸菌群将 H_2 和 CO_2 代谢生成乙酸，将一碳化合物（如甲酸）转化成乙酸；第四阶段：产甲烷阶段，产甲烷菌群在严格厌氧环境下利用乙酸、一碳化合物以及 H_2 和 CO_2 代谢合成 CH_4。

沼气发酵的温度范围一般在10～60℃之间，温度对沼气发酵的影响很大，温度升高沼气发酵的产气率也随之提高，通常以沼气发酵温度区分为高温发酵、中温发酵和常温发酵工艺。

（1）高温发酵工艺。高温发酵工艺指发酵料液温度维持50～60℃之间，实际控制温度多在（53±2）℃，该工艺的特点是微生物生长活跃，有机物分解速度快，产气率高，滞留时间短。采用高温发酵可以有效地杀灭各种致病菌和寄生虫卵，具有较好的卫生效果，从除害灭病和发酵剩余物肥料利用的角度看，选用高温发酵是较为实用的。但要维持硝化器的高温运行，能量消耗较大。一般情况下，只有在有余热可利用的条件下，可采用高温发酵工艺，如处理经高温工艺流程排放的酒精废醪、柠檬酸废水和轻工食品废水等。

（2）中温发酵工艺。中温发酵工艺指发酵料液温度维持在（35±2）℃之间，与高温发酵相比，这种工艺消化速度稍慢一些，产气率要稍低一些，但维持中温发酵的能耗较少，沼气发酵能总体维持在一个较高的水平，产气速度比较快，料液基本不结壳，可保证常年稳定运行。

（3）常温发酵工艺。常温发酵工艺指在自然温度下进行沼气发酵，发酵温度受气温影响而变化，我国农村户用沼气池基本上采用这种工艺。其特点是发酵料液的温度随气温、地温的变化而变化，一般料液温度低于10℃以后，产气效果很差。其优点是不需要对发酵料液温度进行控制，节省保温和加热投资；其缺点是同样投料条件下，一年四季产气率相差较大。

3.1.2　技术特点

养殖废物有机物含量高，利用厌氧发酵生物处理能够得到大量清洁能源-沼气。同时，有机养殖废物在甲烷化的过程中也实现了减量化目标。对于厌氧发酵技术来说，其优点在于：①农村厌氧发酵废物原料量大，各种畜禽粪便、作物秸秆、有机生活垃圾等都能作为原料进行厌氧发酵；②厌氧发酵的沼气产气量大，一吨畜禽粪便一般情况下能产生100～150m^3的沼气和0.58t有机质沼渣，各种有机废弃物产气量见表3-1；③厌氧发酵产生沼气的热值相比城市管道煤气要高，沼气热值为5203～6622kcal/m^3；④由于厌氧发酵在密闭环境中，避免恶臭气味散发，无尾气污染，环保且生态友好；⑤发酵后的沼渣和沼液也可以作为有机肥或者液体有机肥，沼渣和沼液有机质含量高，稳定性好，不仅对施用作物有明显增产效果以及提高作物品质，同时还能减少病虫害，改良土壤结构，培肥土力。

表 3-1 农村有机废弃物沼气产量（m^3/kgTS）

温度/℃	麦秸	稻草	玉米秸	青草	牛粪	马粪	猪粪	鸡粪	人粪
35	0.45	0.40	0.50	0.44	0.30	0.34	0.42	0.49	0.43
20	0.27	0.24	0.30	0.26	0.18	0.20	0.25	0.29	0.26

尽管现今厌氧发酵生物处理养殖废弃物技术越来越受到农村的重视，但是厌氧发酵原料转化率低、厌氧发酵设备不先进等技术缺点也一直存在。农村厌氧发酵技术在运用上存在的主要问题是：①以小型沼气工程为主；②低成本使得使用范围比较局限，创新驱动能力弱；③农村沼气工程主要依靠地方政府补贴建设，难以全面推广，且使用率低下。

3.1.3 国内外研究现状

（1）国内发展现状

国内厌氧发酵生物处理技术始于 20 世纪 20 ~ 30 年代，经过几十年的发展及推广，我国应用厌氧发酵技术处理有机废弃物生产沼气已得到了稳步发展。然而，我国 90% 以上的规模化养殖场缺乏养殖废物治污或者综合资源化利用的配套设施，使得大量畜禽养殖粪便不经过无害化处理就直接排放，造成环境污染问题日益严重。2000 年中国畜禽粪便排放量为 36.40 亿 t，2003 年中国畜禽养殖业共产生粪便约 31.90 亿 t，随着畜禽养殖业不断发展，畜禽粪便产量将不断增加，将畜禽粪便合理沼气化显得尤为重要。

近年来，厌氧发酵生物处理蓝藻藻浆产甲烷技术也开始大力发展，为湖泊富营养化控制做出很大贡献。另外，利用有机固体垃圾、养殖场养殖废物等有机质含量较高的废物作为厌氧发酵的原料来制造沼气工程也有进行。沼气工程建设对于实现养殖废物资源化利用、改善生态环境质量、促进养殖业健康发展、提高居民生活质量、缓解能源紧张具有重要意义，符合当今生态循环经济、低碳环保的要求。

对于厌氧发酵生物处理技术的基础研究，国内研究主要体现在四方面：①养殖畜禽粪便的厌氧发酵以及发酵产物——沼气、沼液、沼渣的综合利用；②厌氧发酵生物工程菌的培育驯化及其应用研究；③厌氧发酵时臭味控制；④厌氧发酵时底物的有机结构的研究等。

（2）国外发展现状

国外厌氧发酵生物处理技术的研究距今已有一百多年的历史，世界上，许多国家都有建设厌氧发酵沼气池，规模从几立方米到数千立方米都有，厌氧发酵生物处理技术发展到现在已取得了很大的进展，很多发达国家已经实现了厌氧发酵产沼气的产业化和商品化，拥有了工业化生产规模的实力。在欧洲，2007 年的沼气产量相当于 600 万 t 石油，并且产量每年以 20% 的增长率在上升。在德国，随着有机农场的推广，农场已形成了标准化与模式化，再加上社会能源结构的优化，厌氧发酵生物处理技术得到推广，成为世界上最大农业沼气生产国家，到 2008 年年底，将近 4000 座农业沼气工程在德国的有机农场中运行。

对于厌氧发酵生物处理技术的基础研究，国外研究主要体现在三方面：①厌氧发酵系统菌体对于底物的适应能力以及系统竞争机制的研究；②对产甲烷阶段动态过程进行生化监测研究；③对厌氧发酵水解降解复杂高分子物质水解机制以及微生物调控机理的研究。

3.1.4　沼气化工艺

沼气发酵工艺指沼气化工程的技术方法、特点等，包括原料的收集和预处理、接种物的筛选、装置的启动日常管理以及其他相关的技术措施。由于沼气发酵是由多种复杂微生物共同作用下完成的生物化学过程，反应相当复杂，所以发酵工艺也比其他发酵工艺复杂，类型也较多。

以发酵温度大致可划分为常温（自然温度）发酵、中温（30 ~ 40℃）发酵、高温（50 ~ 60℃）发酵三种类型；以进料方式可划分为批量式发酵、连续式发酵和半连续式发酵，这主要与发酵的规模和技术密切相关；按发酵的不同阶段可划分为单相发酵工艺、两相发酵工艺和多相发酵工艺，按发酵阶段划分是以厌氧发酵的机理为依据的，但在实际生产中会受到成本、规模等因素的影响；按发酵料液的干物质含量划分，干物质含量在 10% 以下的发酵方式为液体发酵；干物质含量在 20% 左右的发酵为固体发酵；按料液流动方式划分为无搅拌发酵工艺、全混合式发酵和塞流式发酵，塞流式厌氧发酵用于牛粪等畜禽粪便厌氧硝化效果较好。表 3-2 为典型厌氧硝化工艺特点。

表 3-2　典型的厌氧发酵产沼气工艺

新工艺名称	特征
VALOGRA 工艺	用压缩沼气来进行搅拌，从而避免了机械搅拌带来的泄漏、机械磨损、消耗动力高的缺点
丹麦 Carl Bro 工艺	实现了两阶段硝化，把酸化阶段和产沼阶段分离开来，停留时间短，产气量较高
厌氧–好氧工艺	提高了厌氧处理的效率和运行的稳定性，固体去除率达到 55% ~ 65%
外循环式接触折流厌氧反应器（OAAR）	可处理含有较高 SS、水质水量变化较大的废水，具有处理效率高、操作维护简便、运行稳定的特点

续表

新工艺名称	特征
上流式厌氧污泥床(UASB)	负荷能力很大，设有三相分离器。优点：①污泥床内生物量多，折合浓度计算可达20～30g/L；②容积负荷率高；③设备简单，运行方便，无需设沉淀池和污泥回流装置，不需要充填填料，造价相对较低，不存在堵塞问题
多级逆流发酵工艺	挥发性脂肪酸浓度与产率分别达到（10.5±0.5）g/L和0.2gVFAs/gVS。与普通厌氧发酵工艺相比，分别提高31%和54%。底物有机质去除率可达到50%，比普通发酵提高37%。具有可连续稳定运行的优势
升流式固体反应器(USR)	适用于高悬浮固体原料的反应器，具有较高的固体滞留期（SRT）和微生物滞留期(MRT)，利于提高固体有机物的分解率和硝化器的效率
上流式厌氧复合反应器（UBF）	处理效率高，处理量大，能耗低，运行费用低，能自动连续运行，处理时能产生大量甲烷，占地面积小，适应性强，选型方便，工期短，COD去除率65%～75%，BOD去除率65%～75%
太阳能加热射流搅拌工艺	①太阳能与沼能集热系统；②高浓度粪水中温厌氧发酵技术；③射流搅拌混合技术
塞流式反应器(PFR)	优点：①不需要搅拌，池形结构简单，能耗低；②适用于高SS废水的处理，尤其适用于牛粪的厌氧硝化；③运行方便，故障少，稳定性高。 缺点：①固体物容易沉淀于池底，影响反应器的有效体积，使HRT和SRT降低，效率较低；②需要固体和微生物的回流作为接种物；③因该反应器面积/体积比较大，反应器内难以保持一致的温度；④易产生厚的结壳

3.2 厌氧发酵的影响因素及产气特性

3.2.1 厌氧发酵的影响因素

1. 发酵温度的影响

沼气发酵与温度有密切的关系。一般化学反应的速度常随温度的升高而加快，当温度升高10℃，化学反应的速度可增加2～3倍，沼气发酵过程是由微生物进行的生化反应过程，在一定温度范围内也基本符合这个规律。然而，沼气发酵产甲烷细菌和其他微生物一样，有其适宜生长繁殖的温度范围，因而发酵温度也各有不同。一般按发酵温度将沼气发酵分为常温发酵（即自然温度发酵）、中温发酵（30～45℃）和高温发酵（45～60℃）。本书意在探求不同温度条件下的沼气发酵过程中产气特性的情况。

在不同温度条件下进行的厌氧发酵试验期间，室内温度：最高28℃，最低

22℃，平均室温为25℃。各试验组的日产气量、累计产气量和总产气量分别见图3-1～图3-3。

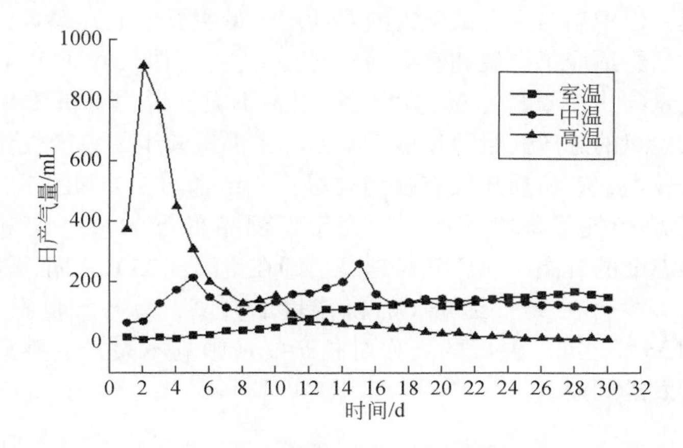

图3-1　不同温度下厌氧发酵日产气量曲线图

由图3-1可知，高温发酵试验组在反应初期时，产气量出现明显的上升趋势，在第2天达到高峰值，其主要产气集中在第1～5天，之后产气量开始缓慢下降；中温发酵试验组在厌氧反应初期，产气量也出现了平缓的趋势，第3天后产气量逐渐升高，在第5天达到高峰，之后出现了两个明显的低谷；常温发酵试验组在整个厌氧反应过程中，产气量逐渐上升，趋势较为平缓，从开始到结束整个过程变化不大。本试验采用的是高温驯化的接种物，因此高温厌氧发酵启动较快，使产气量迅速达到高峰。对厌氧发酵来说，每一发酵温度段里都有各自适宜的厌氧发酵菌，沼气发酵温度的突然上升或下降，都会影响产甲烷菌的新陈代谢，一般认为，温度突然上升或下降5℃都会使产气量显著降低，若变化过大甚至会导致产气停止。而本次对比试验中所选用的是高温厌氧发酵的底物为接种物，各发酵瓶中多为高温发酵菌种，由于中温和室温试验组中微生物的活性受到环境温度改变的影响，甲烷化反应受到抑制，系统中酸化所产生的有机酸不能及时消耗，引起了发酵过程中pH和产气量的下降。经过一段时间的驯化后，中温与室温两组试验组中的产甲烷菌适应了环境，开始进行正常的新陈代谢。当发酵反应进行到第12天，中温和室温试验组的产气量仍有上升趋势，但高温试验组的产气量则明显下降，这是因为当产甲烷菌适应了发酵环境后，温度越高，原料分解速度越快。因此为了缩短沼气发酵周期，高温发酵最为适宜。

试验结果表明，至发酵30天（发酵基本结束）时，高温试验组的日产气量低于中温和室温试验组，而累计产气量和总气量都高于中温和室温试验组。分析以上情况可能的原因是：①在高温厌氧硝化试验组中，发酵初期高温厌氧硝化菌迅速分解了大部分有机质，使得发酵初期日产气量较高，随着时间的延长，有机质越来越少，产气量减少；②由图 3-2 可以看出，高温试验组在发酵后期累积产气量变化平缓，而中温与室温试验组的累计产气量明显呈上升趋势，因为经高温驯化的接种物已经适应了中温和室温的发酵环境；③由图 3-3 可以看出，高温试验组的总产气量与中温试验组的总产气量相差不大，说明有机质几乎已经被硝化，但室温试验组的总产气量明显低于高温和中温试验组的总产气量，是由于室温试验组启动较慢，有机质还没有被消耗尽；④结合图 3-2 和图 3-3 知，高温和中温条件下的总产气量基本相同，远高于室温条件下的总产气量。在室温到35℃之间，随温度的升高，总产气量越高，即在室温到35℃之间，温度的变化影响总产气量的多少；在 35℃ 到 55℃，随温度的升高，总产气量没有明显提高，即在在室温到55℃之间，温度的变化对总产气量影响不大，主要是提高了产气速率，缩短了发酵周期。

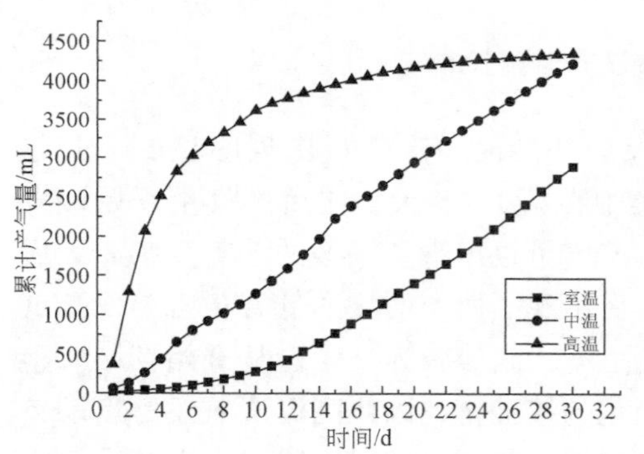

图 3-2 不同温度条件下厌氧发酵累计产气量

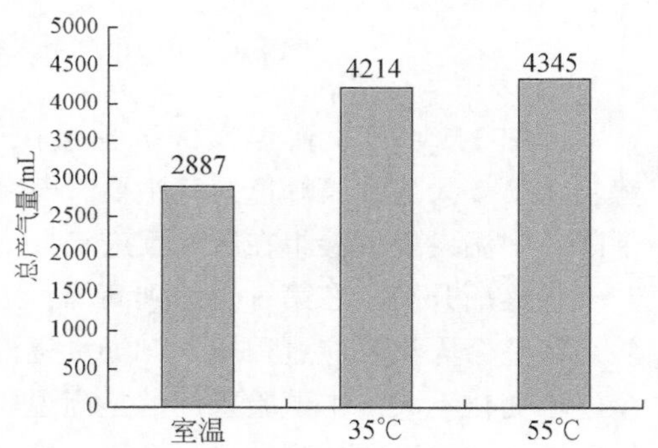

图 3-3 不同温度条件下厌氧发酵总产气量

从以上分析中知，就发酵周期而言，高温试验组周期最短，中温试验组周期次之，室温试验组周期最长。

2. 接种数量的影响

沼气发酵是沼气微生物群分解代谢有机物质的过程，是由多种细菌参与完成的。在发酵初期加入接种物，其菌种数量的多少和质量的好坏会直接影响沼气发酵的质量。如一次投料过多，发酵液中菌种量不足，就会因超负荷而产生酸化，使沼气发酵无法正常进行，不产气或产气中甲烷含量过低无法点燃，而适量的接种物可加快沼气发酵启动速度，加速原料分解，提高产气量。本试验欲探求在不同接种量的情况下沼气发酵过程中产气特性的变化，以期找到适宜的接种量。

总固体含量为 8% 的各试验组的日产气量、累计产气量和总产气量分别见图 3-4 ~ 图 3-6。

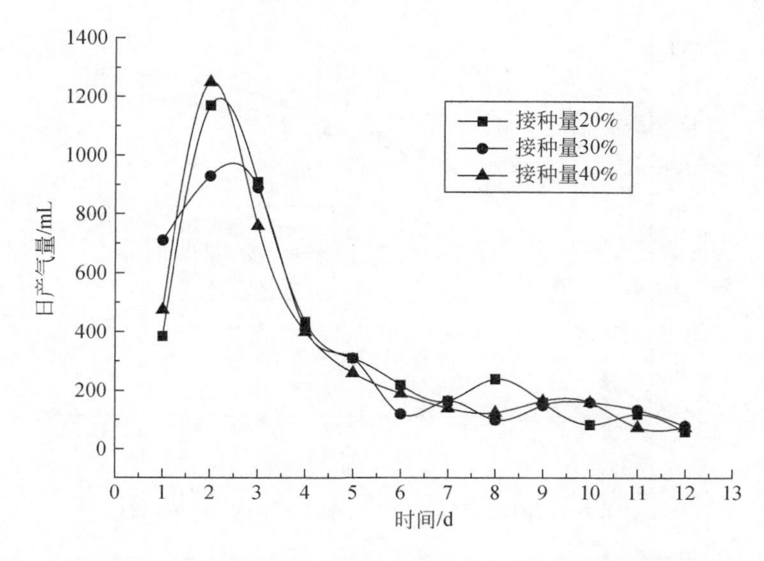

图3-4　不同接种量条件下厌氧发酵过程中日产气量曲线图

由图3-4可以看出，接种量为40%试验组与接种量为20%和接种量为30%试验组相比较，由于接种量为40%的试验组的发酵瓶内微生物数量充足，所以产气速度较快，产气量较高，其产气峰值也就较另两组更高。在发酵进行到第2天时，3个试验组都达到了产气高峰值，但接种量为40%的日产气量明显高于接种量为30%的试验组日产气量，而接种量为30%的试验组日产气量又高于接种量为20%的试验组日产气量。这说明接种量不同时，会影响发酵启动速度，影响产气速率，这与宋若钧等（1986）在对猪粪中温厌氧发酵制取沼气工艺条件的系统研究和方德华（1997）农村混合原料沼气发酵条件研究中的结论较为一致。

在维持了2天的产气高峰期后，接种量40%试验组的日产气量呈现明显的下降趋势。而接种量30%和接种量20%试验组的总体变化趋势与接种量40%试验组相同，但是相同时间的产气量却没有接种量40%试验组产得多。在发酵周期的最后两天，接种量20%试验组的产气量高于接种量30%和40%试验组，结合图3-5可以看出，如果接种量20%试验组在发酵瓶内发酵原料充足的情况下，这种上升走向会有继续发展的趋势。这表明，一段时间的反应期后，该试验组发酵瓶内的微生物经过繁殖数量增加，可有效充分地分解瓶内的有机物质，产气量也较高。由图3-6可知，在整个反应期12天内，接种量20%、接种量30%和接种量40%试验组的总产气量分别为4259mL、4160mL和3962mL，也证明了试验的周期越长，接种量20%试验组的潜在产气量越大。

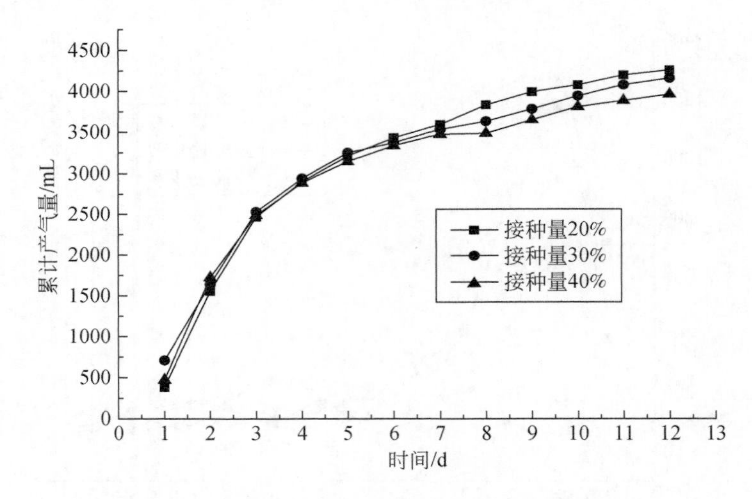

图 3-5 不同接种量条件下厌氧发酵的累计产气量

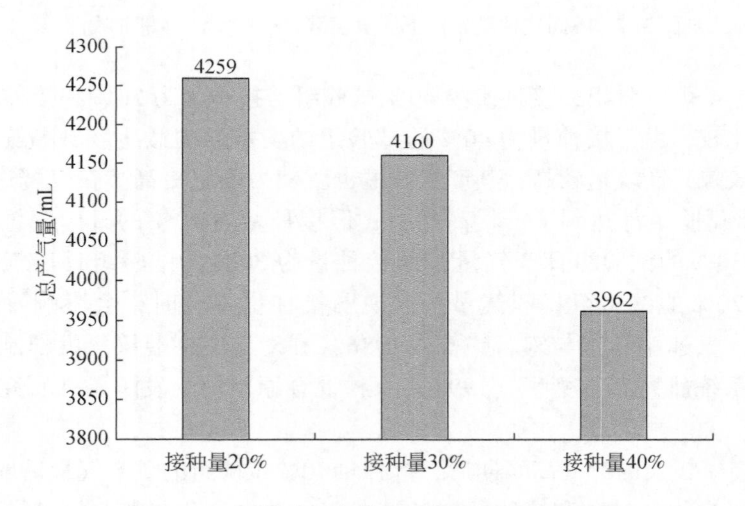

图 3-6 不同接种量条件下厌氧发酵的总产气量

通过以上分析可知，适当加大接种量，则发酵启动也较快。但接种量加大时，加入的物料就相对减少，所以接种量 40% 的试验组虽然启动较快，但因其发酵后期供微生物新陈代谢的营养相对减少，在对比试验中总产气量明显低于接种量 20% 与 30% 试验组。

3. 料液浓度的影响

原料是供给沼气发酵微生物进行正常生命活动所需的营养和能量，是不断生产沼气的物质基础。微生物的生长繁殖需要一定的有机物，同时也需要适宜的水分。当发酵料液中固体含量过高时产甲烷缓慢，甚至停止，这是由于某些有毒物质如氨态氮和挥发酸的积累，抑制了产甲烷细菌的生长和新陈代谢，使产气过程终止；当料液浓度低时，料液中水分含量过多，营养物质含量就少。会造成产甲烷细菌营养不足，从而影响微生物的生长，导致发酵产气不旺，产气时间短促。本试验欲探求在高温条件下，不同料液浓度对厌氧发酵过程中产气特性的影响，以期找出适宜的物料浓度，以提高沼气发酵工艺的综合利用价值。

不同料液浓度厌氧发酵日产气量、累计产气量和总产气量分别见图3-7～图3-9。

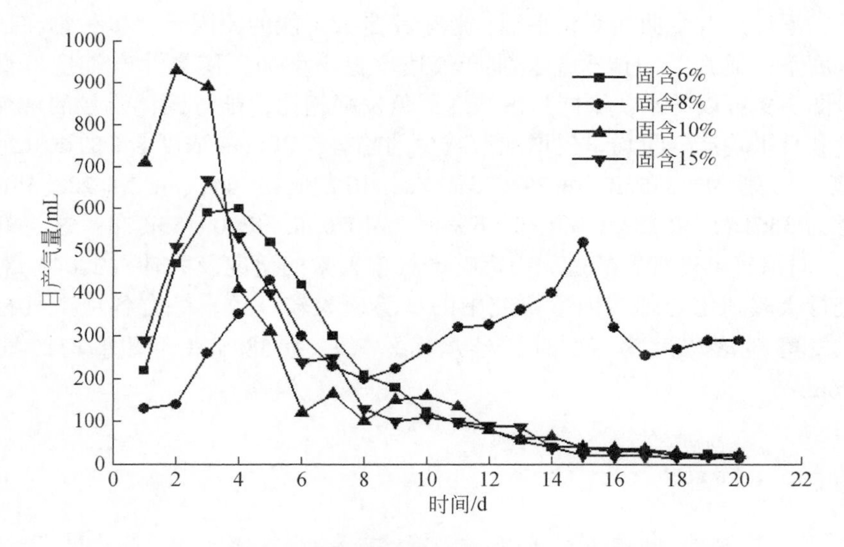

图3-7　不同料液浓度厌氧发酵日产气量曲线图

由图3-7可以看出，对于4种不同料液浓度（总固体含量TS分别为6%、8%、10%和15%）的厌氧发酵处理，Ⅰ组（TS含量为6%）、Ⅲ组（TS含量为10%）和Ⅳ组（TS含量为15%）在发酵初期一直处于上升趋势；而Ⅱ组（TS含量为8%）在发酵初期出现了停滞阶段，后又逐渐上升。说明在对比试验中，由于发酵料液浓度相对较高，反应初期部分有机酸积累，表现在发酵料液pH下降，从而也影响了产气过程。从整个厌氧发酵的产气过程来看，4组试验在厌氧发酵初期，日产气量都呈现出上升趋势，并在第2天后陆续达到产气高峰值。随着发酵的继续，料液浓度6%、10%和15%的试验组，5天后日产气量呈现明显的下降趋势；料液浓度8%的试验组在第5天时才达到产气高峰期，但是其峰值日产气量比其他三个试验组的峰值日产气量要低很多，随着发酵的继续，在第 15 天时又出现了一个产气高峰期，此次的峰值日产气量较第 5 天时的峰值日产气量要多，原因可能是接种物在发酵初期对环境适应较慢，以至于底物没有被充分硝化，在发酵第 15 天时，接种物对环境有了很好的适应，并且在适应过程中大量繁殖，所以又出现了一次产气高峰期。料液浓度为 8% 的试验组在整个发酵过程中，日产气量的变化不大，在发酵周期后期仍有继续产气趋势。

由图 3-8 可以看出，发酵初期，料液浓度 8% 的试验组的累计产气量明显低于其他三个试验组的累积产气量，到发酵后期，其累计产气量又超过其他三个试验组的累积产气量。整个发酵过程中，料液料液浓度 8% 试验组的产气量变化不大，累计产气量呈直线上升。其他三个试验组在发酵的前五天产气量较大，第 5 天之后，累计产气量曲线变化平缓，趋于稳定。可能的原因是：接种物在适宜的料液浓度下，适宜的固体含量会使产气速率稳定增加，使累计产气量呈直线增长。由图 3-9 可以看出，不同料液浓度厌氧发酵相比，随着固体含量的增加，总产气量和日平均产气量均呈先增加后减少的趋势，以料液浓度 8% 的试验组产气量最高，分别为 5885mL 和 294. 25mL/d，10% 时为 4471mL 和 223. 55mL/d，15% 时为 3661mL 和 183. 05mL/d，6% 时为 4070mL 和 203. 5mL/d，这与刘守华（1999）对沼气半连续发酵过程中影响产气率因素的研究及乔玮（2004）对城市垃圾进行厌氧硝化处理多因素研究中的试验现象较一致。综合各项产气指标考虑，以发酵料液浓度为 8% 时最佳，其总气量为 5885mL，日平均产气量为 294. 25mL/d。

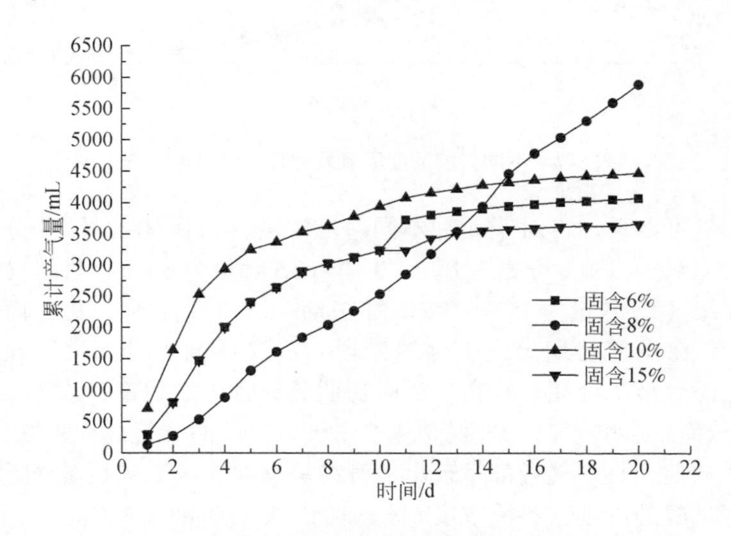

图 3-8　不同料液浓度厌氧发酵的累计产气量

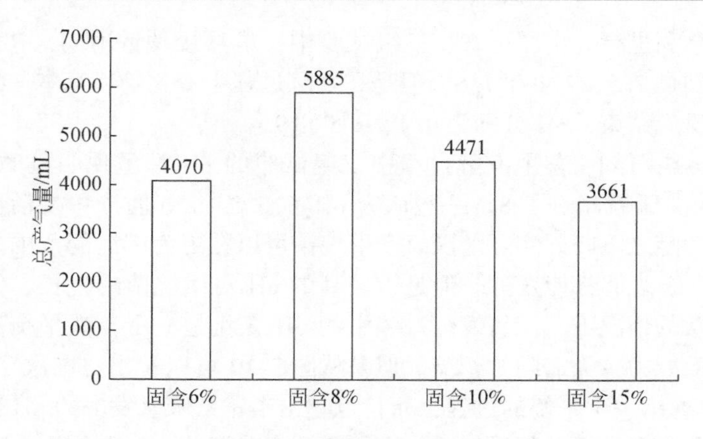

图 3-9　不同料液浓度厌氧发酵的总产气量

3.2.2　牛尿高温厌氧发酵

目前，大多数沼气发酵都是选用新鲜牛粪作为原料进行发酵。新鲜牛粪一般都会掺杂着牛尿，但是，目前鲜有人就掺杂的牛尿是否对牛粪厌氧发酵产生影响进行研究。另外，对于大型养牛场来说，每天都会产生很多牛尿，但是并没有做到资源的有效利用，而是把它们像废水一样排出。本试验就是以牛尿是否对新鲜牛粪发酵产生影响为前提，以牛尿的资源化为基础，对单一牛尿进行厌氧发酵，研究其产气特性及各项指标的变化规律。

1. 料液 pH 的变化

如图 3-10 所示的是不同接种量条件下料液 pH 的变化曲线。由于牛尿本身的 pH 较高，所以在加料时加入适量的盐酸将发酵料液的 pH 调到 7.5 左右，以利于

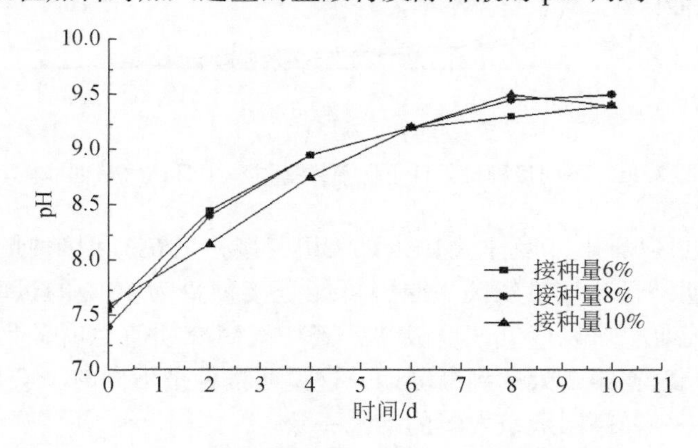

图 3-10　不同接种量条件下料液 pH 变化曲线图

发酵过程的顺利进行。由图可知，三组试验中，虽然接种量不同，初始 pH 也存在差异，分别是 7.5、7.4 和 7.6，但是在发酵过程中变化趋势基本一致，呈上升趋势，直到反应结束，pH 分别为 9.4、9.5 和 9.4。

由以上分析可知，整个发酵过程中三组试验的 pH 都呈现明显的上升趋势，而且 pH 在第 2 天就超过了 8。一般认为 pH 在 6.5 ~ 7.5 时产甲烷活性最高，超出此范围活性随之下降。实际上厌氧产甲烷菌可以在更为广泛的范围内生长和代谢，pH 在 6 ~ 8 之间都能发酵。但是，较高的 pH 对甲烷菌的生长、代谢有抑制作用。在正常的情况下，厌氧发酵过程中的 pH 变化是一个自然平衡过程，系统有自我调节的能力，无需随时调节。但是从图 3-10 可以看出，本次三组试验中，pH 并没有呈现出一个平衡的过程，而且也超出了正常厌氧发酵的 pH 范围。这说明，牛尿中所含有的缓冲物质较少，不能起到自我调节 pH 的作用。

2. 产气特性

如图 3-11 ~ 图 3-13 所示分别为不同接种量条件下牛尿厌氧发酵过程中日产气量、累计产气量和总产气量。

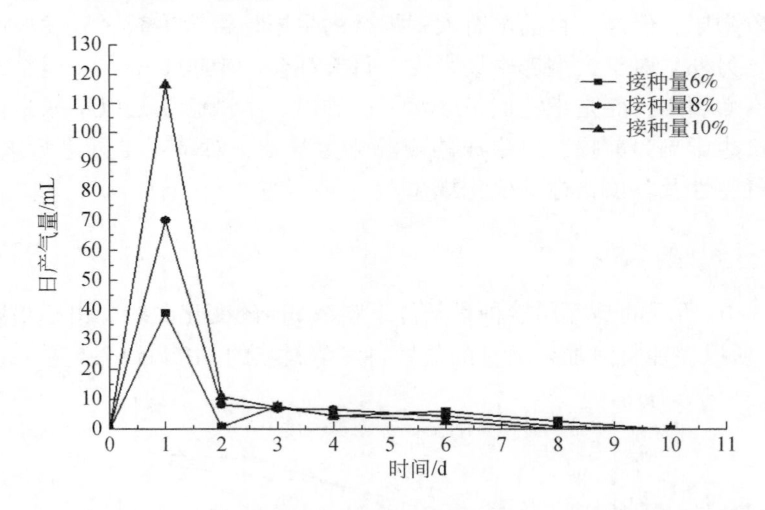

图 3-11 不同接种量条件下厌氧发酵过程中日产气量曲线图

由图 3-11 可以看出，接种量 10% 试验组与接种量 6% 和接种量 8% 试验组相比较，发酵初期，日产气量较高。原因可能是接种量为 10% 的试验组的发酵瓶内微生物数量充足，所以产气速度较快，其产气高峰期值也就较另两组大很多，三组试验几乎同时在第 2 天达到高峰期。这说明接种量不同时，会影响发酵启动速度，这与单一牛粪高温厌氧发酵的结论一致。

反应进行到第 2 天，三组试验的产气量都明显下降，但接种量 10% 试验组产气量最高，接种量8%试验组产气量次之，接种量6%试验组产气量最少。第3天三组试验的产气量又达到一个高峰，但这次的峰值较上次小很多，第4天以后，三组试验的产气量都逐渐减少，呈下降趋势。第6天以后，三试验组产气量相比，接种量10%试验组产气量最低，接种量8%试验组产气量处于中间，6%试验组产气量最多，进行到第10天三组试验几乎都不产气了，试验停止。由图3-11可以看出，如果接种6%试验组在发酵瓶内发酵原料充足的情况下，一段时间的反应期后，该试验组发酵瓶内的微生物经过繁殖数量增加，可有效充分地分解瓶内的有机物质，产气量也较高，这与单一牛粪厌氧发酵的结论一致。

由图3-12可以看出，三个试验组的累计产气量随接种量的增大而增大。在相同的时间内，接种量10%试验组的累计产气量最高，接种量8%试验组的累计产气量次之，接种量6%试验组的累计产气量最少。三个试验组的累计产气量的变化趋势一致，从第4天以后变化平缓。从图3-13可以看出，接种量10%试验组的总产气量明显高于其他两组。

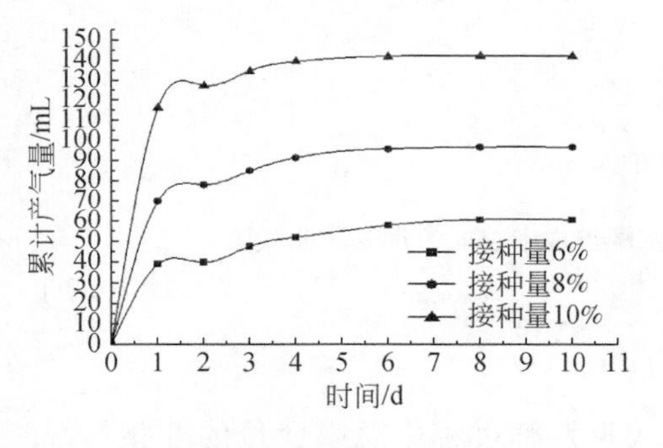

图3-12　不同接种量条件下厌氧发酵的累计产气量

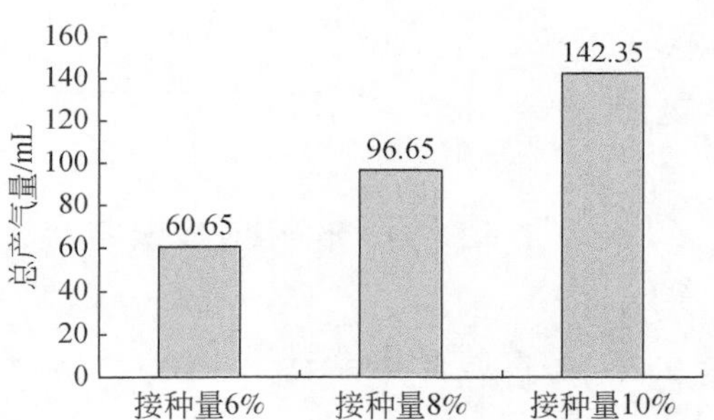

图3-13　不同接种量条件下厌氧发酵的总产气量

3. 总氮的变化

如图3-14所示为不同接种量条件下厌氧发酵过程中总氮含量的变化情况。由图3-14可以看出，在发酵初始时，由于发酵料液的总固体含量一定和接种量的不同，三个试验组全氮的初始含量形成一个梯度，分别为接种量6%为445.3mg/L、接种量8%为466.4mg/L和接种量10%为541.35mg/L。从整个厌氧发酵过程来看，总氮含量变化总体呈下降趋势，至发酵10天（发酵基本结束）时，接种量6%、8%和10%三个试验组的总氮含量分别是203.33mg/L、205.44mg/L和124.94mg/L，与各自的发酵初始总氮含量相比，其总氮含量的损失率分别为54.34%、55.95%和76.92%。三组试验组的总氮损失率均大于50%。但总的来说，接种量大的试验组其总氮损失率大于接种量小的试验组。

这可能是因为，接种量越大所加入的菌种数量也就越多，发酵过程中发生的反应就会越频繁越复杂。这些菌种在适宜的环境下快速繁殖，在发酵瓶内大量富集，各菌群进行复杂的生化反应时分解有机氮、消耗一部分氮、同时也产生一些结构复杂的含氮衍生物。因此，接种量大时，发酵液中的总氮损失也较大。

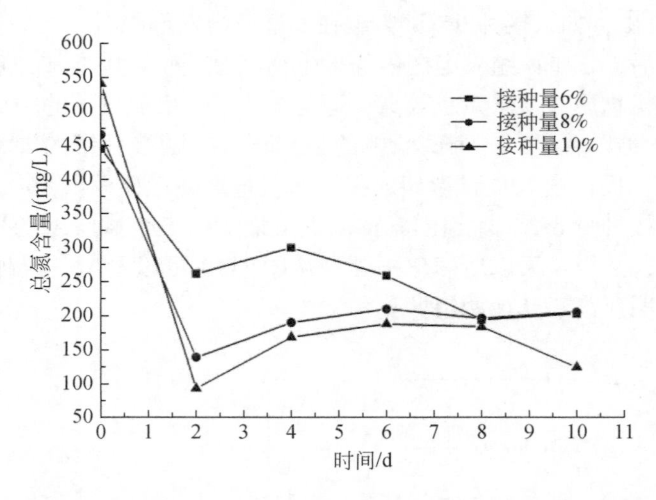

图 3-14 不同接种量条件下厌氧发酵过程中总氮含量变化曲线图

4. 总磷的变化

如图 3-15 所示为不同接种量条件下厌氧发酵过程中总磷含量的变化情况。由图 3-15 可以看出，虽然各试验组接种量有所不同，但发酵液中水溶性总磷的含量几乎无差异，接种量为6%、8%、10%试验组发酵液中水溶性总磷含量初值分别是74.39mg/L、75.38mg/L和78.35mg/L。在整个变化过程中，三组试验组的变化规律大致相同。反应初期各试验组中水溶性总磷都有较明显地减少，且接种量大的试验组比接种量小的试验组减少得多，之后各试验组中的水溶性总磷含量都出现了起伏。至发酵第 10 天（发酵基本结束）时，接种量为 6%、8%、10%试验组发酵液中水溶性总磷含量为26.1mg/L、23.24mg/L和18.2mg/L，与发酵液中初始水溶性总磷含量相比，各试验组中水溶性总磷含量减少率分别为64.1%、69.17%和76.77%。综合来说，接种量10%试验组的水溶性总磷减少率最大，接种量6%试验组的水溶性总磷减少率最小，可能是接种量越大，产甲烷菌越多，对水溶性总磷的利用越多，导致其减少率最大。

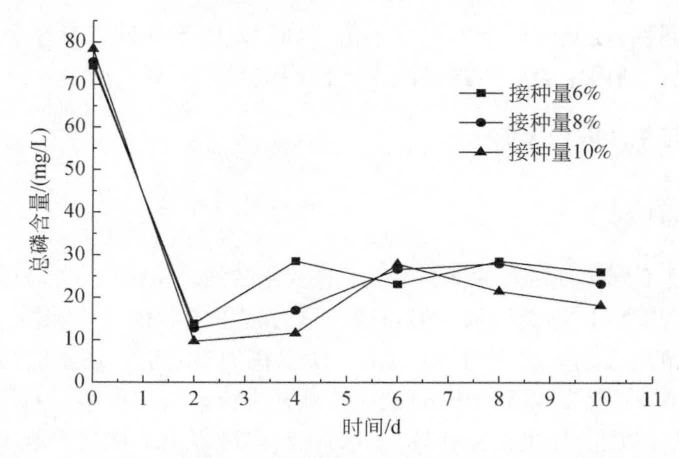

图3-15　不同接种量条件下牛尿高温厌氧发酵过程中总磷含量变化曲线图

5. 电导率的变化

电导率是以数字表示溶液传导电流的能力。纯水电导率很小，当水中含无机酸、碱或盐时，电导率增加。电导率常用于间接推测水中离子成分的总浓度。水溶液的电导率取决于离子的性质和浓度、溶液的温度和黏度等。电导率随温度变化而变化，温度每升高1℃，电导率增加约2%，通常规定25℃为测定电导率的标准温度。

如图3-16所示为不同接种量条件下厌氧发酵过程中电导率的变化情况。由图3-16可以看出，接种量6%、8%和10%试验组的电导率总体变化趋势是一致的，开始时电导率增加，之后趋于平缓。但是接种量10%试验组的电导率一直高于接种量6%和接种量8%的试验组电导率。说明，接种量大的试验组进行的化学反应较为复杂，使得沼液中离子浓度的成分增多，电导率增大；整个发酵过

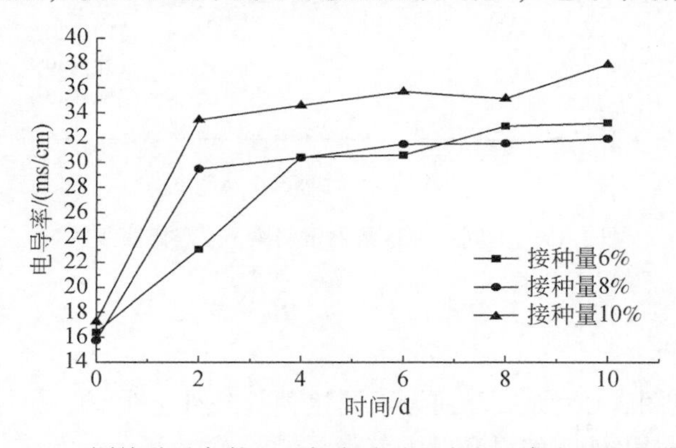

图3-16　不同接种量条件下厌氧发酵过程中电导率含量变化曲线图

程中，三个试验组在发酵后期的电导率值均高于发酵初期的电导率值，可能是随着反应的进行，料液中会产生很多离子，使得电导率升高。

3.2.3 牛粪与牛尿联合发酵

1. 料液 pH 的变化

图 3-17 是不同接种量条件下料液 pH 的变化曲线。由图 3-17 可以看出：整个发酵过程中，料液 pH 逐渐增加，但保持在适宜范围内。由于牛尿的 pH 较高，以至于整个料液的 pH 高于适宜的 pH 范围，所以在加料时加入适量的盐酸将发酵料液的 pH 调到 6.5 左右，以利于发酵过程的顺利进行。由图可知，六组试验中，虽然接种量不同，初始 pH 也存在差异，但是在发酵过程中变化趋势基本一致，呈波动上升趋势，直到反应结束，pH 分别为 7.2、7.3、7.4、7.4、7.5 和 7.5。

由以上分析可知，整个发酵过程中六组试验的 pH 都呈现缓慢的上升趋势，pH 变大可能是料液中的碳氮比较小，随着反应的进行，到后期产生了大量的游离氨，使得 pH 变大。在正常的情况下，厌氧发酵过程中的 pH 变化是一个自然平衡过程，系统有自我调节的能力，无需随时调节。从图 3-17 可以看出，本次六组试验中，pH 在发酵过程中呈现出一个平衡的过程，即 pH 在 6～8 范围内。这说明干牛粪与牛尿混合发酵过程中，所含有的缓冲物质能够起到自我调节 pH 的作用。

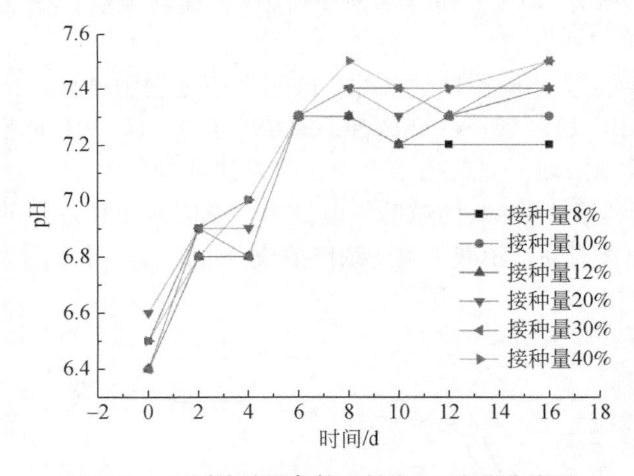

图 3-17 不同接种量条件下料液 pH 变化曲线图

2. 产气特性

如图 3-18～图 3-20 所示分别为不同接种量条件下牛粪、牛尿混合厌氧发酵过程中日产气量、累计产气量和总产气量。

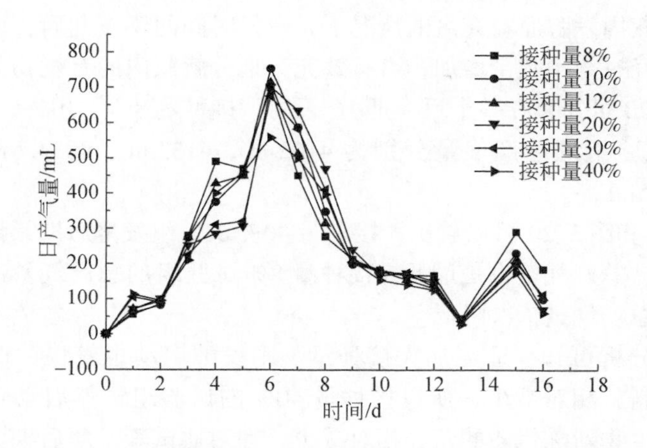

图 3-18　不同接种量条件下厌氧发酵过程中日产气量曲线图

由图 3-18 看出，六组试验组相比较，其变化趋势基本相同，都在第 6 天时达到产气高峰期，反应进行到第 8 天产气明显逐渐下降，发酵后期又出现波动，但接种量 8% 试验组产气量最高，接种量 10% 试验组产气量次之，接种量 40% 试验组产气量最少。如果接种量 8% 试验组在发酵瓶内发酵原料充足的情况下，一段时间的反应期后，该试验组发酵瓶内的微生物经过繁殖数量增加，可有效充分地分解瓶内的有机物质，产气量也较高。六组试验组在产气高峰期后，产气量逐渐下降，这主要是因为由于发酵瓶内接种微生物数量相对较少，造成了有机酸的积累，抑制了产甲烷菌的新陈代谢，导致产气量有所下降，之后在发酵进行到第 15 天产气量又出现了一个小的高峰值。在共同经过了第 15 天的产气高峰值后，六组试验组的产气量都呈现明显的下降趋势，但接种量 8% 的试验组在反应后期其产气量明显高于其他 5 个试验组。结合图 3-19、图 3-20 可以看出，如果接种 8%

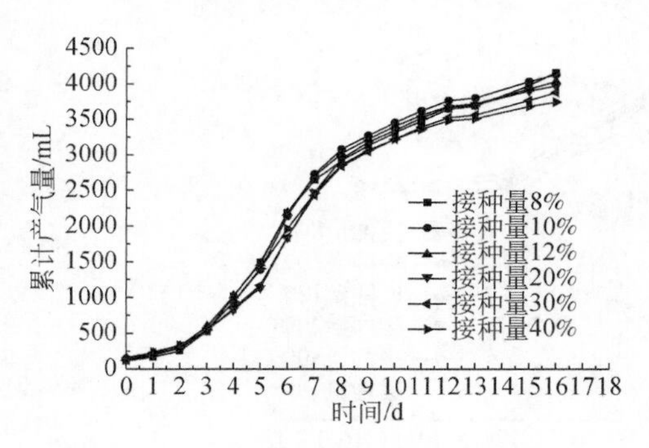

图 3-19　不同接种量条件下厌氧发酵的累计产气量

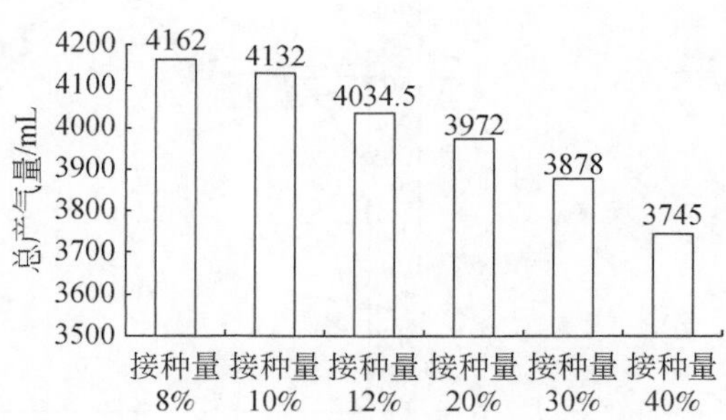

图 3-20　不同接种量条件下厌氧发酵的总产气量

试验组在发酵瓶内发酵原料充足的情况下，一段时间的反应期后，该试验组发酵瓶内的微生物经过繁殖数量增加，可有效充分地分解瓶内的有机物质，产气量也较高。由图 3-20 可知，在整个反应期 16 天内，接种量 8%、10%、12%、20%、30% 和 50% 试验组的总产气量分别为 4162mL、4132mL、4034. 5mL、3972mL、3878mL 和 3745mL。

由图 3-19 和图 3-20 可以看出，接种量 40% 试验组发酵后期累计产气量较其他五组低很多，总产气量也是最低，接种量 8% 试验组的总产气量最高。随着接种量的增大，总产气量依次降低。

通过以上分析可知，适当加大接种量，则发酵启动也较快。但接种量加大时，加入的物料就相对减少，所以接种量 40% 的试验组虽然启动较快，但因其发酵后期供微生物新陈代谢的营养相对减少，在对比试验发酵后期其产气量低于另外五组，而接种量 8% 的试验组虽然启动较慢，但因其后期繁殖出很多适应厌氧环境的细菌，并充分利用物料中的有机物，所以最后总产气量最高。

3. 总氮的变化

由图 3-21 可以看出，在发酵初始时，由于发酵料液的总固体含量一定和接种量的不同，六个试验组全氮的初始含量也不同，分别为接种量 8% 为 126. 6mg/L、接种量 10% 为 70. 2mg/L、接种量 12% 为 129mg/L、接种量 20% 为 156. 8mg/L、接种量 30% 为 153. 5mg/L 和接种量 40% 为 150. 9mg/L。从整个厌氧发酵过程来看，总氮含量变化总体呈下降趋势，至发酵 16 天（发酵基本结束）时，接种量 8%、10%、12%、20%、30% 和 40% 六个试验组的全氮含量分别是 128. 89mg/L、131. 27mg/L、132. 36mg/L、130. 35mg/L、134. 19mg/L 和 133. 46mg/L。但总的

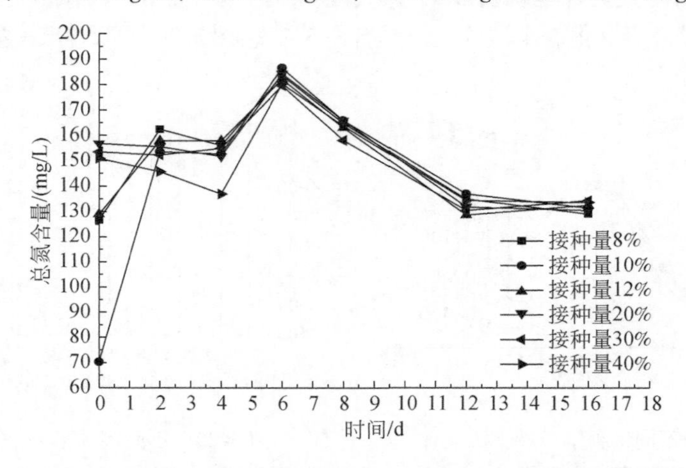

图 3-21　不同接种量条件下厌氧发酵过程中总氮含量变化曲线图

来说，接种量大的试验组其总损失率略大于接种量小的试验组。这可能是因为，接种量大时所加入的菌种数量也就越多，发酵过程中发生的反应就会越频繁越复杂。这些菌种在适宜的环境下快速繁殖，在发酵瓶大量富集，各菌群进行复杂的生化反应时分解有机氮、消耗一部分氮、同时也产生一些结构复杂的含氮衍生物。因此，接种量大时，发酵液中的总氮损失也较大，这与单一牛尿厌氧发酵的结果一致。

4. 总磷的变化

由图3-22看出，虽然各试验组接种量有所不同，但发酵液中水溶性总磷的含量几乎无差异，接种量为8%、10%、12%、20%、30%、40%试验组发酵液中水溶性总磷含量初值分别是21.85mg/L、23.04mg/L、24.42mg/L、27.78mg/L、25.6mg/L和25.61mg/L。在整个变化过程中，三组试验组的增长变化规律大致相同。在试验反应初期，各试验组中水溶性总磷都有所降低，且接种量小的试验组其降低较接种量大的试验组要多，之后各试验组中的水溶性总磷含量都出现了起伏波动，在试验进行到第12天时，接种量为8%、10%、12%、20%、30%试验组发酵液中水溶性总磷含量都出现了最低值，分别是18.49mg/L、17.51mg/L、17.11mg/L、20.47mg/L和16.91mg/L，而接种量40%的试验组却刚好相反，出现了一个高峰，其水溶性总磷是27.19mg/L。至发酵第16天（发酵基本结束）时，接种量为8%、10%、12%、20%、30%、40%六组试验组发酵液中水溶性总磷含量分别为23.04mg/L、26.6mg/L、29.76mg/L、23.83mg/L、20.47mg/L和19.3mg/L。与发酵液中初始水溶性总磷含量相比，接种量为8%、10%、12%试验组的水溶性总磷呈增长的趋势，增长率分别为5.4%、15.4%和21.86%，

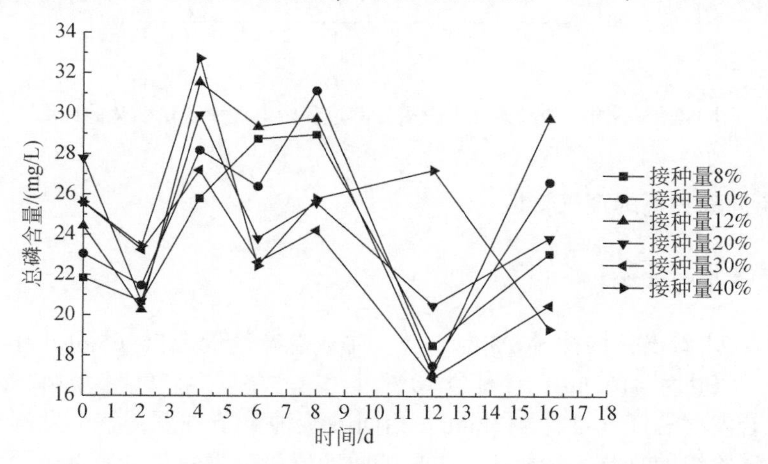

图3-22　不同接种量条件下厌氧发酵过程中总磷含量变化曲线图

而接种量为20%、30%、40%试验组的水溶性总磷呈下降的趋势，损失率分别为14.22%、20.04%和24.64%。综合来说，各试验组中水溶性总磷的变化趋势无大差异，这与姚燕（2003）所得结论大致相同，即接种量的大小对厌氧发酵料液中水溶性磷含量影响不明显。

5. 电导率的变化

如图3-23所示，接种量8%、10%、12%、20%、30%和40%的电导率总体变化趋势是一致的，开始时各试验组的电导率有所差异，之后趋于平缓。但是接种40%试验组的电导率一直高于其他五组试验组电导率。这说明接种量大的试验组进行的化学反应较为复杂，使得沼液中离子浓度的成分增多，电导率增大。从总体上看，接种量20%、30%和40%的试验组电导率变化曲线都位于接种量8%、10%和12%的试验组电导率变化曲线上面，并且基本符合接种量大的试验组电导率大的规律，即接种量40%试验组>接种量30%试验组>接种量20%试验组>接种量12%试验组>接种量10%试验组>接种量8%试验组。

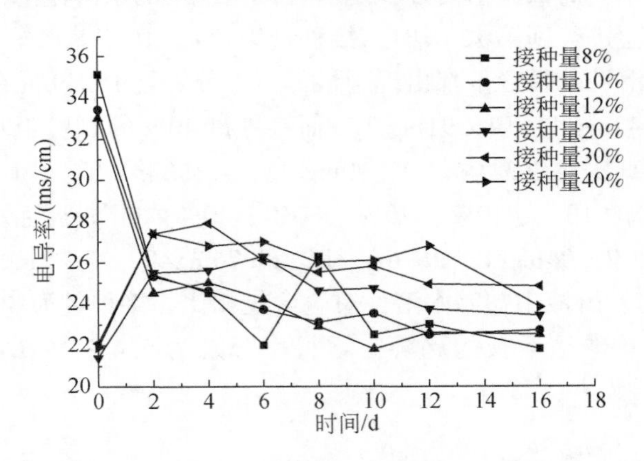

图3-23 不同接种量条件下厌氧发酵过程中电导率含量变化曲线图

3.2.4 不同底物下的产气特性

1. 以牛尿为底物

由图3-24看出，接种量8%时，单一牛尿总产气量为96.65mL、牛尿牛粪混合发酵总产气量为4162mL；接种量10%时，单一牛尿总产气量为142.35mL、牛尿牛粪混合发酵总产气量为4132mL。相同的接种量条件下，整个发酵周期过程中，两组试验组的总产气量相比，牛尿的总产气量较牛粪与牛尿混合厌氧发酵的总产气量要少得多。可能的原因是：①牛尿是高浓度有机废水，其中含有很多对厌氧发酵不利的有机物，这些不能被产甲烷菌充分利用，以至于在相同底物含量条件下总产气量很小；②牛尿各项指标都不在厌氧发酵适宜的范围内，特别是 pH 非常高（9.0 以上），碳氮比明显失衡等。综合来说，单一牛尿不适合进行厌氧发酵处理，因为其产生的沼气太少无法实现工业化。

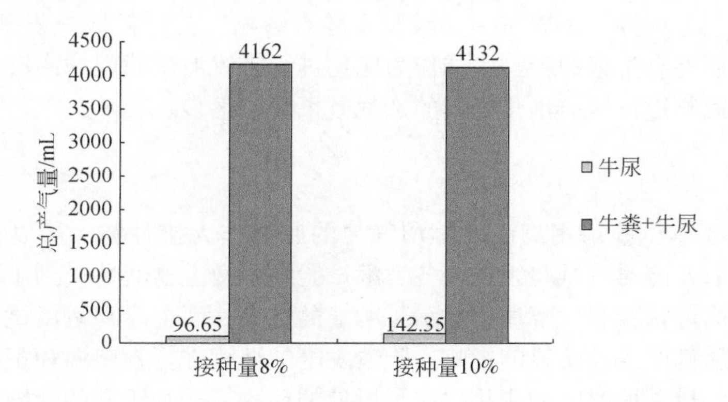

图 3-24　不同底物条件下高温厌氧发酵总产气量对比图

2. 以牛粪为底物

由图 3-25 看出，接种量为 20% 时，牛尿牛粪混合发酵的总产气量为 3972mL、单一牛粪发酵的总产气量为 4259mL；接种量为 30% 时，牛尿牛粪混合发酵的总产气量为 3878mL、单一牛粪发酵的总产气量为 4160mL；接种量为 40% 时，牛尿牛粪混合发酵的总产气量为 3745mL、单一牛粪发酵的总产气量为 3962mL。相同的接种量条件下，整个发酵周期过程中，牛粪牛尿混合厌氧发酵的总产气量较牛粪厌氧发酵的总产气量要少得多。原因可能是：①牛尿中的各项指标都不在厌氧发酵的适宜范围内，而牛粪的各项指标多数在厌氧发酵的适宜范围内，牛粪与牛尿

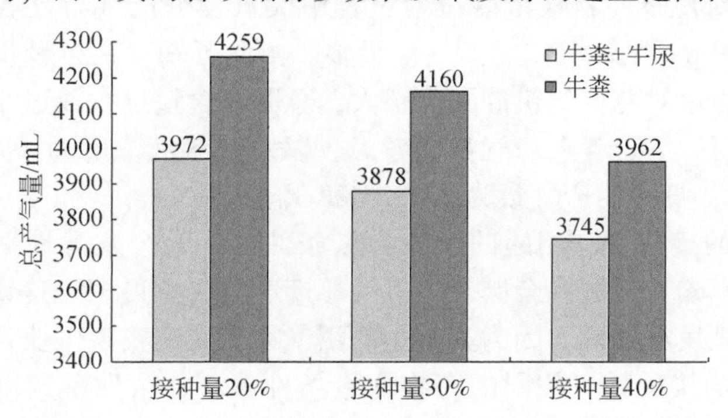

图 3-25　不同底物条件下高温厌氧发酵总产气量对比图

混合后的各项指标出现失衡，使得在整个厌氧发酵过程中，自身不能达到一个自然平衡，导致最终总产气量较少；②牛粪本身的各项指标，尤其是碳氮比，特别适合进行厌氧发酵，在整个发酵过程中，有机物被产甲烷菌充分利用，最终总产气量也较高。

通过以上分析知，牛尿对牛粪厌氧发酵有影响，会降低厌氧发酵的产气量。所以说，选用混有牛尿的新鲜牛粪作为底物进行厌氧消化处理的产气效果比选用干牛粪作为底物进行厌氧消化处理的产气效果要差很多。

3.2.5　结论

（1）由于本试验采用高温发酵沼气池的底物作为接种物，所以在不同温度条件下的厌氧发酵对比试验组中，各发酵试验组中微生物活性受到了环境温度改变的影响，高温试验组发酵过程显示了明显的优势，而中温和室温试验组的产气量及产气品质都受到较明显的影响。随着发酵的继续进行，中温和室温两组试验中产甲烷菌经过一段时间的驯化适应了所处的环境，开始正常的新陈代谢，至发酵30天（发酵周期）时，室温、中温和高温各试验组的总产气量分别为2887mL、4214mL和4345mL。另外，在开始发酵初期，高温试验组启动较快，首先达到产气高峰期。由此证明，不同的发酵温度对厌氧发酵存在一定的影响，高温发酵存在一定的优势，发酵初期启动速度较快，总产气量也较其他两组高，并且缩短了发酵周期。

（2）通过对比不同接种量试验过程中厌氧发酵产气特性各指标，结果表明，接种量为40%的试验组启动较快，但是总产气量却较少。由此可知，加大接种量可以加速厌发酵的启动，使产气高峰期提前。但在物料浓度一定的条件下，接种量的加大也就意味着发酵基质的相对减少，所以至发酵基本结束时，接种量40%试验组总产气量并不高，而接种量8%试验组总产气量最多。

（3）通过对比不同料液浓度试验过程中厌氧发酵产气特性各指标，结果表明，总固体含量8%的试验组总产气量最多。由此可知，在接种量浓度一定的条件下，总固体含量对总产气量的影响很大，总固体含量过大或过小都不利于厌氧发酵的顺利进行。综合各项产气指标考虑，以发酵料液浓度为8%时为好，其总气量为5885mL，日平均产气量为294.25mL/d。

（4）相同的接种量、相同的底物含量条件下，整个发酵周期过程中，牛尿的总产气量较牛粪与牛尿混合厌氧发酵的总产气量要少得多。这说明，单一牛尿不适合进行厌氧发酵处理，因为其产生的沼气太少无法实现工业化。

（5）相同的接种量、相同的底物含量条件下，整个发酵周期过程中，牛粪牛尿混合厌氧发酵的总产气量较牛粪厌氧发酵的总产气量要少得多。这说明，牛尿对牛粪厌氧发酵有影响，会降低厌氧发酵的产气量。所以，选用混有牛尿的新鲜牛粪作为底物进行厌氧硝化处理的产气效果比选用干牛粪作为底物进行厌氧硝化处理的产气效果要差很多。

3.3　发酵微生物种群定向调控技术

3.3.1　技术概述

沼气发酵过程中功能微生物种群主要由厌氧纤维素降解菌、厌氧产酸菌和产甲烷菌构成。对沼气发酵过程中功能微生物的生长环境、发酵条件进行定向宏观调控，解决好原料基质与发酵液中微生物传质问题，实现高效沼气发酵。该定向调控技术创新性地集成太阳能集热加热技术、射流搅拌技术、沼液回流技术。调控好发酵温度，使原料基质与发酵液中微生物充分接触，消减发酵液浓度和温度的不均匀现象，优化沼气发酵条件，实现沼气高效发酵，提高沼气产量和质量。

该技术采用太阳能集热加热技术、射流搅拌技术、沼液回流技术、中温厌氧发酵工艺。

主要技术参数：①操作天数；年操作时间为350天。②原料进入量：鲜牛粪330kg/天。③发酵参数，进料浓度：控制TS为6%~8%，料液量为835kg/d。温度控制：厌氧发酵温度（35±2）℃。气柜压力：3000Pa（300mm水柱）。④沼气组分：CH_4 55%~60%；CO_2 40%；H_2S≤20mg/m^3。

主要设备参数：①调料池规格：1.0m×1.2m×1.6m。②进料泵和循环泵：25QW8-12，流量8m^3/h，扬程12m，功率1.1kW。③全混合式硝化器（CSTR）：有效容积为16.7m^3。硝化罐有效高度3.8m，硝化罐直径ϕ2400mm。射流混合搅拌装置：射流器吸入沼气，对料液进行搅拌。④套管换热器：传热面积为2m^2，内管ϕ45×3.5mm，外管ϕ76×4mm，管长L=2/0.125=16m。⑤太阳能：180支太阳能真空管，热水桶为4m^3。⑥脱硫塔，采用一级脱硫，脱硫剂采用活性炭。取空塔流速为0.06m/s，脱硫塔直径为ϕ273mm，脱硫剂高度取为0.8m，脱硫剂量为0.039m^3，⑦过滤器，尺寸与脱硫塔相同，脱硫剂改为玉米芯。

该技术在洱源县邓川工作站的沼气试验工程应用。该技术很好地解决了发酵温度不稳定、沼气发酵料液不均、能耗较大的问题。设备运行稳定，产气率高，试验工程已经达国际先进水平（1头奶牛每日所产粪便可产气1m^3）。

该技术创新性地集成太阳能集热加热技术、射流搅拌技术、沼液回流技术、中温厌氧发酵技术，优化沼气发酵条件，形成了高效沼气发酵定向调控技术。调控好发酵温度，控制了影响功能微生物生长、发酵的关键因素——温度。创新性地利用射流搅拌技术，解决了沼气发酵功能微生物与基质混合不均的问题，消减发酵液浓度和温度的不均匀现象。同时实现发酵液回流搅拌和沼气搅拌，能耗小。该技术使沼气中二氧化碳被吸入，使氢分压降低，从而大大加速甲烷化进程，显著提高甲烷产气量及含量。

3.3.2　复合菌株驯化筛选

为解决大蒜秸秆沼气发酵的问题，将已筛选到的分解纤维素厌氧降解效率最高的且最稳定的复合菌系，添加前期分离的抗大蒜素细菌共同培养，在经过连续转培养30代以后，获得了能稳定抗大蒜素并分解纤维素的复合菌系（图3-26～图3-28）。

图3-26　纤维素分解复合菌筛选

图3-27　抗不同浓度大蒜素的纤维素分解菌分解秸秆效果

图3-28　接种一周以后的分离秸秆的效果图

在构建成功的复合制剂之后还将复合制剂连同市场上目前存在的另外两种制剂进行了纤维素分解能力的测试比较，表3-3为三种预处理剂处理含有不同浓度大蒜素的纤维素降解情况比较，初始加入的纤维素质量都为10g。

表3-3 三种预处理制剂对含不同浓度大蒜培养液中秸秆的分解能力

预处理剂 \ 大蒜素含量	0g	1g	2g	3g	4g	5g
A（复合制剂作用）	5.8	6.0	6.7	7	8	9.8
B（腐杆剂）	5.5	8.7	9.5	10	10	10
C（沼气灵）	6.3	8.8	9.0	10	10	10

结论如下：

（1）自行筛选构建的复合制剂与市场上现存的两种制剂降解能力比较试验表明，在不含有大蒜素的培养液中三种处理剂对纤维素降解的能力相似，A、B、C的失重率分别为42%、45%、37%，随着大蒜素含量的增加，原料失重率是递减的，但是从表3-3明显可以看出加入复合制剂A的培养液对大蒜素具有一定的耐受能力，可能还存在一定降解大蒜素的能力，而另外两种产品的复合菌系随着大蒜素含量的增加失重率减少相当明显，到含3g大蒜泥的培养液中时，秸秆基本不失重了，即分解纤维素的能力被完全抑制了。

（2）在每100mL含复合菌剂A的培养液中放入大蒜泥3g时，所筛选的复合制剂中的微生物生长良好，同时分解纤维素的能力保持良好。

（3）在每100mL含复合菌剂A的培养液中放入超过5g大蒜泥时，微生物降解纤维素的能力消失，但是微生物继续生长。

（4）当每100mL含复合菌剂A的培养液中放入超过10g大蒜泥时，微生物停止生长。

3.3.3 厌氧发酵产气效果

高温发酵启动快，5天进入产气高峰期，而中温发酵需经过10天才进入产气高峰期（图3-29）。中温发酵沼气产量在1500~3400mL/d，容积产率平均达1.7m^3/(m^3·d)。高温发酵沼气产量在3200~4680mL/d，容积产率平均达2.3m^3/(m^3·d)以上，最大容积产率达3.1m^3/(m^3·d)以上。甲烷含量在60%左右。

以牛粪浓度8%，添加1.5%油类废物，接种量30%的驯化沼气发酵液，高温发酵提高沼气产率（图3-30和图3-31）。加大接种物时，前期厌氧发酵微生物数量大、分解利用能力强，有利于沼气发酵菌群利用易分解的碳源，发酵启动快，第五天可达到发酵高峰期。分解菌群对油类废物分解快，形成脂肪酸，活化产甲烷菌群，发酵3~6天内产生大量沼气，单天最高产率高出不添加油类废物的2倍，最大产气率达到4.2m^3/(m^3·d)。之后发酵分解菌群不断分解较难降解

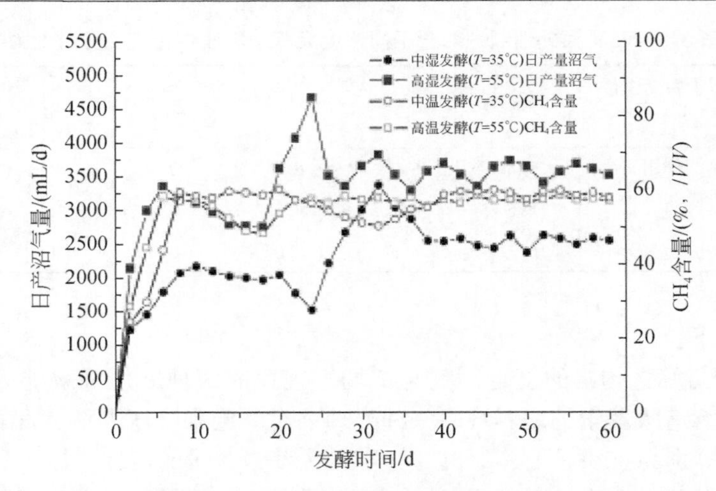

图 3-29　不同温度条件下牛粪日产沼气量及 CH_4 含量的变化

注：厌氧反应器体积为 1500mL，中温为（35±2）℃，高温为（55±2）℃

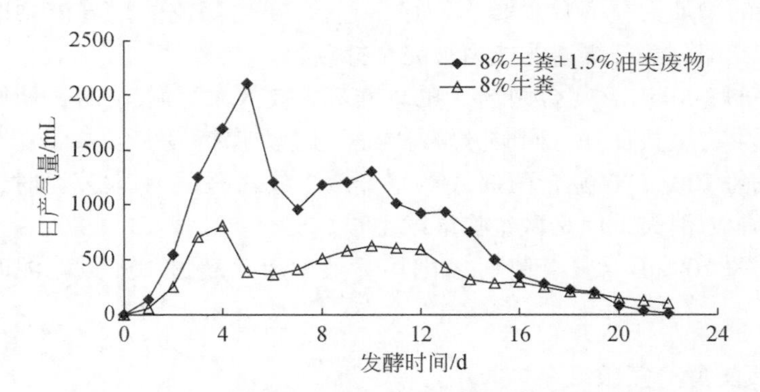

图 3-30　不同温度条件牛粪为主要原料日产沼气量的影响

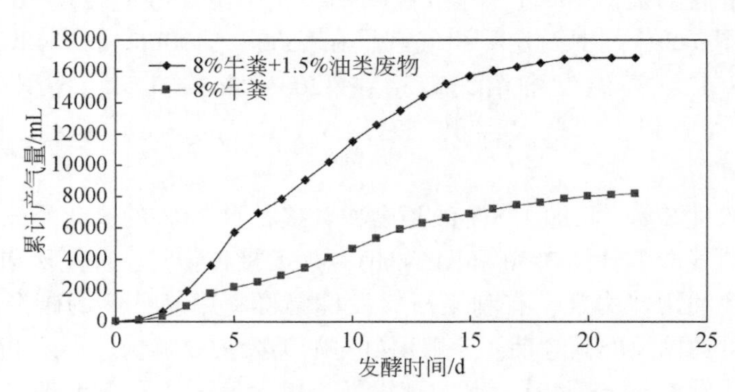

图 3-31　温度对牛粪累计产沼气量的影响

注：厌氧反应器体积为 500mL，接种量为 30%，中温为（35±2）℃，高温为（55±2）℃

的大分子成分为小分子，不断为产甲烷菌群提供基质，经产甲烷菌群代谢形成沼气，在发酵10天左右形成第二发酵高峰期。与不添加油类废物发酵体系相比，添加油类废物的发酵液中较难降解的碳源降解速度较快，可能是油脂的存在促进了发酵分解菌群的降解活性，有利于降解酶系的形成与释放。

图3-32为不同接种量对沼气发酵产气率影响曲线图，由图可知，接种量对产气率影响显著，接种后发酵启动快，接种量30%时产气率最佳。

图3-33为多原料联合发酵产气情况对比图。牛粪与猪粪2∶1配料时以及牛粪和废油类废弃物5∶1配料时产气率皆明显高于牛粪单独发酵时的产气率。

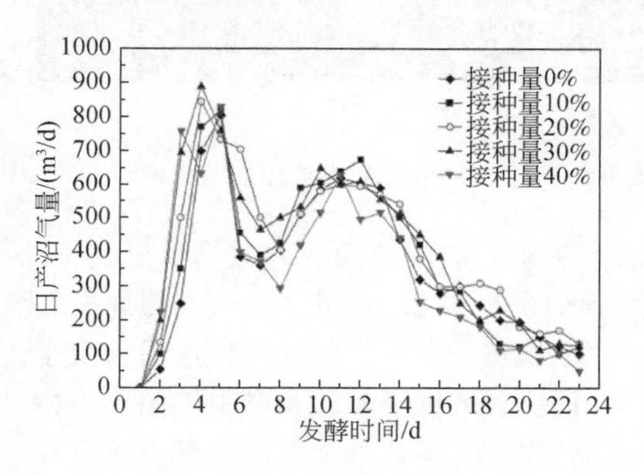

图3-32　接种量对牛粪沼气发酵产气率影响

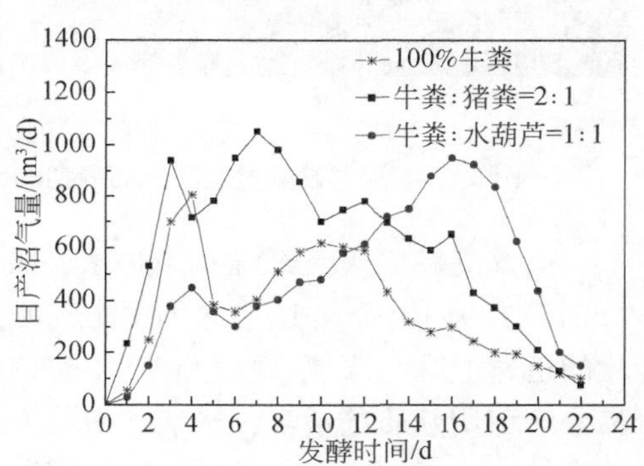

图3-33　不同原料配比对沼气发酵产气率影响

3.3.4　发酵过程中功能菌的构成及变化规律

在沼气发酵过程不同阶段取样，分析厌氧纤维素降解菌、厌氧产酸菌和产甲烷菌主要功能菌的构成，采用MPN法计数，测定上述功能菌群的数量。结果如表3-4和图3-34所示。

表3-4　沼气发酵中功能菌群的数量变化

取样阶段＼菌群	厌氧纤维素降解菌/个	厌氧产酸菌/个	产甲烷菌/个
发酵初期	2.0×10^{4}	4.2×10^{7}	3.6×10^{5}
产气高峰期	1.9×10^{5}	2.9×10^{9}	2.4×10^{7}
发酵后期	1.5×10^{5}	3.4×10^{8}	2.1×10^{7}

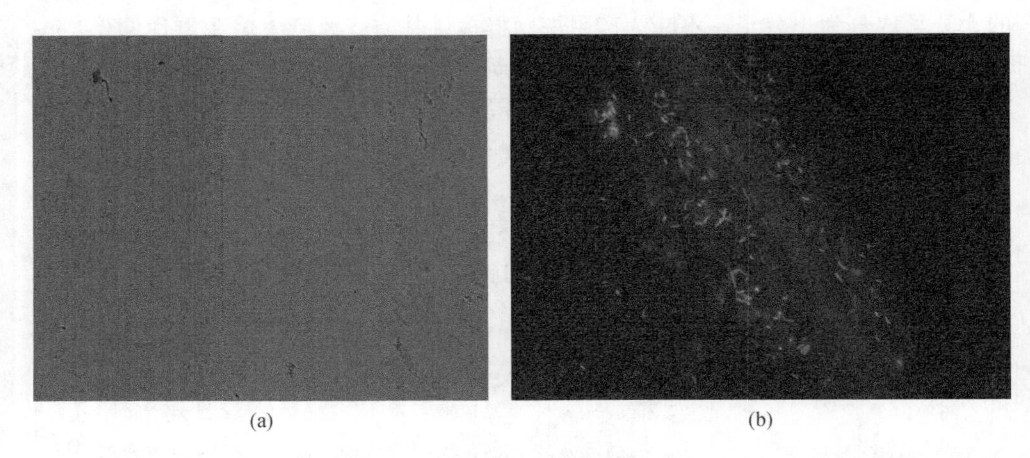

图 3-34　沼气发酵过程产气高峰期的厌氧纤维素降解菌（a）和产甲烷菌（b）

产气高峰期厌氧纤维素降解菌、厌氧产酸菌和产甲烷菌的菌数均呈最高值，分别为 1.9×10^5 个/mL、2.9×10^9 个/mL、2.4×10^7 个/mL。可见，产气高峰期产气量的迅速上升与厌氧产酸菌和产甲烷菌的快速增殖相关。产气高峰期过后，由于易分解利用基质的消耗，厌氧产酸菌下降，而厌氧纤维降解菌和产甲烷菌仍维持较高值，高峰期产气量降低与厌氧产酸菌的减少有关。在整个发酵过程中厌氧纤维素降解菌的菌数一直维持在较高水平，并呈上升趋势，且发酵后期的产气量主要来源于牛粪中纤维素的降解。可见，沼气发酵过程中各功能菌群的协调生长代谢，是维持沼气稳定高产的基础。

3.3.5　刺激因子对沼气发酵的促进作用

采用中心复合试验设计进行响应面分析试验（表 3-5），结果见图 3-35 ~ 图 3-37。

表 3-5　试验设计因素与水平

变量内容水平	水平		
	-1	0	1
脂肪酸浓度/(mg/L)	12	10	8
Ni^{2+}/(mg/L)	0.6	0.5	0.4
Co^{2+}/(mg/L)	0.3	0.2	0.1

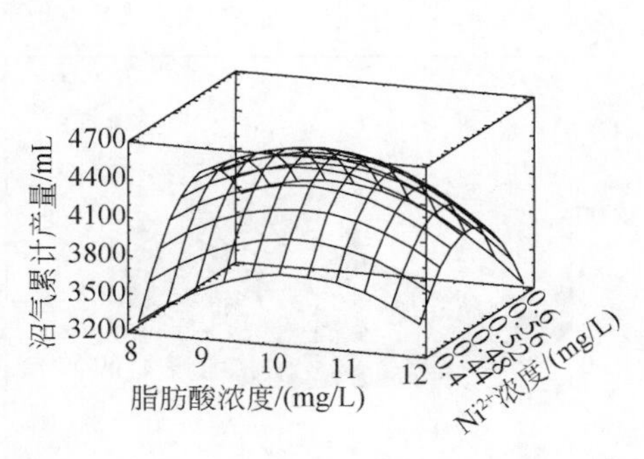

图 3-35　沼气累计产量与脂肪酸浓度、Ni^{2+}浓度的响应曲面图

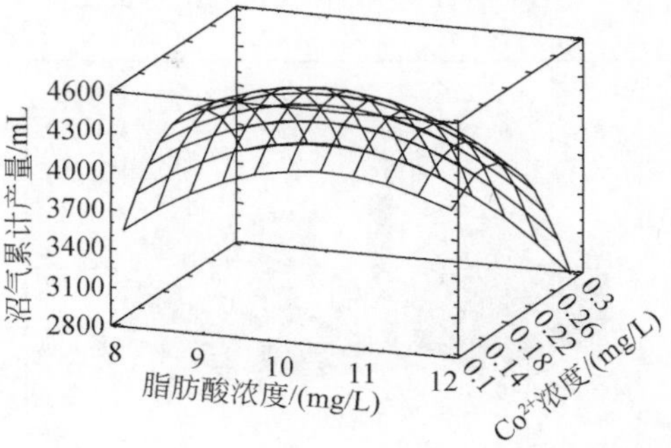

图 3-36　沼气累计产量与脂肪酸浓度、Co^{2+}浓度的响应曲面图

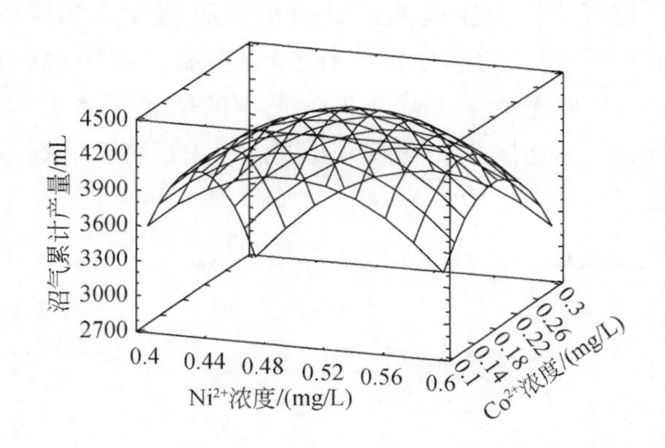

图 3-37　沼气累计产量与 Ni^{2+}浓度、Co^{2+}浓度的响应曲面图

图 3-35～图 3-37 显示了脂肪酸浓度和 Ni^{2+}浓度、脂肪酸浓度和 Co^{2+}浓度对响应值沼气累计产量均存在一定的交互影响效应，而因素 Ni^{2+}浓度和 Co^{2+}浓度之间基本上不存在交互作用。脂肪酸、Ni^{2+}和 Co^{2+}均在较低区域内随着浓度的增加沼气累计产量逐渐增加，但在较高区域时随着浓度的增加沼气累计产量反而降低。这是由于脂肪酸、Ni^{2+}和 Co^{2+}浓度降低时，能激活相应酶的活性，促进沼气形成；而浓度过高出现抑制现象。

3.3.6　沼气脱硫、变压吸附纯化

1. 沼气脱硫研究

对沼气池和中型沼气工程的沼气进行了成分分析，结果见图 3-38 和图 3-39。中型沼气工程 CH_4 含量高于沼气池，而 H_2S 浓度低于沼气池，中型沼气工程发

酵液 Fe^{3+} 的存在导致沼气中 H_2S 浓度低。

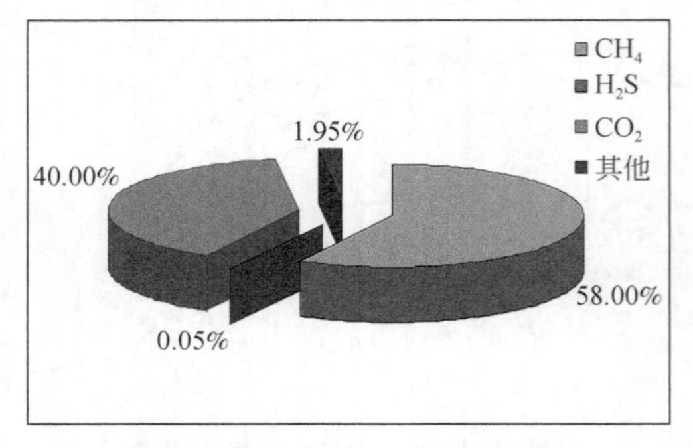

图 3-38　沼气池沼气成分分析

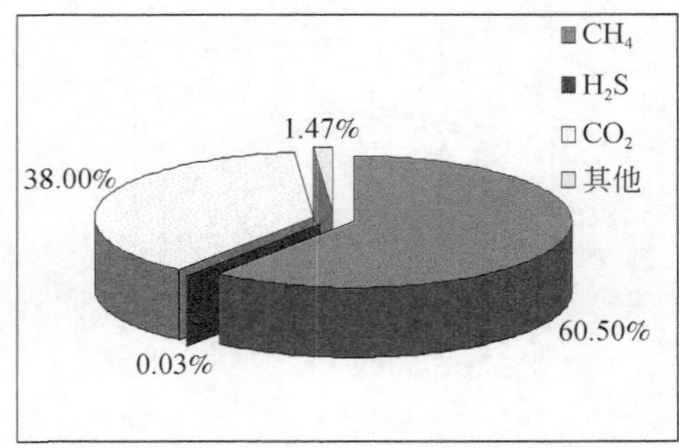

图 3-39　中型沼气工程沼气成分分析

采用 TTL 型颗粒氧化铁为脱硫剂，试验沼气脱硫效率和脱硫稳定性能测试。从图 3-40 可得脱硫效率能长时间地维持在 99% 左右，说明脱硫剂的净化性能稳定。从 51d 后开始净化效率逐渐下降，催化剂中的硫容量接近饱和状态之后，具有催化氧化活性的 Fe^{3+} 迅速减少，而被还原成 Fe^{2+} 的形式，致使净化效率迅速下降，失去脱硫功能。

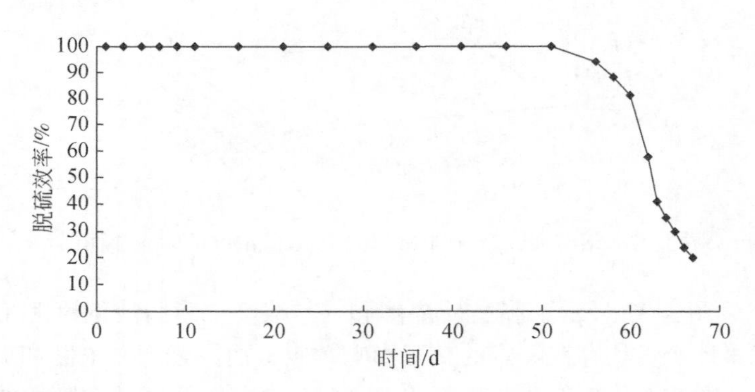

图 3-40　脱硫效率与时间变化图

2. 沼气变压吸附提浓研究

纯气体的平衡数据对变压吸附过程设计是很重要的一个因素。通过典型的吸附容量测定装置，可得吸附剂 Ⅰ 在 293K 下的吸附平衡数据。293K 时吸附剂 Ⅰ 和吸附剂 Ⅱ 对 CO_2、CH_4、N_2 和 H_2 的吸附等温线分别列于图 3-41 和图 3-42。由图可知，这 2 种吸附剂对 CO_2、CH_4、N_2 和 H_2 的静态吸附容量均有显著差异，尤其是对 CO_2 的静态吸附容量差异更大。相对吸附剂 Ⅱ 而言，吸附剂 Ⅰ 对 CO_2 的吸附选择性更高，因此，分离 CO_2 和 CH_4、H_2、N_2 更加有效。

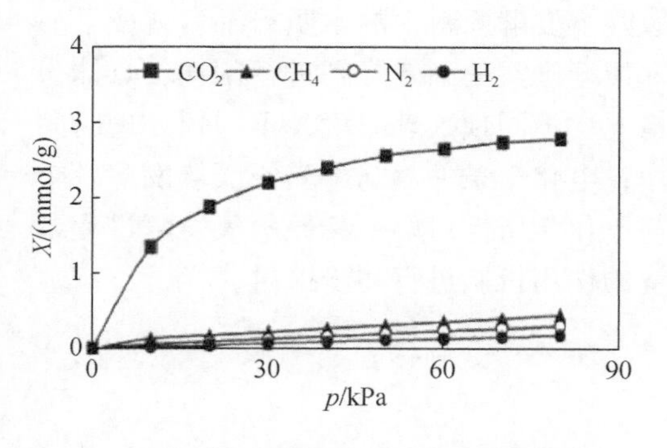

图3-41　293K时吸附剂Ⅰ的吸附等温线

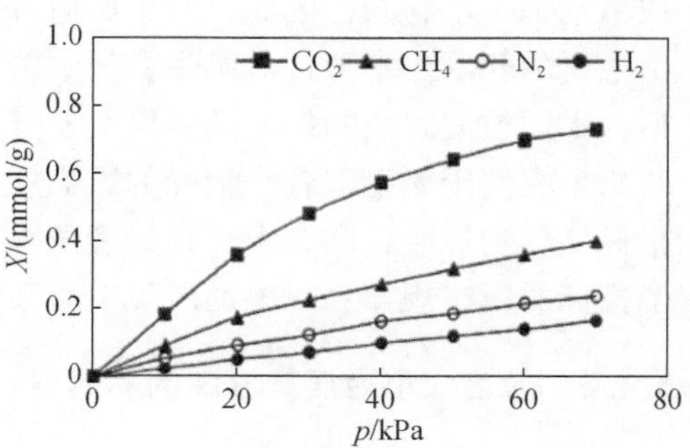

图3-42　293K时吸附剂Ⅱ的吸附等温线

不同温度下吸附剂Ⅰ对 CO_2 的吸附等温线如图3-43所示，随着温度升高，吸附剂Ⅰ对 CO_2 的吸附容量降低。

不同压力下吸附剂Ⅰ对 CO_2 的吸附等温线如图3-44所示。由图可知，随着压力升高，吸附剂Ⅰ对 CO_2 的吸附容量增大。此外，低压时吸附容量降低得更加明显，因此，通过提高和降低压力对 CO_2 进行吸附和解吸是可行的。试验室中吸附压力常取为0.3MPa以内。

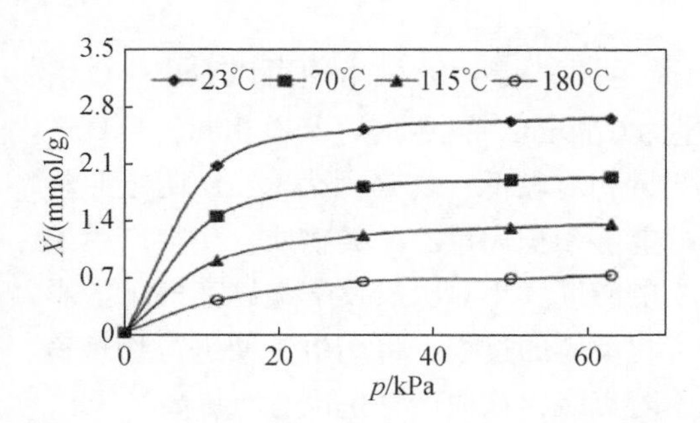

图3-43　不同温度下吸附剂Ⅰ对 CO_2 的吸附等温线

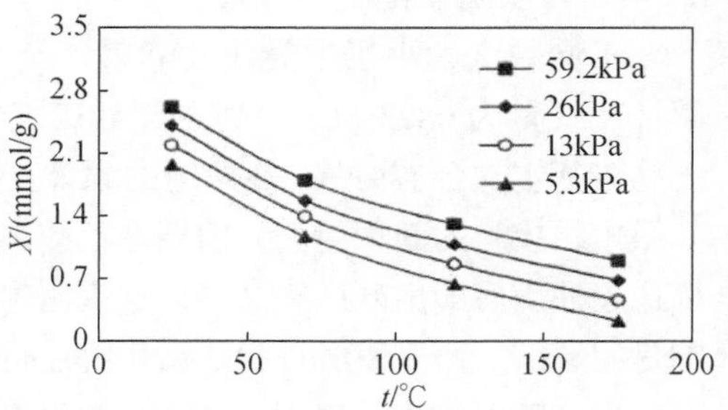

图3-44　不同压力下吸附剂Ⅰ对 CO_2 的吸附等温线

3.4　发酵过程木质纤维素强化降解

3.4.1　技术概述

奶牛粪便中木质纤维素的含量达34%左右，而木质纤维素由于其结构的复杂性，很难被厌氧发酵过程中微生物降解，这种现象就造成了木质纤维素资源的浪费，同时导致发酵后沼渣量大，沼气池容易结壳，对于大中型的沼气生产和户用沼气都是不利的，因此，对于如何有效降解发酵原料中的木质纤维素就成了一个主要的问题。本节针对奶牛粪便中的木质纤维素的高效降解进行阐述，具体包括：不同粒度大小的奶牛粪便厌氧发酵情况；不同预处理温度、不同预处理时间对奶牛粪便厌氧发酵各个指标的影响规律；电化学条件对奶牛粪便厌氧发酵各个指标的影响规律；联合水热预处理技术与电化学条件对奶牛粪便厌氧发酵过程各个指标的影响规律；对电助厌氧发酵系统的作用机制进行初步探讨。

3.4.2 粒度大小对厌氧发酵的影响

1. 发酵产气量

选择原料大小分别为 20 目、40 目、60 目和 80 目，原料为 60g，接种物体积为 200 mL，在中温条件下进行厌氧发酵的试验，对不同大小的原料厌氧发酵产气特性进行研究。由图 3-45（a）可知，60 目与 80 目组最高产气量明显高于 A、B 两组，并且其产气峰值（525mL）在第七天达到，之后开始下降，之后在第 15 天达到第二峰值（222mL），A 组是最先达到峰值的一组，但是其峰值小，且随后的产气较为稳定，除第五天产气低，没有显著的波动情况。说明干奶牛粪便在 60～80 目能明显提高产气量。

不同粒度大小奶牛粪便发酵累计产气量见图 3-45（b），由图可以看出，C 组累计产气量为 6823mL，D 组的累计产气量为 6749mL，两组产气基本相同，且日产气趋势基本吻合，而 A、B 两组的累计产气量相对较低，这是因为 C、D 两组原料与微生物接触的面积更大，前期产乙酸菌群能够累积大量乙酸类物质，使得产甲烷菌适应环境后即出现产气高峰。这说明牛粪的粒度大小对厌氧发酵最终产气量的影响是明显的。沼气发酵过程是微生物进行生化反应的过程，将奶牛粪便进行物理粉碎处理，粒度越小，表面积越大，微生物附着点多，从而产气量也有所提高。

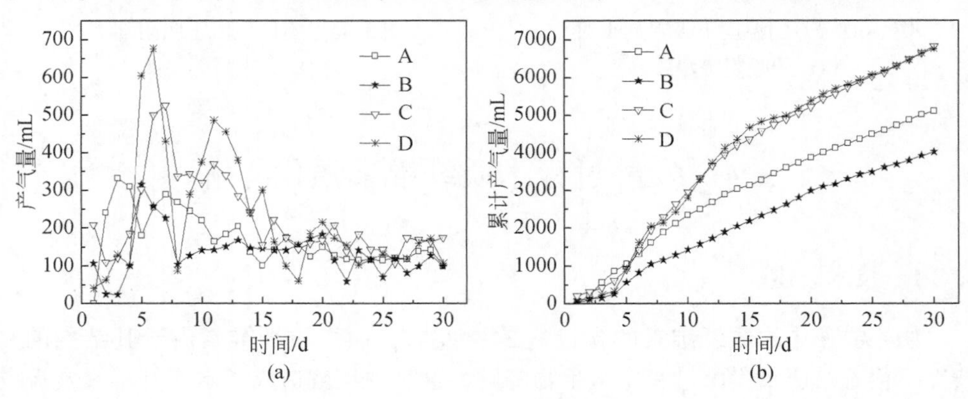

图 3-45　不同粒度牛粪发酵产气量

对不同粒度大小的牛粪在高温发酵情况下单位TS产气量进行了列表分析，见表3-6。由表3-6可知，在中温条件下，不同粒度的奶牛粪便经过30天的厌氧发酵，最高厌氧产气率是C组，为0.1137L/g，TS转化率为37.91%；D组仅次于60目组，且累计产气量、TS产气率以及原料转化率都相近；A组的TS产气率为0.0851L/g，原料转化率为28.34%；B组的TS产气率和原料转化率最低，分别为0.0671L/g、22.35%。从结果上来看，C和D奶牛粪便在相同条件下，TS产气率以及原料转化率没有明显差别，也就意味着粒度并不是粒度越小越有利于厌氧发酵原料的转化。同时B组低于A组，这与大多数研究结果有差异，主要原因可能是试验出现误差导致。

表3-6 不同粒度的奶牛粪便的产沼气潜力

试验组	累计产气量/mL	TS产气率/(L/g)	原料转化率/%
A	5108	0.0851	28.34
B	4024	0.0671	22.35
C	6824	0.1137	37.91
D	6749	0.1125	37.49

注：以每克奶牛粪便的干物质理论产沼气0.3L计算转化率。

2. 挥发性固体（VS）去除率

挥发性固体含量可以表示物料被降解的程度，或者微生物利用有机物的能力。若VS去除率较低，则沼渣量较大，后续处理较麻烦，且原料利用率低。

由图3-46可知，该系列试验中VS去除率分别为A：32.63%，B：28.11%，C：36.23%，D：35.76%，明显C组>D组>A组>B组，综合产气量分析，B组

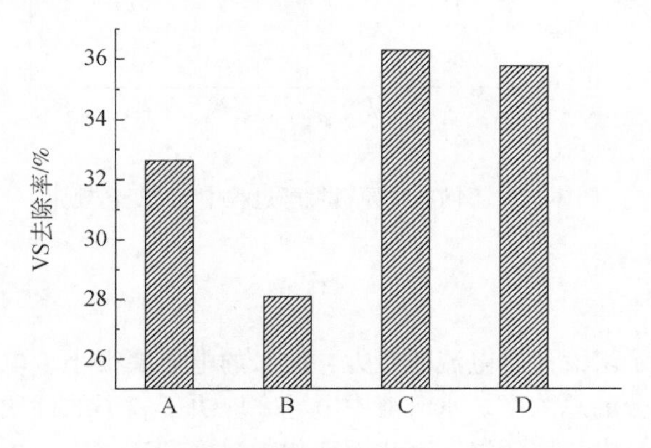

图3-46 不同粒度大小原料厌氧发酵VS去除率

与常规研究有明显差异，属试验误差所致，C、D 两组的原料粒度小，在厌氧发酵过程中与微生物充分接触，VS 降解量就更多，从而 VS 降解率较大。

3. 发酵液 pH

pH 是气-液相间 CO_2 平衡、液相内的酸碱平衡以及固-液相间的溶解平衡共同作用的结果。在厌氧硝化过程中，产酸过程有机酸的增加会使 pH 下降；含氮有机物分解产物氨气的增加，会引起 pH 升高。在 pH 6 ~ 8 范围内，其值主要取决于代谢过程中挥发性酸、碱度、CO_2 以及氨氮、氢之间自然建立的缓冲平衡。

厌氧发酵的最适 pH 为 6.8 ~ 7.4，当 pH 在 6.4 以下或者 7.6 以上，对产气有抑制作用，pH 在 5.5 以下，产甲烷菌的活动则完全受到抑制。在发酵系统中，如果水解发酵阶段与产酸阶段的反应速度超过产甲烷阶段，则 pH 会降低，影响甲烷菌的生活环境，在启动过程中，原料浓度较高时常有这种现象发生，即酸中毒，这往往是造成发酵启动失败的原因。

本次厌氧发酵产沼气过程中，系统 pH 变化规律见图 3-47，pH 基本维持在 7.20 ~ 7.50，只有 C 组的两个时间点大于 7.5，所以厌氧发酵系统 pH 基本稳定，对各种细菌的活动基本不会造成不利影响。

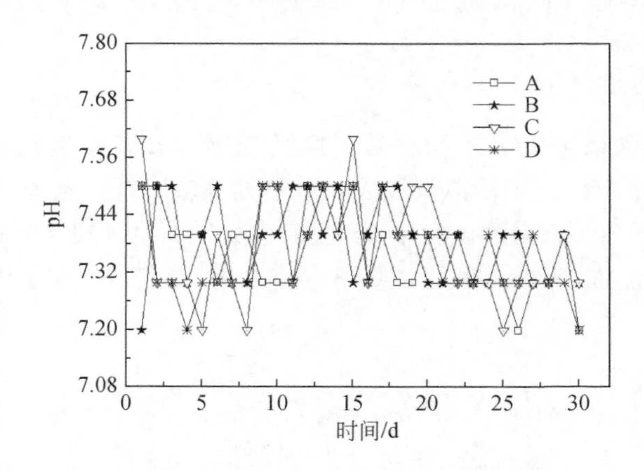

图 3-47　不同粒度原料发酵过程中 pH 变化规律

4. 电导率

电导率是表示溶液传导电流的能力，纯水的电导率很小。电导率常用于间接推测水中离子成分的总浓度。水溶液中电导率取决于离子的性质和浓度、溶液的温度和黏度等，且电导率随温度变化而变化，温度升高 1℃，电导率约增加 2%，如图 3-48 所示，初期 60 目和 80 目试验组的电导率较大，之后迅速下降，最后趋于平缓。可以猜测为试验初期60目和80目试验组中产乙酸菌产生大量乙酸，使得电导率处于很高的水平，待产甲烷菌试验环境开始产甲烷时电导率便下降，同时该时期也是沼气产气的高峰期。后期有机质的含量变少，产乙酸菌产生的乙酸趋于稳定，所以电导率保持稳定状态。20目和40目的试验组初期电导率升高，之后趋于平稳。也是前期产乙酸菌逐渐产乙酸使电导率上升之后产甲烷菌适应环境后产甲烷电导率即趋于稳定。

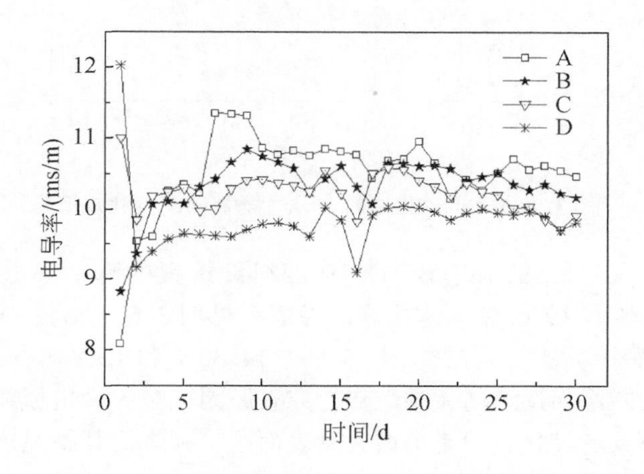

图3-48　不同粒度原料发酵过程中电导率变化规律

5. 氧化还原电位

严格厌氧环境是厌氧发酵的先决条件，产甲烷菌的正常生长要求氧化还原电位（ORP）在−330mV以下的环境里。影响氧化还原电位的因素很多，其中最突出的就是发酵系统密封条件的好坏，此外，发酵基质中各类物质的组成比例也明显影响其变化，该试验采用单一奶牛粪便进行厌氧发酵，基本上不存在相对基质配比影响的问题。由图3-49可以看出，除了A组的氧化还原电位在第一天高于−300mV以外，其他时间段氧化还原电位值都基本保持在−310 ~ −330mV，只有少数值低于−330mV，其原因在于每天取样可能带入极少部分空气导致氧化还原电位升高，并呈现折线变化趋势。

6. 木质纤维素含量

木质纤维素在奶牛粪便中含量约为35%左右，而且很难被厌氧微生物降解，导致沼气发酵应用中沼气产量不理想，沼渣量较大，所以木质纤维素的高效降解是本研究重要的目标。

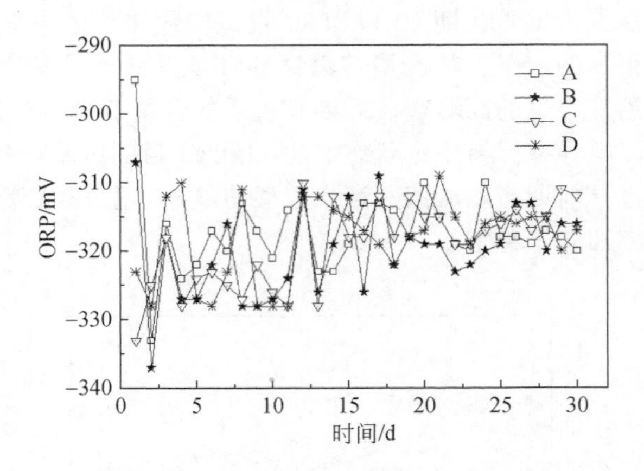

图 3-49　不同粒度原料发酵过程中 ORP 变化规律

由图 3-50（a）可知，A、B、C、D 四组纤维素的降解率分别为 17.67%、15.23%、20.31%和 19.66%；木质素的降解率见图 3-50（b），A、B、C、D 四组木质素的降解率分别为 9.72%、7.54%、14.33%和 12.85%；木质纤维素降解率有随着粒度减小而逐渐增大的趋势。究其原因，是因为机械粉碎虽然不会使木质纤维素降解或者转化，但是会增大其表面积，并降低其结晶度，使得微生物较容易接近并对其进行生物降解。

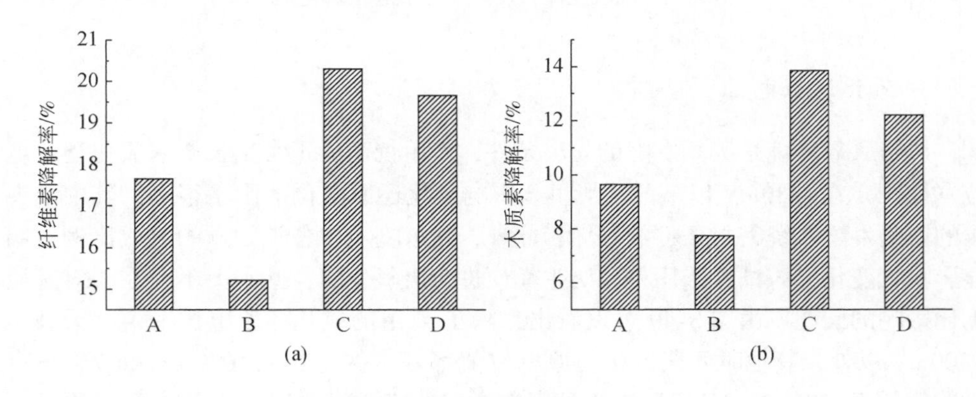

图 3-50　木质纤维素降解率

综上所述，C、D 两组厌氧发酵的产气量以及 CH_4 含量等指标都明显优于 A、B 两组。这说明机械粉碎虽然不能去除木质素及半纤维素，但是能够提高原料的比表面积、减少结晶区，操作比较简单，通常与其他预处理技术联合使用，且机械粉碎操作较为简单，所以在沼气发酵工程应用中，尽量联合机械粉碎和其他预处理方式，以发挥其最大的优势。

3.4.3　水热预处理对厌氧发酵的影响

1. 水热预处理温度的影响

预处理是厌氧发酵为了提高产气率常用的手段之一。有文献报道蒸气预处理对木质纤维素类物质的结构具有较强的破坏效果。水热预处理不同于蒸气预处理的地方是：将干牛粪加入一定量的水（牛粪刚好浸湿），在高压反应釜内加热。

奶牛粪便经过不同温度（即50℃、100℃、150℃、200℃）处理10min后进行厌氧发酵，日产气量如图3-51所示，由图可以看出，A_1组在第6天达到产气高峰，峰值为295mL；B_1组在发酵进行后第8天达到产气高峰，其值为301mL；C_1组在第6天达到产气高峰值，为305mL；D_1组在第7天达到产气高峰值，为320mL。随后，各组产气均开始下降，各组在发酵的中后期均出现产气的第二高峰，各组出现的时间分别是发酵后的第19、21、18、20天，其峰值分别为170mL、195mL、225mL、175mL，四组的产气规律基本相同。

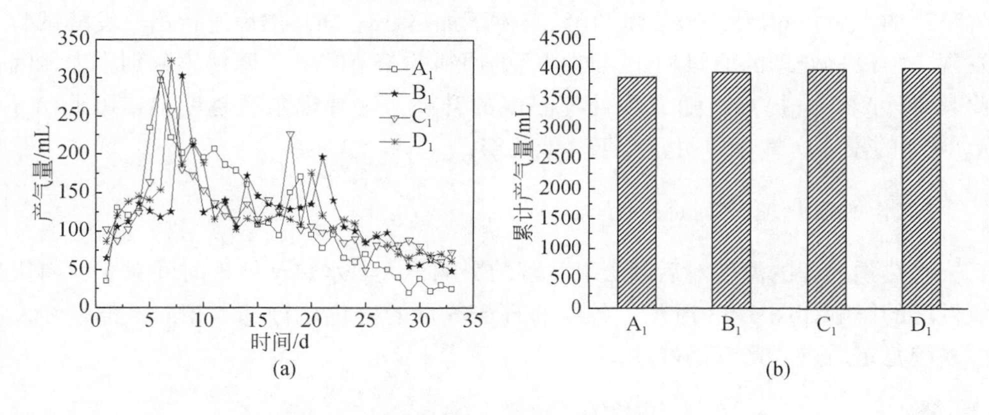

图3-51　水热预处理10min后发酵产气对比

图3-52是牛粪便经过不同温度（即50℃、100℃、150℃、200℃）处理30min后进行厌氧发酵的日产气量和累计产气量，其产气规律和经过预处理10min的原料发酵的产气规律基本相同。

累计产气量如图3-51（b）和3-52（b）所示，A_1、B_1、C_1、D_1四组的累计产气量分别是3871mL、3946mL、3995mL、4016mL，A_2、B_2、C_2、D_2四组的累计产气量分别为3936mL、4176mL、4179mL、4471mL。通过对比可以看出，水热预处理的温度对原料后续厌氧发酵的产气量有重要影响，这可能是因为经过水热预处理的原料结晶度减少，可被硝化的有机物质也相对较高，水热预处理原料的方法类似于蒸气预处理方法，使纤维素发生一定机械断裂，加剧纤维素内部氢键

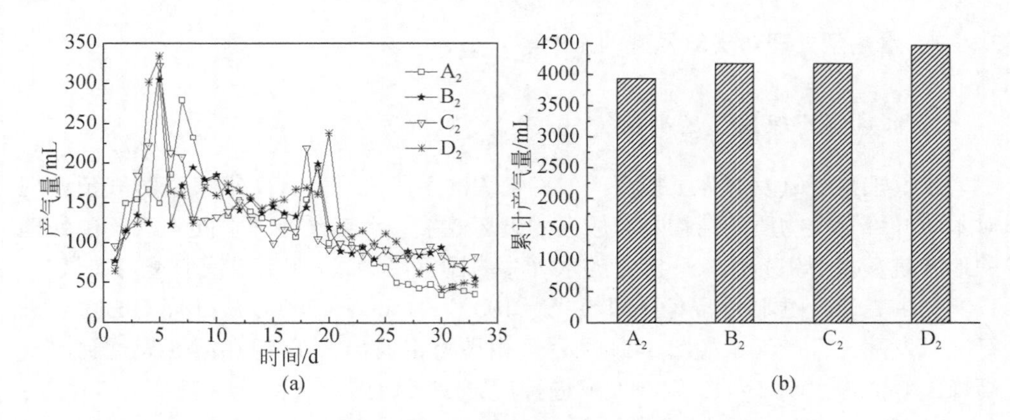

图 3-52 水热处理 30min 后发酵产气对比

的破坏和有序结构的变化，游离出新的羟基，增加了纤维素的吸附能力，也促进了半纤维素的水解和木质素的转化。Zhang Ruihong 等在厌氧处理稻草试验中，将稻草加水后在 60℃、90℃和 110℃条件下加热处理 2h，然后进行沼气发酵试验发现，与没有处理的原料相比，处理后的原料的 TS 和 VS 的降解率分别增加。因此其累计产气量提高；随着预处理温度的升高，这种现象就越明显，因此 A_1、A_2 两组的累计产气量要明显低于其他几组。

2. 水热预处理时间的影响

水热预处理的温度对后续厌氧发酵的影响很大，水热预处理时间对于原料厌氧发酵的影响如图 3-53 所示，各组的日产气量的变化趋势基本相同，都是在发酵系统稳定后进入产气高峰期。

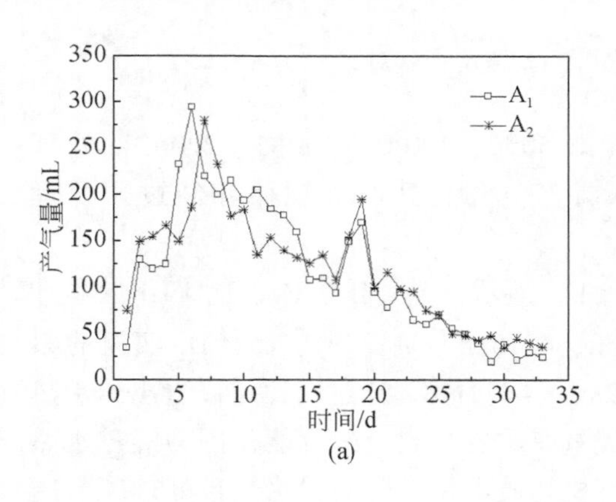

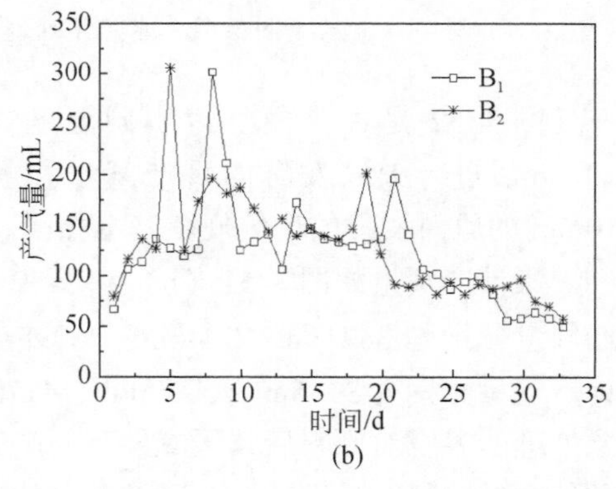

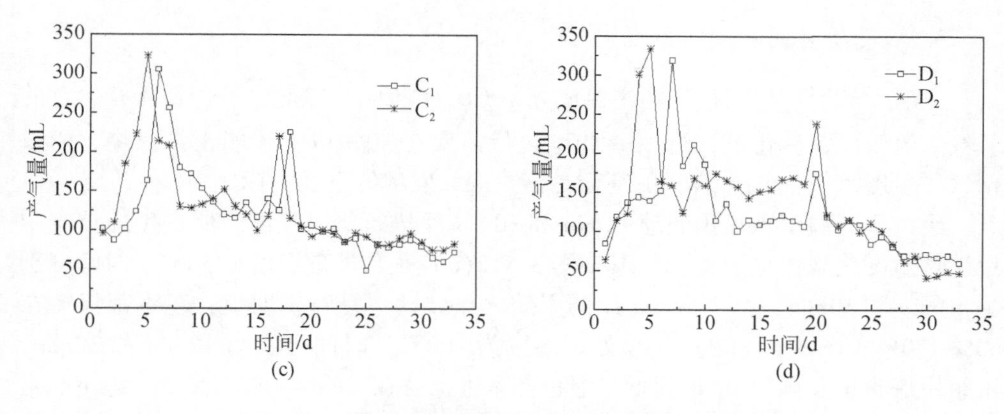

图3-53　不同时间预处理对厌氧发酵日产气量的影响

结合表3-7中的TS产气率和原料转化率，可以看到，A_1 和 A_2 组的TS产气率分别为0.1290L/g和0.1312L/g，原料转化率分别为43.01%和43.73%。B_1 和 B_2 组的TS产气率分别为0.1315L/g和0.1392L/g，原料转化率分别为43.84%和46.40%。C_1 和 C_2 组的TS产气率分别为0.1332L/g和0.1393L/g，原料转化率分别为44.39%和46.43%；D_1 和 D_2 组的TS产气率分别为0.1339L/g和0.1490L/g，原料转化率分别为44.62%和49.68%。从上述数据可以看出，随着水热预处理时间的增加，原料的产气量、TS产气量以及原料转化率都有增大的趋势。

水热预处理的温度越高，其累计产气量、TS产气率以及原料转化率都随着增大，同时，随着水热预处理时间增加，奶牛粪便中木质纤维素之间的氢键断裂就越多，木质素的软化程度也会增加，也越有利于奶牛粪便中木质纤维素在后续厌氧发酵过程中进行降解，使得最终原料转化率提高。

表3-7　不同温度预处理后奶牛粪便的产沼气潜力

试验组	累计产气量/mL	TS产气率/(L/g)	原料转化率/%
A_1	3871	0.1290	43.01
A_2	3936	0.1312	43.73
B_1	3946	0.1315	43.84
B_2	4176	0.1392	46.40
C_1	3995	0.1332	44.39
C_2	4179	0.1393	46.43
D_1	4016	0.1339	44.62
D_2	4471	0.1490	49.68

注：以每克奶牛粪便的干物质理论产沼气0.3L计算转化率。

3. 沼气质量的影响

厌氧发酵所产生的沼气的主要成分是 CH_4 和 CO_2，除此之外，还含有少量的氮气、氢气以及硫化氢，沼气中 CH_4 含量需要在 50% 以上才能正常燃烧，所以沼气质量即沼气中 CH_4 含量的高低是衡量厌氧发酵的重要指标之一。

经过不同温度水热预处理 10min 和 30min 后进行厌氧发酵，所产生的沼气中甲烷含量变化规律见图 3-54。其中图 3-54（a）是预处理温度为 50℃，时间分别为 10min 和 30min，A_1 组和 A_2 组的甲烷含量波动不是特别明显，基本都保持在 60%~70%；图 3-54（b）是预处理温度为 100℃，时间分别为 10min 和 30min，B_2 组甲烷含量总体比 B_1 组偏低，但也都基本保持在 60%~70%；图 3-54（c）是预处理温度为 150℃，时间分别为 10min 和 15min，C_1 组甲烷含量总体比 C_2 组偏高，但也都基本都保持在 60%~70%；图 3-54（d）是预处理温度为 200℃，时间分别为 10min 和 15min，D_1 组甲烷含量总体比 D_2 组偏高，但也基本都保持在 60%~70%。总的来说，图 3-54（c）的甲烷含量是四组试验中相对较高的一组；图 3-54（d）的预处理温度高，反而甲烷含量较图 3-54（c）低，这可能是因为

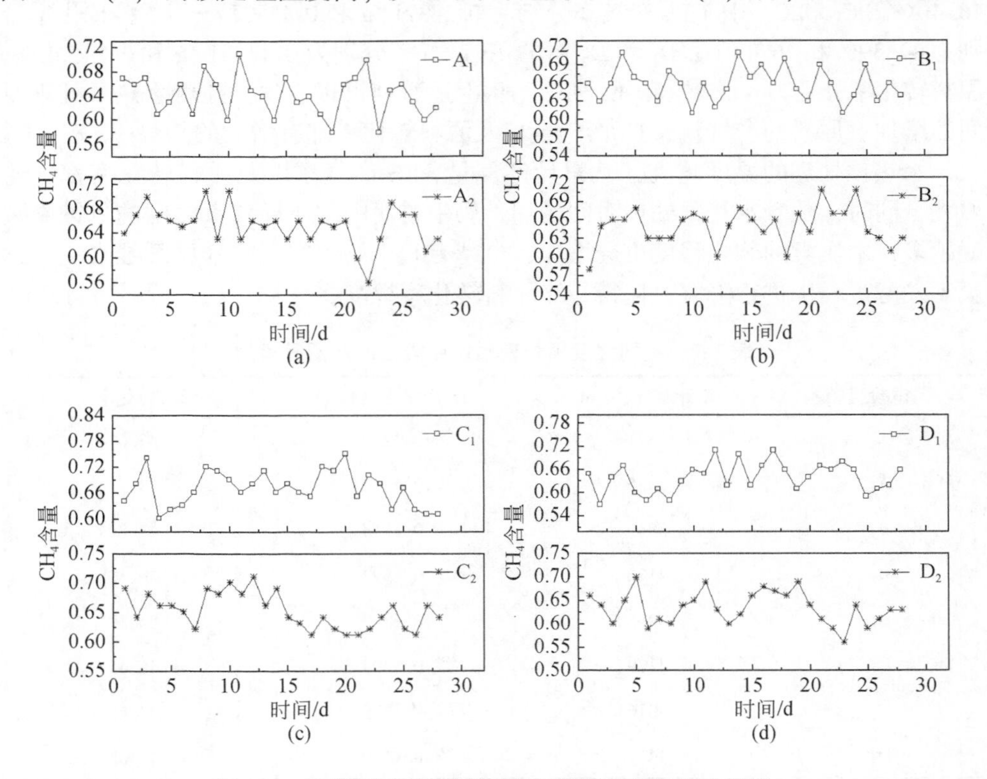

图 3-54　不同预处理温度对沼气甲烷含量的影响规律

高温预处理后，原料中挥发性物质增多，从而导致沼气中 CO_2 含量较高。赵剑强等认为有机负荷对 CH_4 含量的影响实质上是去除率影响所致，如果有机负荷增加，去除率就会降低，CH_4 含量就会降低。

4. VS 去除率

挥发性固体是指总固体的灼烧减重量，其组成是试样中的有机物、易挥发的无机盐等，多以百分率来表示。挥发性固体主要是表示基质中的有机物含量及反应发酵的基质负荷，如果 VS 去除率较低，则沼渣多，不利于后续处理。

由图 3-55 看出，A_1 组的 VS 去除率为 43.06%，B_1 组的 VS 去除率为 44.04%，C_1、D_1 两组的 VS 去除率分别为 45.39% 和 45.76%；A_2、B_2、C_2、D_2 四组的 VS 去除率分别为 43.73%、46.40%、47.43%、49.69%。VS 去除率和产气量呈一定的关系，产气量越多，去除率就越大。

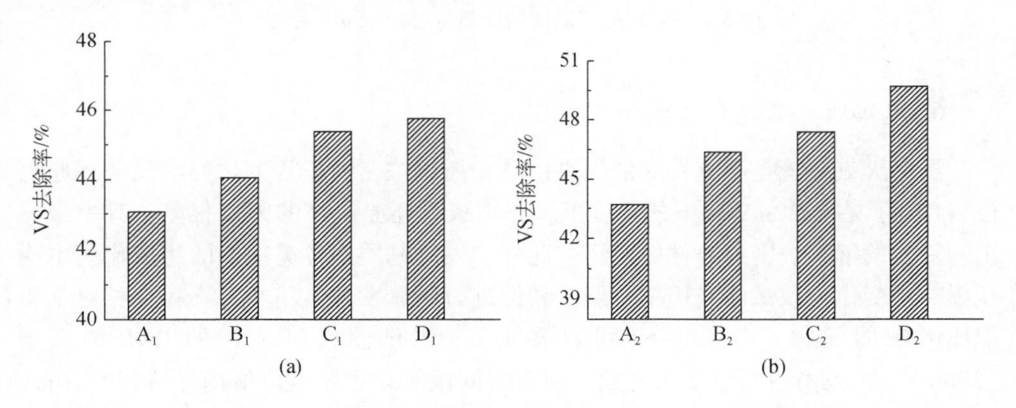

图 3-55　VS 去除率

5. pH 变化规律

本次厌氧发酵产沼气过程中，系统 pH 变化规律见图 3-56。从图看出，试验初期到中期，pH 基本保持在 7.1～7.5，少数时间处于反常状态，但是系统本身都能够调节，基本不影响各种群微生物的代谢活动，随着发酵反应的进行，pH 在发酵进行后第 17 天左右开始下降，到第 22 天左右 pH 低于 7 并继续下降，下降的最低值为 6.5，发酵进行到第 26 天时，pH 开始急剧回升，之后系统一直保持在 7.5 左右，不超过 7.6。原料在发酵过程的日产气量的高峰期均出现在发酵周期前 20 天左右，这可能是因为试验采用的接种物是中温条件下以奶牛粪便为基质进行扩培的，在试验初期就能很好地适应环境并进行正常的代谢活动，所以前期的脂肪酸并没有大量累积，发酵中后期，脂肪酸大量累积，造成 pH 下降；

在发酵后期，pH 上升可能是因为系统中的含氮有机物开始分解，且氨氮含量增加，此时 pH 下降趋势受到抑制。

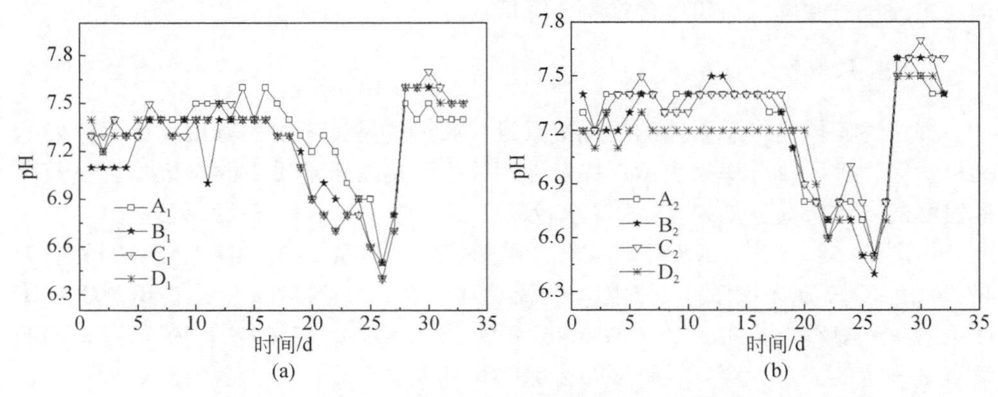

图 3-56 不同预处理温度后厌氧发酵系统 pH 变化规律

6. 氧化还原电位变化规律

严格厌氧环境是厌氧发酵的先决条件，产甲烷菌的正常生长要求氧化还原电位（ORP）在-330mV 以下的环境里。影响氧化还原电位的因素很多，其中最突出的就是发酵系统密封条件的好坏，此外，发酵基质中各类物质的组成比例也明显影响其变化，该试验采用单一奶牛粪便进行厌氧发酵，基本上不存在相对基质配比影响的问题。由图 3-57 可以看出，8 组试验在第 1 天的 ORP 都高于-300mV，从发酵进行第 2 天开始，所有时间段氧化还原电位值都保持在-310mV 以下，且该系列试验的氧化还原电位值基本保持在-310 ~ -330mV，只有少数值低于-330mV，其原因在于每天取样可能带入极少部分氧气导致氧化还原电位升高，并呈现折线变化趋势。

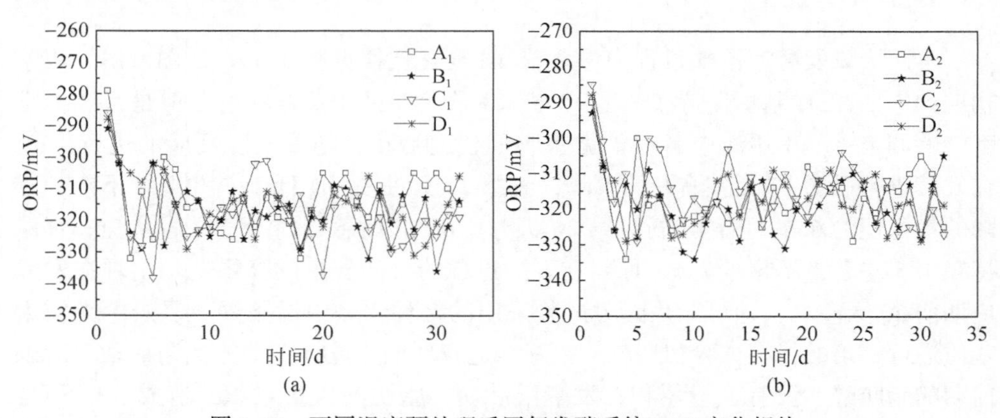

图 3-57 不同温度预处理后厌氧发酵系统 ORP 变化规律

该试验发酵系统中电导率的变化如图3-58所示，在发酵初期，各试验组的电导率值逐渐由大变小，过程较平缓，没有很大的起伏，说明在系统内部的离子逐渐趋于稳定，而当试验进行到第20天左右，8组的电导率值都开始上升，且上升幅度较大，此时系统中的pH同样也是由最低值大幅度增加，说明系统中的离子性质由于pH变化而产生了较大的变化，使得系统中电导率上升。

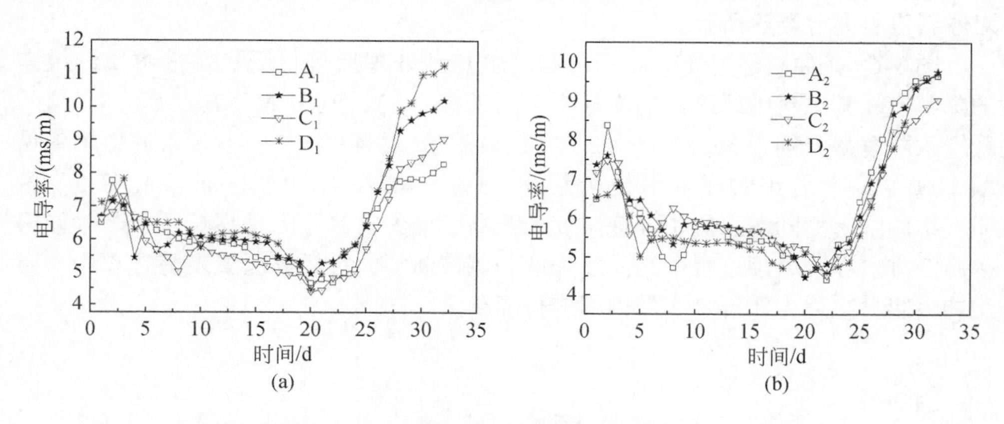

图3-58　不同温度预处理后厌氧发酵系统电导率变化规律

7. 木质纤维素的降解情况

木质纤维素在奶牛粪便中含量约为35%左右，而且很难被厌氧微生物降解，导致沼气发酵应用中沼气产量不理想，沼渣量较大，所以木质纤维素的高效降解是本研究重要的目标。

原料在不同温度下进行10min水热预处理后进行厌氧发酵，其原料中纤维素的降解率见图3-59（a），可知A_1、B_1、C_1、D_1组的纤维素降解率分别为39.33%、40.59%、41.88%、42.86%。木质素的降解率见图3-59（b），各组的

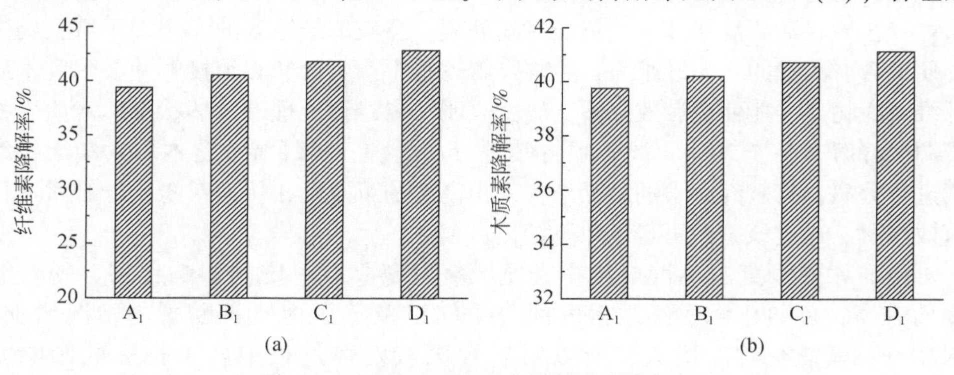

图3-59　预处理10min木质纤维素降解率

降解率分别为38.06%、38.64%、39.39%、39.61%。可以看出，D_1组的纤维素降解率和木质素降解率都是最高的，在水热预处理过程中温度是最主要的因素之一，温度的升高会使原料中的木质纤维素部分氢键断裂，结晶度降低，在后续发酵过程中容易被微生物进入进行分解。B_1组的木质纤维素降解率次之，C_1组的较A_1组的降解率有所增加，但是并不显著，可能是由于在水热预处理过程中对原料没有充分受热所致。

图3-60是原料经过30min不同温度水热预处理后进行厌氧发酵木质纤维素的降解率，其原料中纤维素的降解率见图3-60（a），其中A_2、B_2、C_2、D_2组的纤维素降解率分别为39.33%、42.73%、43.70%、47.19%。木质素的降解率见图3-60（b），各组的降解率分别为38.73%、40.72%、41.43%、44.68%。木质纤维的降解率随着水热预处理温度的升高而增大，其原因是高温及水蒸气使得木质纤维素在预处理过程中结晶度降低，氢键断裂，在后续厌氧发酵过程中，微生物更容易接近木质纤维素的内部进行降解。

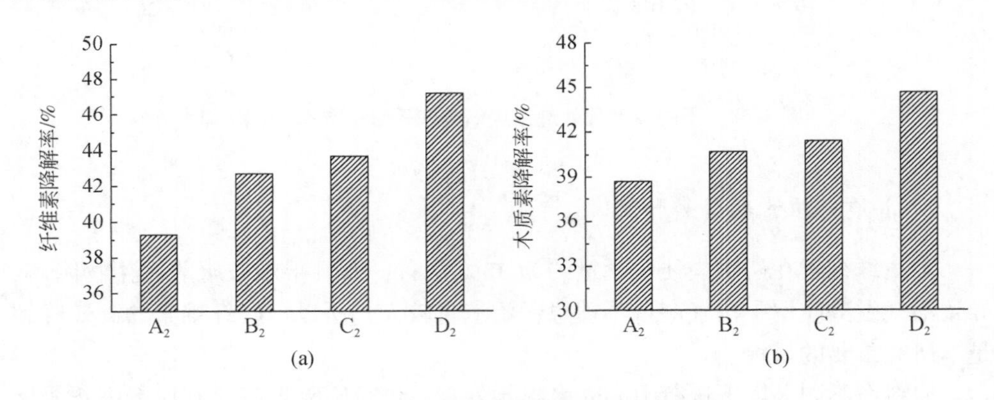

图3-60　预处理30min木质纤维素降解率

综上所述，对比A、B、C、D四组不同粒度的原料厌氧发酵过程中各个指标值可知，原料在高温条件下进行长时间处理，会破坏纤维素的无定形区域，奶牛粪便中含有大量的木质纤维素，生物降解过程中产生的酶必须接触并吸附到木质纤维素底物上才能使之有效降解。研究表明，未经预处理的天然状态的木质生物资源酶降解率小于20%，故必须将其进行预处理，将纤维素、木质素和半纤维素进行分离，打破纤维素的结晶结构，提高酶的可及性，从而对木质纤维素进行有效降解。通过该试验可得出以下结论：

（1）水热预处理温度对奶牛粪便厌氧发酵具有一定的影响作用，随着温度的升高，原料中木质纤维素内部分子间以及分子内氢键断裂的情况增加，木质纤维素软化程度增大，所以对后续厌氧发酵过程中各个指标的影响就越大。

（2）水热预处理时间对奶牛粪便厌氧发酵具有一定的影响，当水热预处理时间较短，反应器内原料局部或存在温度梯度，不能有效破坏木质纤维的结晶结构或氢键，在后续厌氧发酵过程中其累计产气量、TS产气率以及原料转化率就会低于水热预处理时间较长的试验组。

3.4.4　电化学条件对厌氧发酵的影响

1. 产气量的影响

本研究就电化学条件对厌氧发酵的影响进行了初步探究，对比普通的厌氧发酵，其产气量见图3-61（a）。在发酵的前期，只有A、C两组有大量的气体产生，B组的日产气量直到发酵进行到第6天才出现了明显的上升趋势，因为该试验采用的接种物是以奶牛粪便为基质在35℃条件下进行扩培的，所以发酵前期各种群微生物就能适应环境并进行正常的代谢活动。随后A组又出现了五个产气高峰，出现这样的现象有三种可能，一是因为电化学条件的加入在一定范围内增加了木质纤维素的降解；二是电化学条件刺激了微生物的生长，使得系统酶活性增强，从而加快了木质纤维素的降解，使得产气量增加；三是因为发酵系统无搅拌装置，而搅拌是厌氧发酵中原料充分降解的一个重要条件，电化学条件从某种程度上使得发酵系统内部粒子进行一定规律的运动，充当了“搅拌装置”的作用。但是该组产气高峰值基本在960mL左右，日产气量不超过1000mL，产气平稳，说明该试验的电化学条件对微生物的刺激起到了促进作用。B组出现了两个产气高峰，第一个高峰值出现在第10天，峰值达1450mL；第二峰值出现在第16天，峰值为840mL，但高峰期之后产气一直处于下降趋势，在第20～30天的日产气量总体保持在150mL左右，对比C组的日产气量有所增加，其产气趋势并没有明显变化，这说明电化学条件对该组试验有影响作用，但是其影响不如阴极的影响明显。

A、B、C三组的累计产气量见图3-61（b），A组的累计产气量为20233mL，B组的累计产气量为12055mL，C组的累计产气量为11283mL，A组的累计产气量明显高于B、C两组，再次证明了电化学条件对奶牛粪便厌氧发酵的影响，且阴极对其影响显著大于阳极的影响。

通过表3-8可知，三组的产沼气潜力情况，A组的TS产气率达到0.1686L/g，而C组的TS产气率仅为0.0940L/g，两组的原料转化率分别为56.20%和31.34%。这再次证明电化学条件对奶牛粪便厌氧发酵是有很大的影响的。

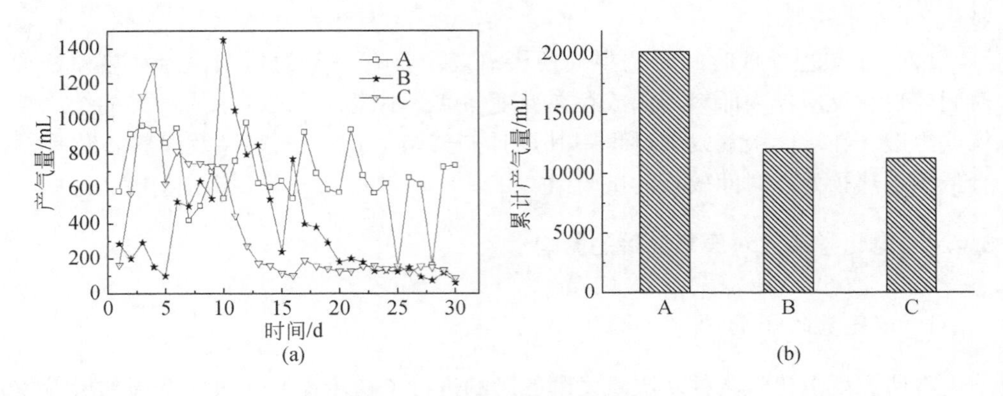

图 3-61 电化学条件对产气量的影响

表 3-8 产气潜力

试验组	累计产气量/mL	TS 产气率/(L/g)	原料转化率/%
A	20233	0. 1686	56. 20
B	12055	0. 1005	35. 50
C	11283	0. 0940	31. 34

注：以每克奶牛粪便的干物质理论产沼气 0. 3L 计算转化率。

2. 电化学条件对沼气质量的影响

沼气质量一直是固体废物资源能源化的一个重要课题，一般农村固废厌氧发酵所产生的沼气中，甲烷的含量基本维持在 60% 左右，很多研究者试图通过沼气净化对甲烷进行提纯，但是都一直没有取得较大的进展。而在奶牛粪便厌氧发酵过程通过加电压的方式对发酵过程进行调控，不仅提高了沼气产量，同时也提高了沼气中甲烷的含量，如图 3-62 所示。A 组的 CH_4 含量保持在 0. 8（沼气以单位 1 计）左右；B 组 CH_4 含量总体保持在 0. 7 左右，但是其波动较大；C 组 CH_4 含量总体在 0. 6 ~ 0. 7，且大多数在 0. 7 以下，明显看出 A 组的沼气质量是最好的，B 组其次，也就是说，电化学条件对原料厌氧发酵的沼气质量有较大影响，且电源的阴极对沼气质量的提高帮助是最大的。

3. 木质纤维素含量对比

木质纤维素在奶牛粪便中含量约为 35% 左右，而且很难被厌氧微生物降解，导致沼气发酵应用中沼气产量不理想，沼渣量较大，所以木质纤维素的高效降解是本研究重要的目标。纤维素的降解率见图 3-63（a），A 组的降解率为 55. 34%，B 组的降解率为 35. 50%，C 组的降解率为 31. 34%；木质素的降解率见图 3-63（b），

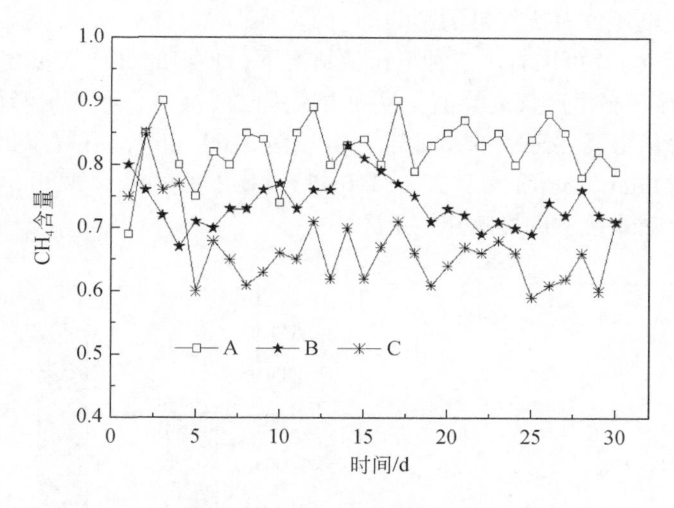

图 3-62　CH_4 含量变化规律

A 组的降解率为 56. 20%，B 组的降解率为 34. 80%，C 组的降解率为 30. 14%。从而可知，电化学条件对奶牛粪便中木质纤维素的降解起到了积极的作用。

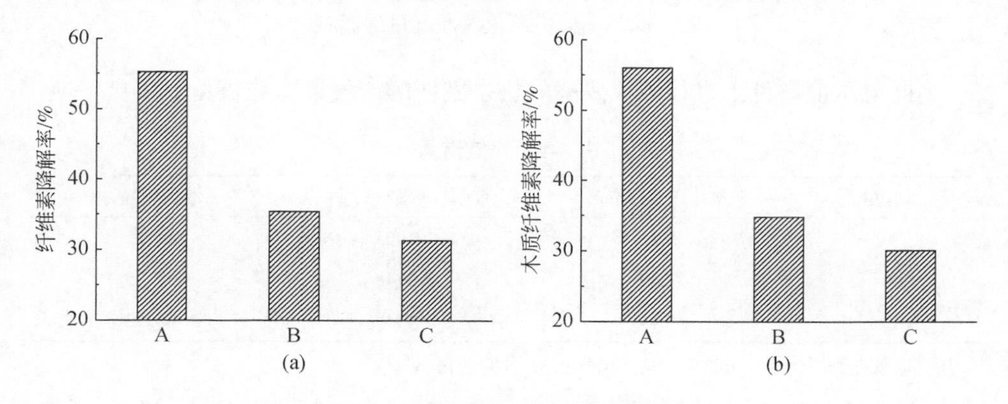

图 3-63　纤维素和木质纤维素降解率

4. 不同电压值对厌氧发酵的影响

电化学条件对奶牛粪便发酵的影响是显著的，尤其是阴极对厌氧发酵过程中的产气量、产气稳定性以及 CH_4 含量、木质纤维素降解率等都有显著的提高。电化学条件中电压值是一个重要的指标，所以本试验就不同电压值对奶牛粪便厌氧发酵产气特性也做了初步研究。

（1）不同电压值对产气量的影响

由图 3-64（a）可以看出三种电压值情况下，各组的日产气量变化情况，A、B、C 三组均存在多个产气高峰值，且随着发酵时间推移，产气量峰值逐渐下降，其中 B 组的峰值最高。三组的累计产气量见图 3-64（b），可以看出，B 组的累计产气量（5243mL）远远大于 A（3196mL）、C（4044mL）两组，说明电压值为 0. 25V 时，对系统中的影响作用最大。

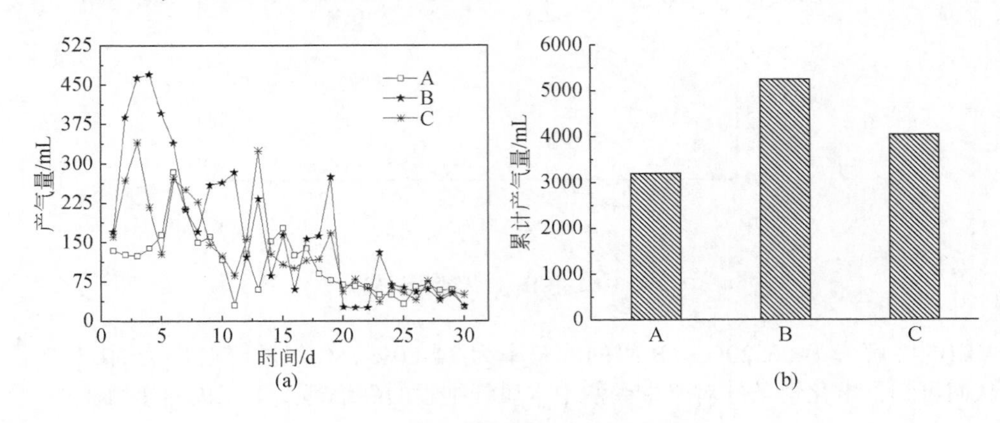

图 3-64　不同电压值对产气量的影响

不同电压值条件下进行厌氧发酵的奶牛粪便的产气潜力分析见表 3-9。

表 3-9　产气潜力

试验组	累计产气量/mL	TS 产气率/(L/g)	原料转化率/%
A	3196	0. 1065	35. 51
B	5243	0. 1748	58. 25
C	4044	0. 1348	44. 93

注：以每克奶牛粪便的干物质理论产沼气 0. 3L 计算转化率。

其中 A 组的 TS 产气率和原料转化率分别为 0. 1065L/g 和 35. 51%，B 组的 TS 产气率和原料转化率分别为 0. 1748L/g 和 58. 25%，C 组的 TS 产气率和原料转化率分别为 0. 1348L/g 和 44. 93%。从表 3-9 进一步分析出 0. 25V 的电压值是奶牛粪便在厌氧发酵过程中的理想电化学条件指标。

（2）不同电压值对沼气质量的影响

沼气质量一直是固体废物资源能源化的一个重要课题，一般农村固废厌氧发酵所产生的沼气中，甲烷的含量基本维持在 60% 左右，而在奶牛粪便厌氧发酵过程通过加电压的方式对发酵过程进行调控，不仅提高了沼气产量，同时也提高了沼气中甲烷的含量。如图 3-65 所示，三组的 CH_4 含量均保持在 0. 7（沼气单位以 1 计）以上，A 组的 CH_4 含量随着发酵时间的波动比较大；B 组 CH_4 含量总体保持在 0.75 以上，其波动不大；C 组 CH_4 含量总体也在 0.75 ~ 0.80，波动较为明显，也就是说，电化学条件对原料厌氧发酵的沼气质量有较大的影响，且电压值越大，CH_4 含量就越高。出现上述现象的原因可能是电极的直接作用或者是电极促进了产甲烷菌的繁殖，使系统内部的 H_2 和 CO_2 可以部分转化为 CH_4，从而提高了沼气的质量。

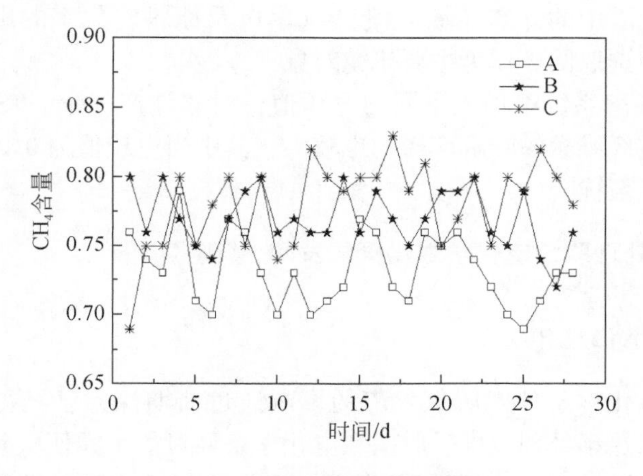

图 3-65　CH_4 含量变化规律

（3）不同电压值对木质纤维素降解率的影响

纤维素的降解率见图 3-66（a），A 组的降解率为 37.51%，B 组的降解率为 53.25%，C 组的降解率为 44.93%；木质素的降解率见图 3-66（b），A 组的降解率为 32.02%，B 组的降解率为 50.80%，C 组的降解率为 45.14%。由此可知，电化学条件对奶牛粪便中木质纤维素的降解起到了积极的作用，且 0.25V 电压值是最佳

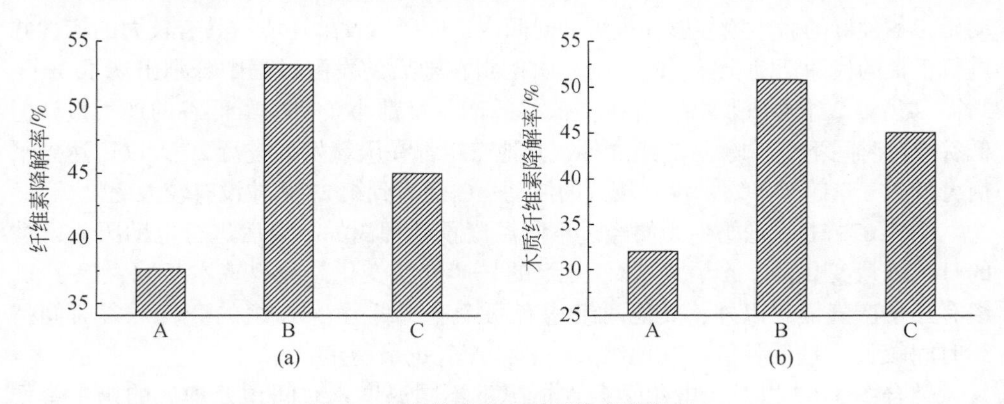

图 3-66　纤维素和木质纤维素降解率

选择，说明若电压值太低，对微生物的影响作用不大，而电压值为 0.5V 时，可能抑制了部分微生物的活动以及酶的活性，使得原料转化率比 0.25V 条件下低。

综上所述，电化学条件对牛粪厌氧发酵的影响已经得到肯定。

（1）电化学条件的加入对牛粪厌氧发酵的影响很大，对比空白组的日产气量、TS 产气率以及原料转化率，加电压组都表现出了更好的优势；

（2）对比阳、阴两个电极对奶牛粪便厌氧发酵过程中的各个指标，发现阴极对后续厌氧发酵中的日产气量、TS 产气率以及原料转化率的影响更大，所以在后续的研究中选取阴极作为主要研究对象；

（3）厌氧发酵系统中加入不同的电压值，对累计产气量、TS 产气率、原料转化率以及木质纤维素的降解率影响也较大，其中当电压值为 0.25V 时，各种厌氧发酵特性指标最优。

3.4.5 水热预处理联合电化学强化厌氧发酵

1. 产气量变化规律

预处理和电化学条件对厌氧发酵的影响通过前期探索已经得到了肯定的答复，该试验就水热预处理温度、时间和电化学条件对奶牛粪便厌氧发酵的影响进行了综合研究。图 3-67 是对不同温度、时间预处理后的原料进行电助厌氧发酵的日产气量图，图 3-67（a）是奶牛粪便经过不同温度预处理 10min 以后进行厌氧发酵的日产气量变化图，A、B、C 和 D 分别代表 50℃、100℃、150℃和 200℃的预处理温度。由图可以看出，各组的产气变化趋势基本相同，且有别于常规的中温厌氧发酵日产气量的变化趋势，四组的日产气量在前五天均达到最大值，且能在三天或三天以上保持较高的日产气量，之后产气趋势开始下降，这可能是因为厌氧发酵的接种物是在中温条件下以奶牛粪便为接种物进行扩培的，当厌氧发酵开始启动后，各种群的微生物能够在很短的时间内适应厌氧发酵环境，具有较大的活性并进行正常的代谢活动，A_1、B_1、C_1、D_1 四组在随后的发酵过程中分别出现了 3 个、3 个、4 个、2 个产气低谷，且每个低谷的产气量都小于前一个低谷的产气量，但低谷维持时间不长，除去 C_1 组之外，其他三组都在厌氧发酵进行 20 天以后达到平衡，日产气量趋于平缓，没有较大的波动，C_1 组直到第 27 天才没有较大变化。

图 3-67（b）是奶牛粪便经过不同温度预处理 30min 以后进行电助厌氧发酵的日产气量变化图，A_2、B_2、C_2 三组的日产气量变化趋势也基本相同，除了 B_2 组有三个产气低谷以外，其他两组均有两个产气低谷，D_2 组的产气低谷时间持续时间较长，且低谷值较其他组大，总体产气量最稳定。

结合图 3-67 以及无电化学条件情况下不同温度、时间预处理后的奶牛粪便厌氧发酵的日产气量可知，电化学条件对奶牛粪便厌氧发酵日产气量影响较大，使得厌氧发酵过程中的产气高峰区域持续较长时间，而在低谷出现后很快又能恢复产气，总的日产气量趋势比较平稳。

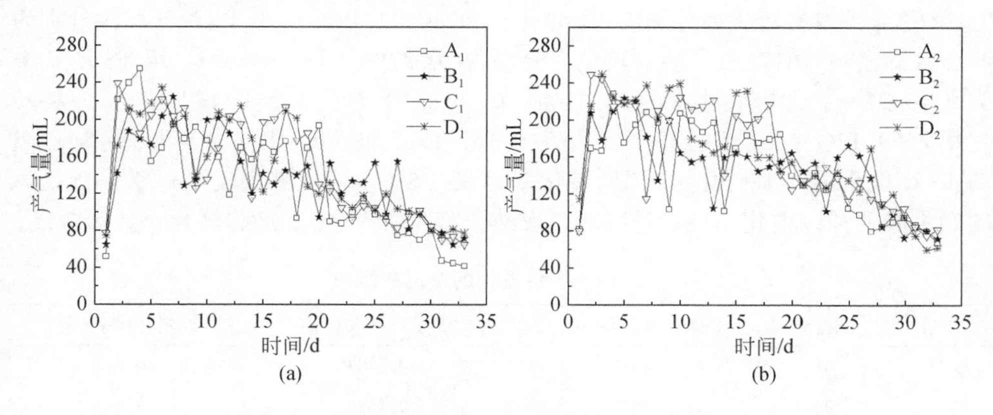

图3-67　厌氧发酵产气量

图3-68是各组累计产气量的统计，其中图3-68（a）是奶牛粪便在不同温度情况下预处理10min后进行电助中温厌氧发酵的累计产气量，A_1、B_1、C_1、D_1四组的累计产气量分别为4447mL、4533mL、4807mL、4867mL，随着水热预处理温度的增加，四组的累计产气量逐渐增加，说明水热预处理的温度对奶牛粪便厌氧发酵的影响较大；同时对比无电化学条件加入的水热预处理各组，累计产气量明显增加，说明在厌氧发酵过程中起到了积极的作用。

图3-68（b）是奶牛粪便在不同温度情况下预处理30min后进行电助中温厌氧发酵的累计产气量，A_2、B_2、C_2、D_2四组的累计产气量分别为4847mL、4850mL、5321mL、5423mL，对比A_1、B_1、C_1和D_1组，该系列试验累计产气量都高于平行试验组，说明预处理时间越长，原料中木质纤维素氢键断裂的更多，同时受到电化学条件的影响，使得累计产气量增加。

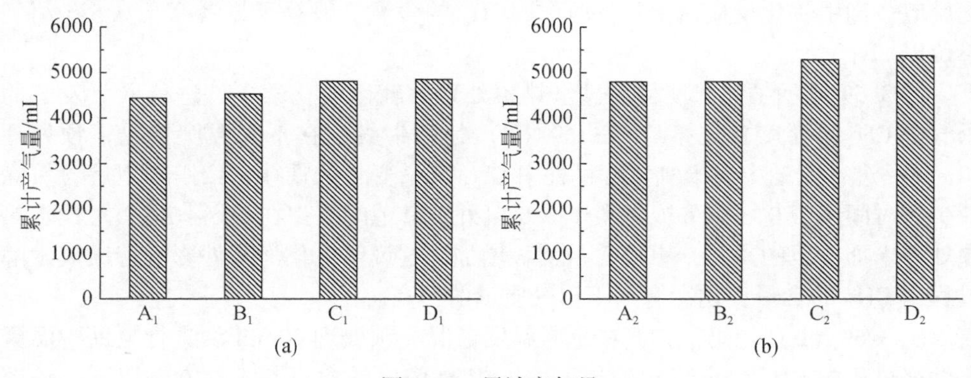

图3-68　累计产气量

表 3-10 是根据累计产气量计算出的奶牛粪便在水热预处理后辅以电化学条件进行厌氧发酵的产沼气潜力，其中 A_1、A_2 组的 TS 产气率分别为 0.1482L/g、0.1616L/g，原料转化率分别为 49.41%、53.86%；B_1、B_2组 TS 产气率为分别为 0.1511L/g、0.1617L/g，原料转化率分别为 50.37%、53.89%；C_1 组 TS 产气率为 0.1602L/g，原料转化率为 53.41%，C_2 组的 TS 产气率为 0.1774L/g，原料转化率为 59.12%；D_1 组的 TS 产气率为 0.1622L/g，原料转化率为 54.08%，D_2 组的 TS 产气率为 0.1811L/g，原料转化率为 60.36%。可以看出，经过水热预处理的奶牛粪便辅以电化学条件进行厌氧发酵，其 TS 产气率和原料转化率显著提高。

表 3-10　奶牛粪便的产沼气潜力

项目	试验组	累计产气量/mL	TS 产气率/(L/g)	原料转化率/%
A	A_1	4447	0.1482	49.41
	A_2	4847	0.1616	53.86
B	B_1	4533	0.1511	50.37
	B_2	4850	0.1617	53.89
C	C_1	4807	0.1602	53.41
	C_2	5321	0.1774	59.12
D	D_1	4867	0.1622	54.08
	D_2	5423	0.1811	60.36

注：以每克奶牛粪便的干物质理论产沼气 0.3L 计算转化率。

2. 沼气质量

综合水热预处理和电化学条件，其对奶牛粪便厌氧发酵的产气量和原料转化率等的影响是显著的。在产气量提高的同时，沼气质量也是一个重要的考核指标，根据 CH_4 的含量可以判断厌氧发酵反应过程中占优势的是酸化反应还是甲烷化反应，当甲烷化反应占优势的时候，CH_4 的含量一般等于或者高于 0.5（沼气单位以 1 计）。

图 3-69 显示了几个项目经过水热预处理后辅以电化学条件进行厌氧发酵的沼气中 CH_4 含量变化规律，图 3-69（a）是奶牛粪便在不同温度情况下预处理 10min 后进行电助中温厌氧发酵过程中 CH_4 含量变化的规律，四组的甲烷含量除了少数时间小于 0.6 以外或者大于 0.8 以外，其他时段都在 0.6～0.8，对比水热预处理未加电压的试验，甲烷含量明显增加，这说明电化学条件影响着厌氧发酵过程中 CH_4 的含量变化，有助于沼气质量的提高。

图 3-69（b）是奶牛粪便在不同温度情况下预处理 30min 后进行电助中温厌氧发酵过程中 CH_4 含量变化的规律，四组的 CH_4 的含量基本在 0.8 以下，该图

中四组的 CH_4 含量明显要低于图 3-69（a）中四组的 CH_4 含量，这可能主要取决于水热预处理时间。

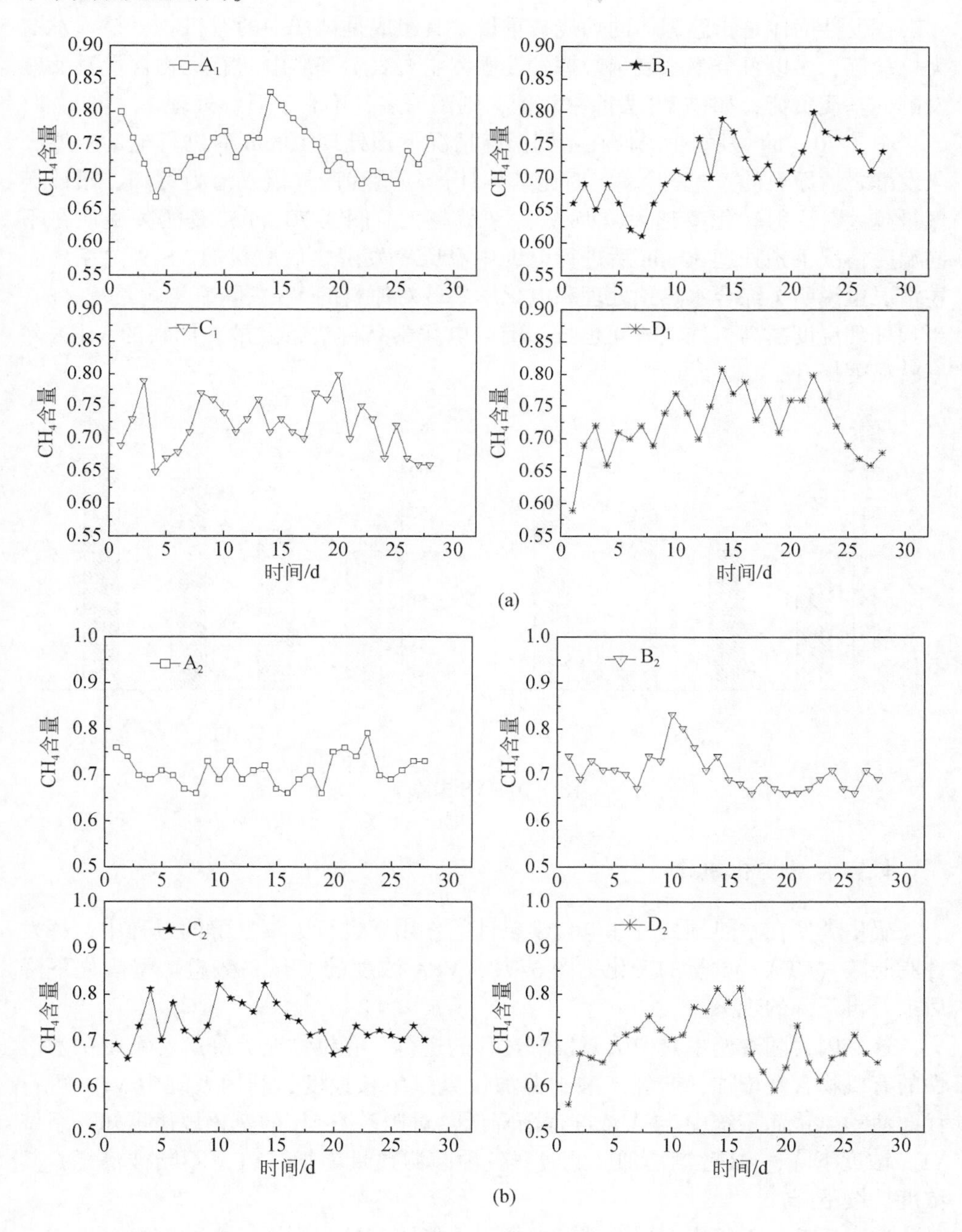

(a)

(b)

图 3-69　CH_4 含量变化

3. VS 去除率

挥发性固体是指总固体的灼烧减重量，其组成是试样中的有机物、易挥发的无机盐等，多以百分率来表示。挥发性固体主要表示基质中的有机物含量及反应发酵的基质负荷，如果 VS 去除率较低，则沼渣多，不利于后续处理。

图 3-70（a）是奶牛粪便在不同温度情况下预处理 10min 后进行电助中温厌氧发酵之后原料的 VS 去除率，对比其累计产气量和产气沼气潜力可知，累计产气量越大，原料转化率越大，VS 去除率就越大。图 3-70（b）是奶牛粪便在不同温度情况下预处理 30min 后进行电助中温厌氧发酵之后原料的 VS 去除率。上述情况也说明了综合水热预处理和电化学条件对原料的 VS 去除率影响是较大的，当预处理温度越高，处理时间越长，辅以电化学条件进行发酵，原料的 VS 去除率就显著提升。

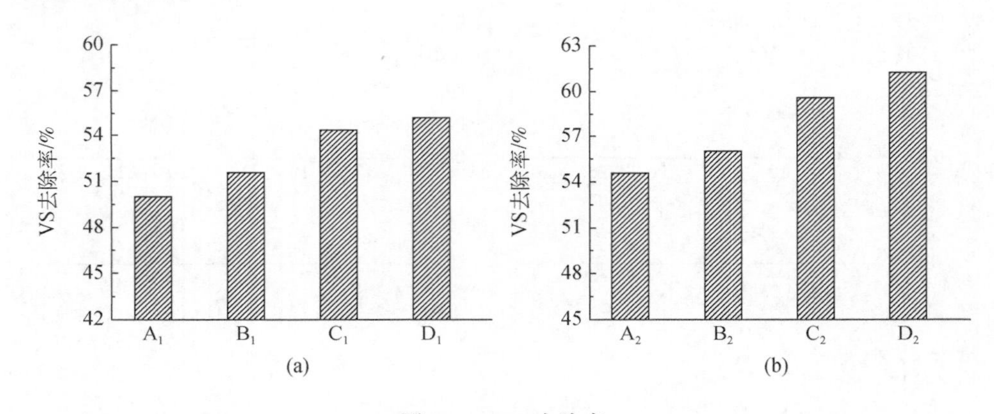

图 3-70　VS 去除率

4. VFA 的变化规律

奶牛粪便在水热预处理和电化学条件的作用下进行厌氧发酵的过程中，挥发性脂肪酸（VFA）含量的变化见图 3-71，VFA 浓度的变化趋势整体呈现先下降后上升再下降的现象。

这是因为随着奶牛粪便厌氧发酵过程的进行，有机物充分降解，系统中水溶性的有机物含量增加，产氢产酸细菌加快繁殖生长速度，利用系统中 VFA 进行代谢活动，从而系统中 VFA 浓度逐渐降低，对比系统 pH 的变化规律可知，系统 VFA 浓度下降，pH 逐渐增加，此时，各种菌群数量增加，VFA 不断被消耗，其浓度持续下降。

反应后期，系统中产甲烷菌活性较强，能够有效利用系统中的有机酸生成甲

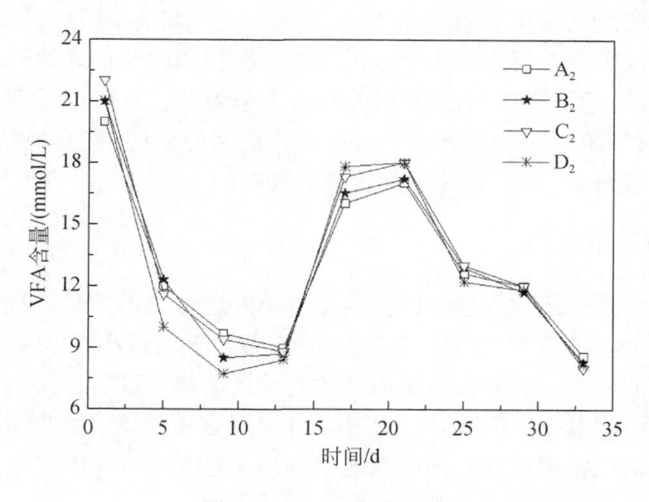

图 3-71　VFA 变化规律

烷，又因为氨化作用，蛋白质等物质分解产生了氨，氨是缓冲剂，能够调节系统中的 pH，使得系统中的 pH 上升。

5. pH 变化规律

几个试验组经过水热预处理后辅以电化学条件进行厌氧发酵过程中 pH 变化规律见图 3-72，可以看出，试验初期到中期，pH 基本保持在 7.1～7.5，少数时间处于反常状态，但是系统本身都能够调节，基本不影响各种微生物群的代谢活动。随着发酵反应的进行，pH 在发酵进行后第 17 天左右开始下降，到第 22 天左右低于 7 并继续下降，下降的最低值为 6.5，发酵进行到第 26 天时，pH 开始急剧回升，之后系统一直保持在 7.5 左右，不超过 7.6。原料在发酵过程的日产

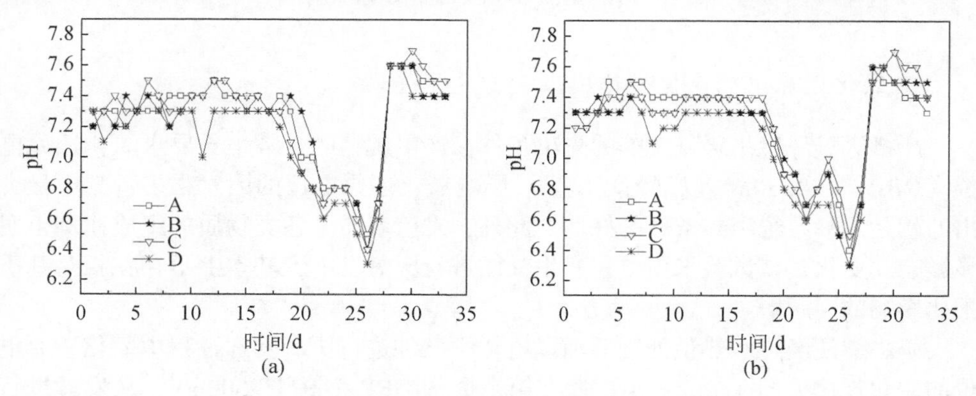

图 3-72　pH 变化规律

气量的高峰期均出现在发酵周期前 20 天左右，这可能是因为试验采用的接种物是中温条件下以奶牛粪便为基质进行扩培的，在初期就能很好地适应环境并进行正常的代谢活动，所以前期的脂肪酸并没有大量累积，发酵中后期，脂肪酸大量累积，造成 pH 下降，发酵后期 pH 上升可能是因为系统中的含氮有机物开始分解，且氨氮含量增加，此时 pH 下降趋势受到抑制。

6. 电导率变化规律

奶牛粪便经过水热预处理后辅以电化学条件进行厌氧发酵过程中电导率的变化规律见图 3-73。在发酵初期，各试验组的电导率值逐渐由大变小，过程较平缓，没有很大的起伏，说明在系统内部的离子逐渐趋于稳定，而当试验进行到第 20 天左右，8 组的电导率值都开始上升，且上升幅度较大，此时系统中的 pH 同样也是由最低值大幅度增加，说明系统中的离子性质由于 pH 变化而产生了较大的变化，使得系统中电导率上升。

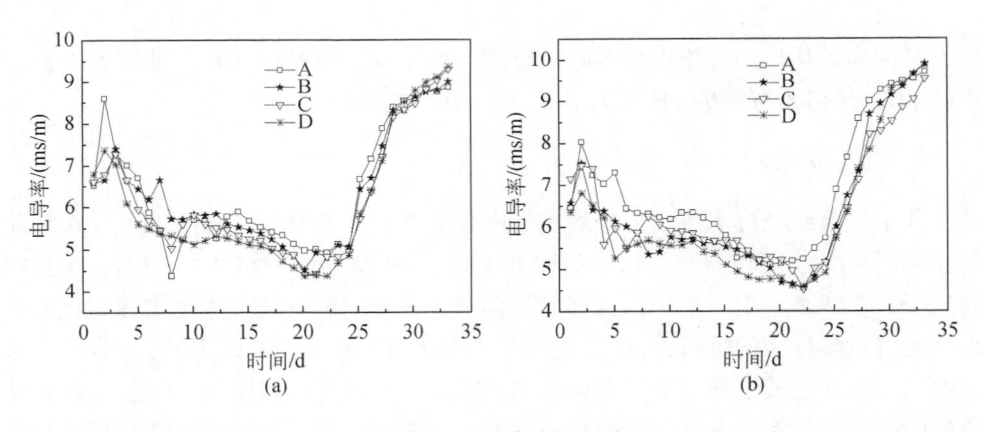

图 3-73 电导率变化规律

7. 氧化还原电位变化规律

严格厌氧环境是厌氧发酵的先决条件，产甲烷菌的正常生长要求氧化还原电位（ORP）在−330mV 以下的环境里。影响氧化还原电位的因素很多，其中最突出的就是发酵系统密封条件的好坏。此外，发酵基质中各类物质的组成比例也明显影响其变化，该试验采用单一奶牛粪便进行厌氧发酵，基本上不存在相对基质配比影响的问题。

奶牛粪便经过水热预处理后辅以电化学条件进行厌氧发酵过程中氧化还原电位的变化规律见图 3-74，8 组试验在第 1 天的 ORP 都高于−300mV，从发酵进行第 2 天开始，所有时间段氧化还原电位值都保持在−310mV 以下，且氧化还原电位值基本保持在-310～-330mV，只有少数值低于-330mV，其原因在于每天取样可能带入极少部分氧气导致氧化还原电位升高，并呈现折线变化趋势，表明厌氧发酵系统内部能够自我调节厌氧还原电位，使之保持在正常的厌氧范围之内。

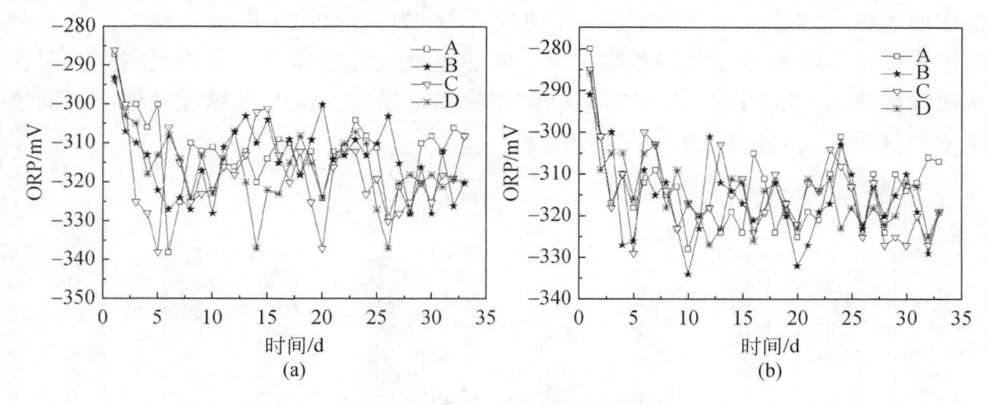

图3-74　氧化还原电位变化规律

8. 木质纤维素降解

木质纤维素的有效降解是本研究的重要目标之一。原料进行水热预处理之后进行电助发酵，发酵之后对比各组的木质纤维素降解率。图3-75是经过水热预处理10min以后辅以电化学条件进行厌氧发酵后纤维素及木质纤维素的降解率，其中图3-75（a）是纤维素降解率，其中A_1、B_1、C_1、D_1四组的纤维素降解率值分别为37.83%、45.10%、39.32%、47.26%；图3-75（b）是木质素的降解率，其值分别为37.90%、45.29%、39.91%、47.93%。除了C组以外，A、B、C三组的木质纤维素降解率均随着温度的升高而增加，对比无电压组，其木质纤维素的降解率明显增加，说明电化学条件的加入对原料的木质纤维素降解是有利的。

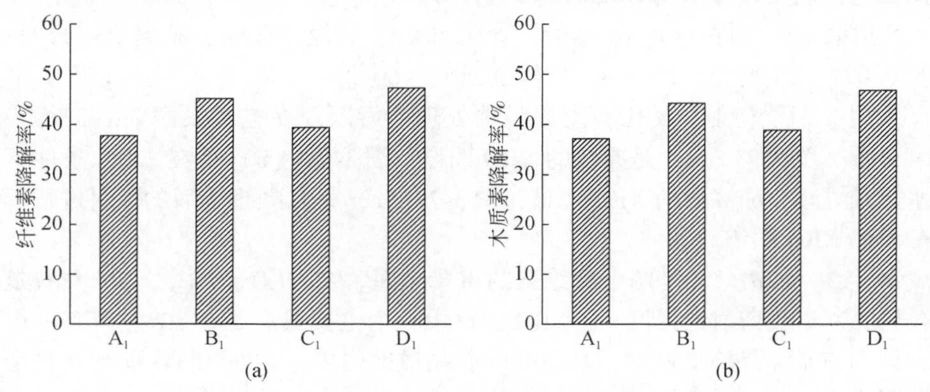

图3-75　纤维素（a）和木质纤维素降解率（b）

图 3-76 是经过水热预处理 30min 以后辅以电化学条件进行厌氧发酵后纤维素及木质纤维素的降解率，其中图 3-76（a）是纤维素降解率，其中 A_2、B_2、C_2、D_2 四组的纤维素降解率值分别为 46. 95%、49. 73%、54. 99%、56. 60%；图 3-76（b）是木质素的降解率，其值分别为 49. 18%、49. 82%、52. 50%、57. 32%。该系列的木质纤维素降解率变化趋势很明显，水热预处理温度越高，其值就越大，对比水热预处理 10min 组的木质纤维素降解率有显著增加，说明水热预处理的时间也是木质纤维素有效降解的一个关键因素。

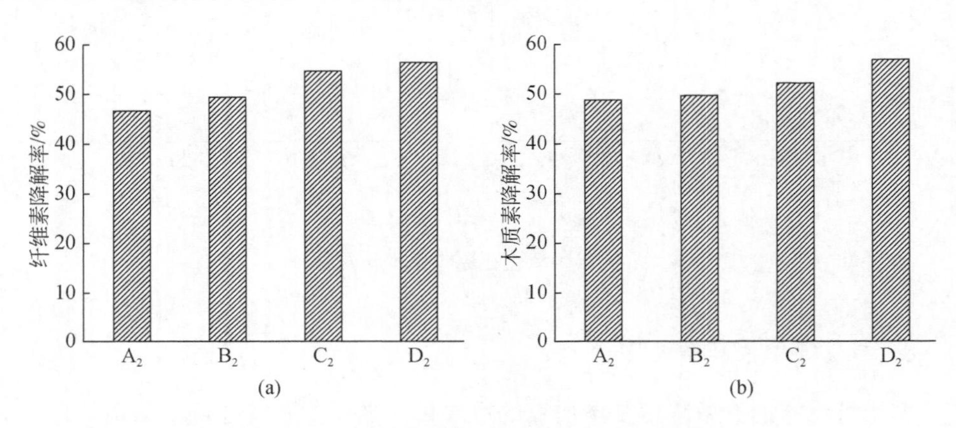

图 3-76 纤维素（a）和木质纤维素降解率（b）

9. 分析测试结果分析

(1) 木质纤维素结晶度分析

纤维素的结晶度测定的方法有很多种，主要有 FITR、XRD、反相色谱法、密度法、核磁共振法以及 DSC 等方法，本试验采用 XRD 对奶牛粪便中纤维素的结晶度进行测定，并采用 Origin 软件进行分析。

X 射线衍射条件：Cu Kα 辐射，管压 40kV，管流 200mA，狭缝 DS＝SS＝1°，步长 0. 02°，扫描速度 8°/min，扫描范围 5°～60°。

采用 X 射线衍射（XRD）对原料预处理前后以及在电助发酵前后进行了结晶度分析。图 3-77（a）是原料的 XRD 图谱，图 3-77（b）是在 200℃条件下进行水热预处理 30min 后的 XRD 图谱，图 3-77（c）是预处理之后的原料进行厌氧发酵后的 XRD 图谱。

$2\theta=22°$ 和 $2\theta=35°$ 是两个纤维素的重要晶面。在 XRD 谱图中，20°左右是峰顶位置，X 射线衍射的强度高，XRD 图谱中一个主要特点是在 30°左右有一个辅峰，认为它是非晶峰的峰顶，其高度即非晶散射强度，而 20°的峰顶则是整个谱的总强度。

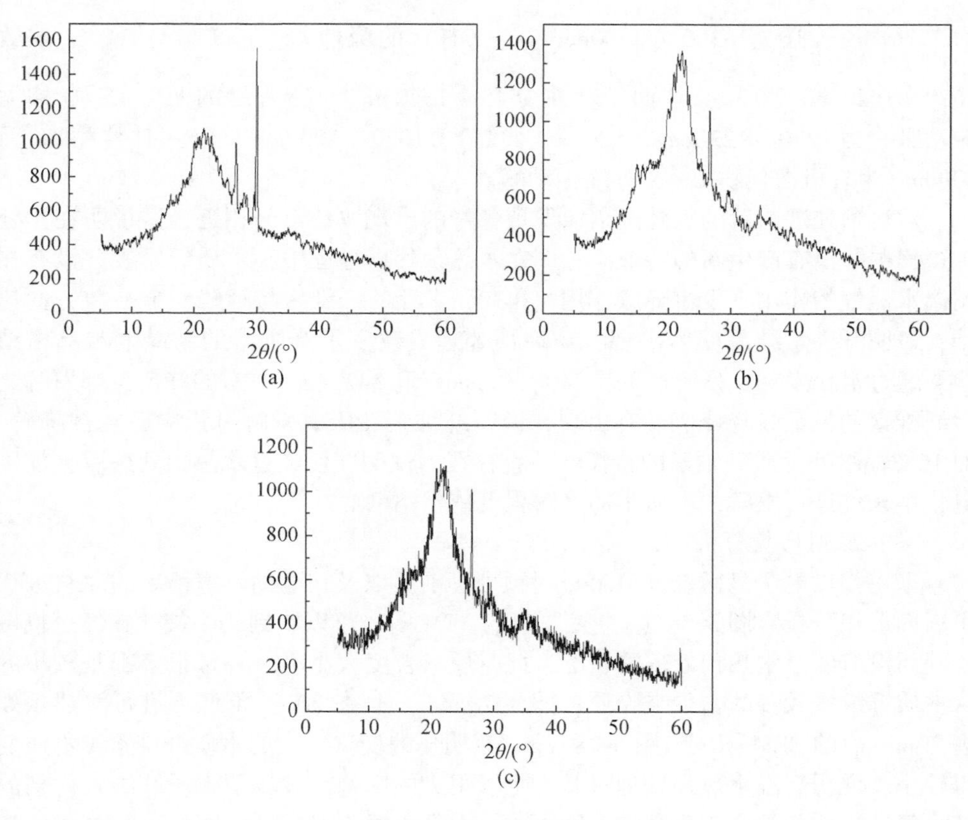

图 3-77　XRD 图谱

通过 Turley 法计算原料在各个阶段的结晶度，图 3-77 中三个结晶度分别为 10. 55%（0. 19%）、11. 18%（0. 29%）、5. 94%（0. 41%），可知原料经过水热预处理后，其结晶度升高，这与前人通过蒸气爆破法预处理木质纤维素原料得到的纤维素的结晶度增大的结果相同，而经过电助厌氧发酵以后，原料的结晶度降低程度比较大，说明在木质纤维素的降解程度也较大。

（2）红外图谱分析

各阶段的奶牛粪便的红外图谱的扫描范围为 4000～500cm^{-1}，奶牛粪便中的木质纤维素主要是碳氢化合物，3300～3900cm^{-1}、3000～2750cm^{-1} 和 1160cm^{-1} 处的吸收峰分别代表纤维素分子中—OH 键伸缩振动、—CH 键伸缩振动和 C—O—C 不对称伸缩振动，它们是纤维素Ⅰ和纤维素Ⅱ共有的特征吸收峰，895cm^{-1} 处为 β-D 葡萄糖苷键的特征吸收峰。1509cm^{-1} 和 1633cm^{-1} 则是木质纤维素的特征峰，1735cm^{-1} 处则为半纤维素的特征吸收峰。亚甲基—CH_2—的反对称伸缩振动波数

为 $2926cm^{-1}$，还有 $3300 \sim 3900cm^{-1}$（—OH）的吸收峰，$\rangle C=C \langle$，波数 $1680 \sim 1620cm^{-1}$，C—H 弯曲振动在 $1645 \sim 1340cm^{-1}$，芳香醚的两个 C—O 伸缩振动吸收为 $1270 \sim 1230cm^{-1}$（Ar—O 伸缩）、$1050 \sim 1000cm^{-1}$（R—O 伸缩），而 $500cm^{-1}$ 为有机卤代物 C—X 伸缩振动峰。

对比预处理前后的红外图谱，发现各峰的出现波数十分相近，这说明在预处理过程中并没有产生新的特征峰，即在水热预处理过程中，木质纤维素并没有在高温水蒸气的作用下发生降解作用，$1430cm^{-1}$ 处的纤维素特征峰向低波数方向移动，表明纤维素结晶变体出现，物理预处理只改变了纤维素的结晶度和晶格结构。通过对比发现，发酵后的沼渣无 $2925cm^{-1}$ 和 $3422cm^{-1}$ 左右的峰值，即发酵之后纤维素的特征吸收峰值没有出现，说明纤维素在厌氧发酵过程中已经被降解，而 $1633cm^{-1}$ 处木质纤维素的特征峰一直存在，说明即使经过水热预处理后，辅以电化学条件进行发酵，木质素的降解程度依然不彻底。

（3）原料形貌分析

采用扫描电子显微镜（SEM）对预处理前后以及在电助发酵前后的原料进行了表面形貌分析。图 3-78（a）是原料的 SEM 图，可以看到奶牛粪便在经过机械粉碎而没有经过水热预处理的状况，此时原料粒度大小不一，且很多都是较小的含木质纤维素较多的秸秆类物质；图 3-78（b）是在 200℃ 条件下进行水热预处理 30min 后的 SEM 图，较图 3-78（a）有明显的变化，大的木质纤维素类物质变得较小，说明高温水热预处理对其产生了很大的影响，破坏了木质纤维素内部的部分氢键，使其结合不再紧密；图 3-78（c）是预处理之后的原料进行厌氧发酵后的 SEM 图，该图中颗粒较前两个图小，且颗粒大小均匀，说明电助厌氧发酵对原料中的木质纤维素的降解用作是明显的，使得大分子木质纤维素被微生物硝化降解或者趋向于纳米级木质纤维素分子变化。

(a)

(b)

(c)

图 3-78　SEM 图

3.4.6　电化学强化厌氧发酵机理

纤维素分子内或相邻分子上含氧基团之间形成分子内和分子链之间的氢键，这些氢键使得很多纤维素分子共同组成结晶结构，并进而组成复杂的基元纤维、微纤维、结晶区和无定形区等纤维素聚合物的超分子结构。在纤维素的合成过程中，聚合过程和结晶过程是同时进行的，所以推测纤维素的微生物降解过程也包含两个过程：结晶度的破坏与纤维素聚合物单链的水解。据报道，纤维素酶失活、产物的抑制、纤维素结构的改变（如结晶度、聚合度 DP、表面的变化等）都是纤维素酶解过程的限制性因素。

木质素的单元结构之间多为醚键或 C—C 键，其降解过程与一般的生物多聚糖微生物降解酶催化反应不同，而是一系列酶催化和非酶催化的非特异性氧化还原过程。已经有许多研究证实，木质素不能作为微生物唯一的碳源，其降解总是发生在次生代谢过程中，微生物降解木质素的酶类合成需要水解其他碳水化合物提供能量。

采用电化学条件辅助微生物进行厌氧发酵，猜测在电助厌氧发酵系统中，木质纤维降解可能的机理主要有以下几个方面：

（1）电化学条件的存在促进了微生物的生长代谢以及增殖。电化学条件的作用可能主要是电场利用电化学过程产生一些活性物质，而这些活性物质能够促进微生物的生长代谢以及其他的生理活动，王耀发等研究结果表明，应用小幅值交变电化学（$E<10\mathrm{mV/cm^2}$）可以影响细胞的代谢过程、细胞的基因表达、细胞增殖、酶活力、膜转移和细胞膜的通透性，影响细胞内的自由基反应和生物高分子的合成。也有研究表明，阴极附近产生氢气使生物膜的厌氧环境更明显，有利于硝化细菌的生长；此外，直流电极可以利用电泳现象吸附离子配合物，可以将系统中有害代谢产物及时去除，以维持微生物生长的良好环境，使微生物在较长时间里保持活性稳定。

（2）电化学条件的存在会激活或者增强降解木质纤维素的酶的活性。电助厌氧发酵体系是一个复杂的多酶系统。而有研究表明当微生物处于特定电场中，可能产生电催化作用，激活或增强某些酶的活性，从而促进酶的生物活性反应，提高微生物的废物处理能力。在该系统中，电化学条件的存在可能激发了微生物产生降解纤维素、半纤维素以及木质素的酶类，从而提高其降解率，从而导致系统中的日产气量变化趋势和传统厌氧发酵趋势不同，累计产气量增加。

（3）电助发酵系统中绝大多数的粒子都是带电的，微生物在发酵系统中带正电，电化学条件的存在使得厌氧发酵系统内部的微小粒子加快了运动速度，这种运动可能是有序的也可能是无序的，但是这种运动速度的加快使得微生物能快速找到“目标物质”进行吸附，从而进行厌氧硝化作用。难生物降解的物质在电极上经电化学作用转化为生物可利用的中间产物，这些中间产物难以进一步电解氧化，但是可直接被微生物利用，作为碳源或能源，实现废物的去除。

从微生物化学反应角度来分析，微生物厌氧发酵过程是一个酶催化降解过程，而电子的迁移转化是酶催化是降解过程中一个必然的条件，所以在厌氧发酵过程中电化学条件的加入可能打乱系统原有的电子传递体系，同时协同微生物对系统中的废物进行有效降解。

3.4.7 结论与建议

目前很多学者致力于农村固体废物厌氧发酵的研究，但是在国内的户用沼气和大中型沼气的产气率并没有得到提升，多数都存在产气少、产气不稳定、木质纤维素降解率低、沼渣多等问题。本研究通过加入电化学条件这一方法使得厌氧发酵过程沼气产量以及质量有所增加，并提高了奶牛粪便中木质纤维素的降解率。将电场与生物处理结合，可充分发挥各自的长处，实现互补和增强。这两种结合不仅在水处理领域有突出贡献，在固体废物资源化处理处置领域也具有巨大潜力和应用前景。

（1）机械粉碎对奶牛粪便后续厌氧发酵过程的影响明显，粒度较小的奶牛粪便在厌氧发酵过程中，其累计产气量、TS 产气率以及原料转化率都有明显的提高，其原因是在机械粉碎的过程中，原料的粒度变小，表面积变大，在厌氧发酵过程中，微生物更容易附着在原料的表面进行降解作用，少部分大分子的木质纤维素内部分子间氢键以及分子内氢键部分断裂，在厌氧发酵过程中，微生物更容易接近被木质素包裹的纤维素进行降解，最终提高了原料的产气量、TS 产气率以及原料转化率。

（2）水热预处理的温度和时间对后续厌氧发酵过程的各个指标的影响是明显的，经过 150℃和 200℃温度处理后的奶牛粪便在厌氧发酵过程中的累计产气量、TS 产气率以及原料转化率明显高于 50℃组，说明在水热预处理过程中，纤维素发生了一定程度的机械断裂，水蒸气加剧了纤维素内部氢键的破坏和有序结构的变化，游离出新的羟基，增加了纤维素的吸附能力，也促进了半纤维素的水解和木质素的转化，从而使得经过水热预处理后的奶牛粪便表现出好的产气能力及原料转化能力；但是厌氧发酵过程产生的沼气中 CH_4 含量值在 50 ~ 150℃是增大的，在 150 ~ 200℃是降低的，说明水热预处理的温度过高会影响后续厌氧发酵沼气质量，所以 150℃为水热预处理的最佳温度。

水热预处理的时间采用 10min 和 30min 两组，预处理时间为 30min 的试验组在气量、TS 产气率、原料转化率等方面都优于水热与处理时间为 10min 的试验组，说明随着预处理时间的增加，木质纤维素内更多的氢键断裂，木质素的软化程度更为显著，且少量的半纤维素已经降解。

（3）电化学条件的加入对奶牛粪便厌氧发酵的产气量和 CH_4 含量影响显著。首先是日产气量的产气值变化显著，对于加入电源正极的厌氧发酵系统，其日产气量的高峰值对比空白组的日产气量高峰值明显低很多，但是其他时段的日产气量较空白组平稳，最终的累计产气量比空白组略高；对于加入电源负极的厌氧发酵系统，其日产气量出现了多个产气高峰值，且有产气低谷出现，但是很快就能恢复，且累计产气量比其他两组显著增高，且 CH_4 含量保持在75%以上，说明电化学条件的加入使得厌氧发酵系统内微生物的代谢以及电子的转移传递都有显著的改善。

（4）联合水热预处理技术和电化学条件进行厌氧发酵的产气特性要比单独采用水热预处理或电化学条件好很多。首先是产气趋势的变化，日产气量的高峰值比对采用水热预处理时的日产气量高峰值低，且存在产气低谷期，但是其高峰期持续时间较长，且总体产气平稳；其次，对比单独采用水热预处理或电化学条件，联合法的累计产气量、TS产气率以及原料转化率增大；第三，经过150℃预处理后的原料进行厌氧发酵所产生的沼气中 CH_4 含量明显高于前三组试验中 CH_4 含量，且其变化趋势和水热预处理后进行厌氧发酵过程产生沼气质量的变化趋势一致，即经过150℃预处理的原料电助发酵产生的沼气质量最好。

近年来，虽然在木质纤维素原料厌氧生物降解的研究领域取得了一定的进展，但是距实现此类原料规模化厌氧生物处理的要求还有一定的差距。为了实现木质纤维素类物质的有效降解，作者认为还需在以下几个方面开展深入的分析和研究：

（1）低成本预处理技术的研究。科研人员在试验室的小试或中试中采用的预处理技术难以实现工程化应用，其主要原因除了一些技术操作较复杂外，还有经济上原因。鉴于木质纤维素原料的特点，预处理技术应着眼于工程应用，开展多种处理方法综合利用的预处理技术的研究。

（2）电助厌氧发酵系统中不同菌种之间的协同作用以及电化学条件对微生物的作用研究。电助厌氧发酵体系中微生物种群较多，应深入研究不同菌种之间的协同作用，弄清菌株与菌株之间的关系及其在降解发酵过程中的作用；利用分子生物学手段弄清混合菌株在木质纤维素降解过程中微生物群落的变化；为混合菌株的选育、优化提供有利条件。

（3）电助发酵系统的水力停留时间、电场作用方式、有机负荷等均会影响体系的效率，但目前对这些因素的研究报道不是很多，其具体的影响作用和规律仍未弄清楚，在以后的工作中应该加以研究。

（4）木质纤维素厌氧降解机理研究。到目前为止，木质纤维素厌氧降解的机理研究已经很深入，但是并没有得到很准确的降解机理的解释，建议今后的研究重点放在纤维素的超分子结构变化和氢键的断裂上，生物体系中涉及能量产生的氧化还原作用，都是由电子链传递来进行的，由 NADH 到分子氧经过多个电子传递体，逐步传递电子，应该是共同的规律，但是，目前尚未把这种认识应用在木质纤维素厌氧降解的研究中，建议今后其降解机理的研究可从电子链的传递入手。木质纤维素降解机理是目前研究的一大难题，但是催化反应的本质在于电子传递，考察电子传递在外电场中的动力学行为、电子在给–受体之间传递的动力学行为以及纤维素降解体系中长程电子的转移机理，有助于进一步探明微生物新陈代谢过程中氧化还原反应的微观机制。通过对以前研究的总结，建议通过其厌氧发酵过程中氧化还原电位的变化、结构变化、键断裂以及中间体形成等研究构建木质纤维素厌氧降解电子转移模型。

3.5　电磁协同强化生物降解奶牛养殖废物

3.5.1　技术概述

随着社会主义新农村的建设不断发展，农村的经济结构也慢慢开始向环保生态经济型转变，农村畜禽散养养殖模式也开始慢慢向集约规模卫生生态型转变，对于畜禽养殖中需要注意的环保卫生生态理念也开始深入人心，对畜禽养殖中产生的养殖废物的收集利用也越来越规范正式。利用厌氧发酵生物处理产沼气技术来对养殖废物进行无害化、减量化和资源化处理，不仅能解决畜禽养殖废物造成的环境污染，同时也能产生清洁能源—沼气，具有环保生态卫生的优点，能带来显著的社会、经济和生态效益。

养殖废物中的奶牛粪便含有大量的矿物质元素以及丰富的有机营养物质，其中含量较多的有粗纤维、粗灰分及无氮浸出物，整个组成主要为有机质 66.2%、粗纤维 32.5%、粗灰分 25.5%，还包括铜、锌、铁、锰、硼、钼等微量金属元素。

奶牛养殖粪便具有以下几个特点：

（1）奶牛粪便属于冷性物质，其纤维素、半纤维素含量较高，不易被分解、降解，一般的接种菌剂难以分解，且分解时间长；

（2）鲜基的含水率高（80%~87%）；

（3）易腐败变质，滋生蚊蝇和蚯蚓等。

因此选择奶牛养殖粪便作为研究对象，对其进行 35℃ 中温厌氧发酵试验，采用向厌氧发酵系统中添加 Fe-C 组合物料并加载外加电场和磁场的方法，探究这些强化因素对奶牛粪便中温厌氧发酵产气量、产气特性以及木质纤维素降解影响，为提高养殖废物厌氧发酵效率提供参考。

3.5.2　Fe-C 对厌氧发酵的影响

1. 厌氧发酵产气量

对 Fe-C 组合辅助奶牛养殖废物厌氧发酵的影响进行了初步探索研究，四组探索试验组的每日产气量和单位累计气体产量分别见图 3-79 和图 3-80。

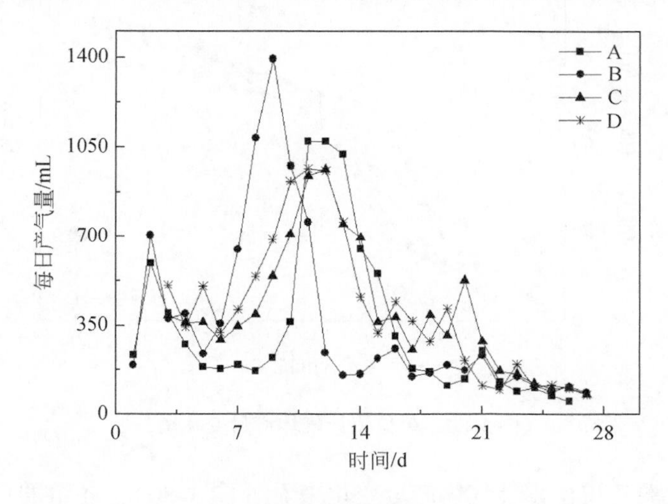

图 3-79　每日产气量变化图

经过四周时间的中温（35℃）厌氧发酵表明，发酵前期，A 和 B 组启动发酵快，发酵第 1 天就有产气发生，而 C 组和 D 组则在发酵第 3 天才明显有气体可收集。因为加入经过三次相同环境系统驯化的沼液，能快速适应同种厌氧发酵系统环境并进行正常繁殖发酵生命活动，同时 Fe 作为厌氧菌种必不可少的微量元素，能够合成和激活多种酶的活性，有利于厌氧系统菌群的生长繁殖。而活性炭作为多孔物质，系统加入活性炭使得菌群适应需要一定时间，延长了系统菌群的发酵适应时间。

发酵进入正常时期后，B、D、C 组都分别先于 A 组进入产气高峰期，其中加 Fe 的 B 组提前 2～3 天，日产气最高量为第 9 天的 1390mL；加活性炭的 C 组则在发酵中后期又出现一次产气小高峰期（第 20 天），加 Fe-C 组合的 D 组在产气高峰期后的第 14～21 天，产气持续保持在 350mL 左右。出现以上情况的原因可能为，一是厌氧微生物生长繁殖时 Fe 能参与合成厌氧微生物，加速了产甲烷菌的生长繁殖，菌群密度增大，使得厌氧系统能快速进入产气高峰期，而后期由于 Fe 的浓度过高，抑制微生物活动；二是前期活性炭吸收了营养物质，在发酵中后期，活性炭将营养物质释放出来，使得系统再次出现产气小高峰；三是 Fe-

C 组合造成的微电解反应会产生更多的铁离子并加快厌氧系统的传质速率，不仅会有利于微生物代谢生长，也会使得微生物酶分泌产量增多，使得养殖废物中的木质纤维素降解率增大，从而使得产气量变大。以上结果表明，加 Fe-C 会有辅助厌氧发酵产气的作用。

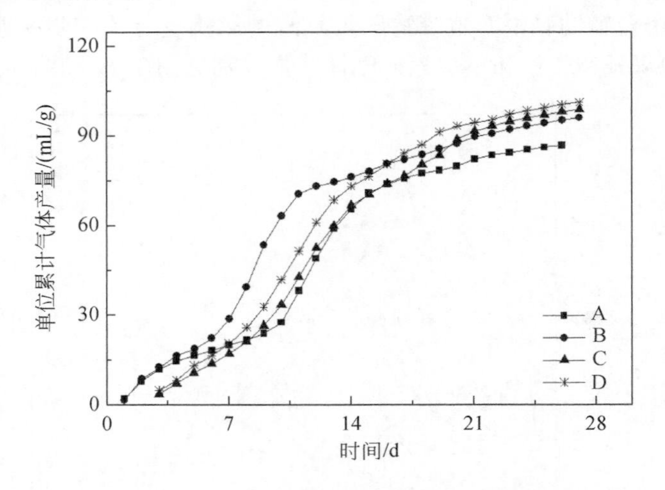

图 3-80　单位累计气体产量变化图

从四组试验的单位累计气体产量变化来看（图 3-80），各组的单位累计气体产量大小顺序为 A 组（87.07mL/g）<B 组（96.45mL/g）<C 组（99.18mL/g）<D 组（101.59mL/g）。结果证明，在产气量角度看，加 Fe-C 组合的厌氧发酵辅助效果比单独加 Fe 和单独加活性炭的效果要好。

由于每克奶牛养殖废物的干物质在 35℃厌氧发酵时理论产沼气为 0.3L，通过表 3-11 可知，四组原料转化率顺序为 A 组（29.02%）<B 组（32.15%）<C 组（33.06%）<D 组（33.86%）。

表 3-11　产气潜力表

试验组	累计产气量/mL	原料转化率/%
A	8707	29.02
B	9645	32.15
C	9918	33.06
D	10159	33.86

注：以每克奶牛养殖废物的干物质在 35℃厌氧发酵时理论产沼气为 0.3L 计算转化率。

由图 3-81 可知，厌氧发酵启动后，I 组（75：150）和 H 组（60：150）的 Fe-C 组合在发酵第 2 天比其他三组领先 1 天进入正常产气期；进入产气高峰期后，产气量最高峰值到来时间排序为I组（第9天）>H组（第10天）>G组（第11天）=F组（第11天）>E组（第12天）。这两种情况说明，随着Fe-C组合Fe的添加量增大，厌氧发酵系统进入正常产气期速度越快，同时也能更快达到产气高峰期。由图3-82可知，厌氧发酵结束后，各组的单位产气量分别为F组（123. 72mL/g）>G组（117. 38mL/g）>H组（117. 13mL/g）>I组（103. 76mL/g）>E组（101. 59mL/g）。

结合图3-81和图3-82分析，从图3-81中可知Fe-C（15∶150）的E组试验组进入产气高峰期慢，但进入厌氧发酵后期产气量也相对较少，从图3-82看E组的单位累计产气量则一直处于末位，最终为101. 59mL/g。Fe-C（30∶150）组合的F试验组在图3-81中虽然进入产气高峰期慢，但是F组保持产气高峰期稍长，且进入厌氧发酵产气后期（发酵第19天之后）后，F试验组相对其他四组持续保持较高产气量；从图3-82可知，发酵第14天后，F组的单位累计产气量就保持在首位，最终达123. 72mL/g。Fe-C（60∶150）组合的H组与45∶150组合的G组在图3-82中，单位累计产气量虽然在发酵前16天上升趋势几乎一致，但是从图3-81可知，H组是因为在产气高峰期时产气量要高于G组，而G组则是由于产气高峰后保持了一段高产气量时间。Fe-C（75∶150）组合的I组在图3-81中率先进入厌氧发酵产气高峰期，其每日产气量也是五组试验组中最高的，达1230mL，但I组产气高峰过了后却随着发酵时间的延伸，每日产气量越来越少；在图3-82可知，I组单位累计产气量在发酵第12天之前一直处于五组首位，发酵第12天之后则产气量减缓成第4位。由上述分析可知，F组Fe-C（30∶150）组合对于提高奶牛养殖废物厌氧发酵产气量效果最佳。

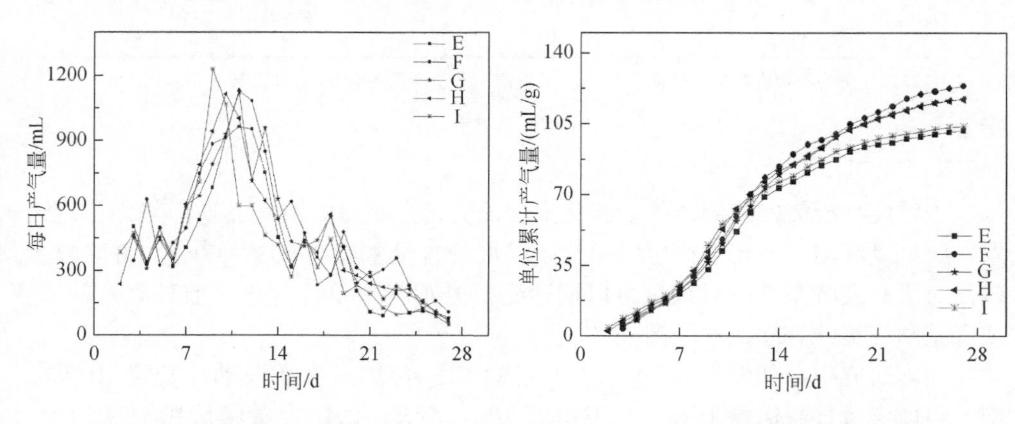

图3-81　每日产气量变化图　　　　图3-82　单位累计产气量变化图

综上所述，在奶牛养殖废物厌氧发酵系统中Fe元素能使发酵系统产气高峰期提前到来，但是只有在一定范围内，随着Fe的含量提升，厌氧发酵的促进作用才越显著。因为 Fe 与活性炭组合加入厌氧发酵系统后，高电位的活性炭和低电位的 Fe 构成无数微型原电池反应。其电化学反应表示为：

阳极（Fe）：$Fe-2e \longrightarrow Fe^{2+}$ (3-1)

阴极（活性炭）：$2H^{+}+2e \longrightarrow H_2$ (3-2)

在厌氧发酵系统中，作为厌氧发酵酶系统中关键酶活性中心和辅酶因子的 Fe 元素溶解越多，便越能促使厌氧发酵相关酶的分泌量以及酶活性增加，从而加快难降解的复杂有机大分子物质分解被厌氧菌群硝化吸收利用。在厌氧发酵水解酸化阶段里，Fe 元素吸收使得厌氧发酵水解产酸菌群利用复杂有机物水解酸化变成小分子可吸收物质速度加快，使得菌群生长繁殖加快，所以每日产气量上升，产气高峰更早到来。但是随着 Fe 含量增加与活性炭的原电池反应变得越迅速，厌氧发酵系统中 Fe 离子含量增多，反而抑制了菌群生长繁殖，所以导致厌氧发酵后期产气变少。

Fe-C 组合筛选试验产气潜力见表 3-12，五组原料转化率为 E 组（33.86%）<I 组（34.587%）<H 组（39.04%）<G 组（39.127%）<F 组（41.24%）。故 F 组 Fe-C（30∶150）组合对于奶牛养殖废物厌氧发酵原料转化效果最佳。

表 3-12 产气潜力表

试验组	累计产气量/mL	原料转化率/%
E	10159	33.86
F	12372	41.24
G	11738	39.127
H	11713	39.04
I	10376	34.587

注：以每克奶牛养殖废物的干物质在35℃厌氧发酵时理论产沼气为0.3L计算转化率。

2. 产气品质

养殖废物厌氧发酵制沼气能源化推广的关键点是提升沼气品质。然而，现今农村厌氧发酵沼气设备中产生的沼气中甲烷的含量基本在50%~60%，许多技术试图对厌氧发酵系统进行调试，以期达到提升沼气中甲烷含量，但是收效甚微，或者是沼气提纯处理成本较高。

在本研究中，如图 3-83 所示，A 组的 CH_4 含量一直在波动，发酵 10 天以前，CH_4 含量日益保持上升，在发酵第 10~24 天，CH_4 含量保持在 70% 以上，不断在波动，之后随着发酵进行，CH_4 含量渐渐下降；B 组的 CH_4 含量在发酵第 5 天就上升到>70%，并持续保持到发酵结束，同时 CH_4 含量>80% 有 16 天，CH_4 含量最高达 87.4273%（发酵第 18 天）；C 组的 CH_4 含量波动与 A 组相似，

表现为 CH_4 含量先升（发酵第 10 天之前）再保持一段时间（发酵第 10 ~ 25 天），最后下降（发酵第 25 天之后）；D 组 CH_4 含量超过 80% 的发酵天数也为 16 天，含量最高达 88. 2459%（发酵第 16 天）。结果表明，添加 Fe 有助于提升奶牛养殖废物厌氧发酵沼气中 CH_4 的含量。

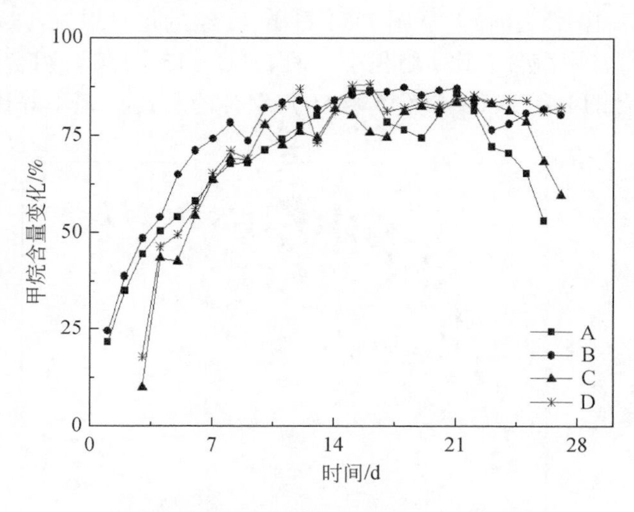

图 3-83　CH_4 含量每日变化图

从四组试验的 CH_4 总产量占总产气量的比例来看，如表 3-13 所示。A 组（70. 2%）<C 组（70. 65%）<B 组（73. 03%）<D 组（73. 18%）。对比 A 组与 C 组可知，活性炭对于厌氧发酵系统沼气品质提升作用不大。而加 Fe 的发酵组，Fe 的补充促进了厌氧发酵系统中挥发性脂肪酸的产生和提高了产甲烷菌对乙酸的利用率，Fe 能够与厌氧系统中硫化物反应，从而消除由硫化物对产甲烷菌的抑制作用。另外，Fe 参与产甲烷菌体内细胞色素、细胞氧化酶的合成，同时 Fe 是胞内氧化还原反应的电子载体。综上所述，Fe 的加入不仅消除抑制产甲烷菌的不利因素，另外也使得厌氧系统中产甲烷菌所占比重增大，从而使得产 CH_4 增多。

表 3-13　初探试验 CH_4 产量表

试验组	CH_4 总产量/mL	占总产气量比例/%
A	6112. 425	70. 2
B	7043. 617	73. 03
C	7006. 688	70. 65
D	7434. 144	73. 18

在最佳 Fe-C 组合探究中，如图 3-84 所示，五个试验组的产气中甲烷每日含量变化基本相似，但是 Fe-C（60∶150）组合的 H 组与 Fe-C（75∶150）组合的 I 组要比其余三组先一天进入甲烷含量变化稳定期。在产气高峰期过后，即厌氧发酵第 11 天后，五个试验组产气每日甲烷含量基本保持在 80% 以上。在厌氧发酵前期（发酵第 10 天之前）。从图 3-84 看出，I 组的每日甲烷含量一直比其余四组高，H 组的每日甲烷含量比 I 组稍小，而 Fe-C（15∶150）组合的 E 组、Fe-C（30∶150）组合的 F 组和 Fe-C（45∶150）组合的 G 组三组不好比较。

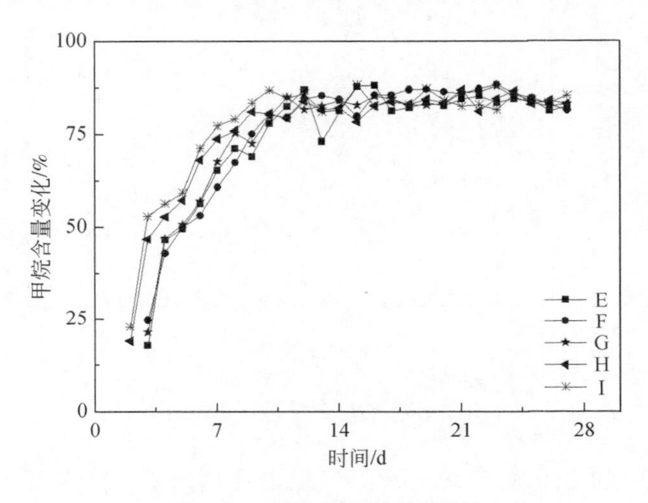

图 3-84　甲烷含量每日变化图

如表 3-14 所示，最佳 Fe-C 组合五组试验 CH_4 总产量：E 组（7434.144mL）<I 组（8029.994mL）< G 组（8906.598mL）< H 组（8940.167mL）< F 组（9348.294mL）；而五组试验的 CH_4 总产量占总产气量的比例：E 组（73.18%）<F 组（75.56%）<G 组（75.878%）<H 组（76.327%）<I 组（77.39%）。可知由于各组产气量不同，五组的 CH_4 总产量大小没有规律，而据 CH_4 总产量占总产气量比例来说，则是 Fe-C 组合中 Fe 的含量越大，总产气中 CH_4 所占比例越高。

表 3-14　最佳 Fe-C 组合探究试验 CH_4 产量表

试验组	CH_4 总产量/mL	占总产气比例/%
E	7434.144	73.18
F	9348.294	75.56
G	8906.598	75.878
H	8940.167	76.327
I	8029.994	77.39

在厌氧发酵系统中添加 Fe 和活性炭，Fe 与活性炭发生电化学微电解效应产生可溶性铁离子，从而使得产甲烷菌能吸收 Fe 元素，帮助厌氧菌群生长繁殖，同时提高对乙酸等小分子有机物的利用，提高原料转化率和甲烷产生量。另外 Fe 还能和硫化物反应，消除硫化物对于产甲烷菌的产甲烷活动的抑制作用。而 Fe-C 组合中 Fe 含量越多，厌氧系统中的电化学微电解效应越强，使得在厌氧发酵前期产甲烷菌等厌氧菌群繁殖加快，产气中甲烷含量迅速上升。

3. 木质纤维素的降解

木质纤维素在奶牛粪便中含量占 35% 左右，木质纤维素的降解是影响厌氧发酵产气量及产气品质的一大因素。由于木质纤维素的结构复杂，很难被厌氧微生物降解破坏，厌氧发酵时，木质纤维素降解程度低时，会使得物料转化率低，同时沼渣量大。所以对木质纤维素的高效降解是本研究的一个重要指标。

由图 3-85 可知，四组纤维素的降解率分别为 A 组（16.14%）<C 组（16.23%）<B 组（18.68%）<D 组（20.37%）；四组木质纤维素的降解率分别为 C 组（7.01%）<A 组（7.43%）<B 组（7.88%）<D 组（9.53%），厌氧系统中 Fe 的加入有利于纤维素的降解，Fe-C 组合会强化木质纤维素的降解。究其原因，是因为 Fe 元素能参与合成和激活厌氧发酵产甲烷过程中多种酶系统，增多系统中纤维素生物酶，从而有利于纤维素的降解；由于木质纤维素在纤维素纤丝中存在，阻碍了微生物和酶顺利接近纤维素，因此木质纤维素的水解步骤就成为木质纤维素类原料微生物降解的限速步骤。Fe-C 组合加入系统中后，Fe-C 微电解会产生电泳效应辅助木质素生物酶去接触木质素，从而提高了木质纤维素的降解率。综上所述，Fe-C 组合加入厌氧系统能强化厌氧微生物降解木质纤维素。

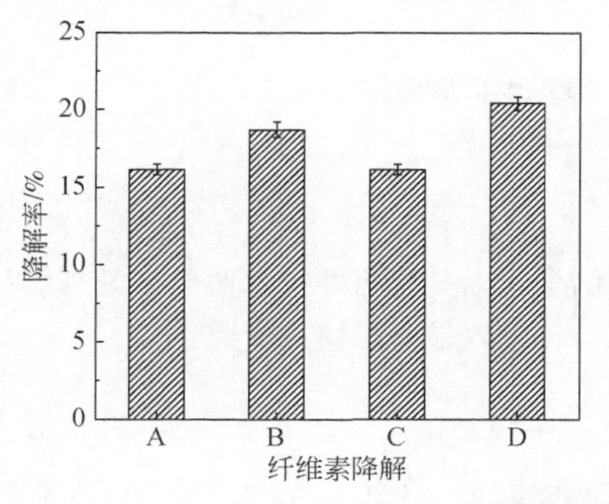

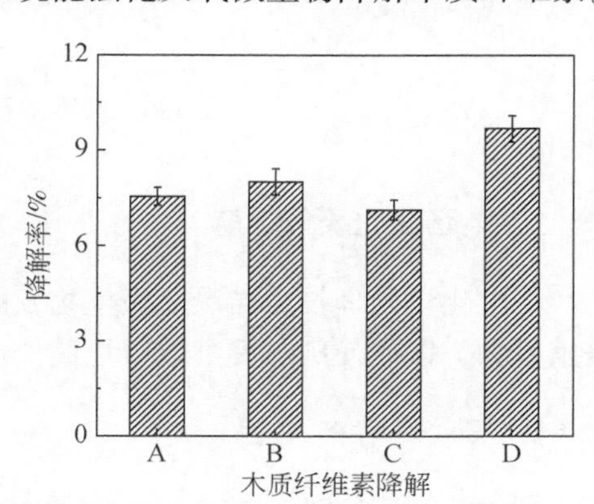

图 3-85 纤维素及木质纤维素降解率

奶牛养殖粪便中木质纤维素含量高，主要是由纤维素、半纤维素和木质素组成，而木质素与半纤维素以共价键或非共价键形式结合，两者把纤维素包裹在其中，三者错综复杂使得整体结构坚固复杂难降解，不利于厌氧发酵的原料资源化转化。

Fe-C 组合筛选试验对于奶牛养殖废物厌氧发酵后纤维素及木质纤维素降解率情况如图 3-86 所示，五个试验组的纤维素降解率分别为 E 组（20.37%）<F 组（28.64%）<I 组（29.64%）<G 组（30.05%）<H 组（33.47%）；五个试验组的木质素降解率分别为 E 组（9.53%）<I 组（10.88%）<H 组（11.41%）<G 组（13.62%）<F 组（15.4%）。Fe-C 组合对于奶牛养殖废物厌氧发酵纤维素降解效果最好的是 H 组的 60：150，对木质素降解效果最好的是 F 组的 30：150。奶牛养殖废物粪便厌氧发酵时，其中木质纤维素降解主要是依靠厌氧微生物菌群产生的木质纤维素降解酶来进行的，而由于木质纤维素结构的复杂性，使得其降解过程是一个复杂的生物酶学过程，需要厌氧发酵微生物菌群中的许多种微生物来协同配合进行。Fe-C 组合的加入，两者之间产生的微电解原电池效应使得 Fe 元素能被厌氧发酵菌群吸收，从而微生物加速生长繁殖，合成分泌的木质纤维素微生物降解酶量增多，使得木质纤维素降解率上升。

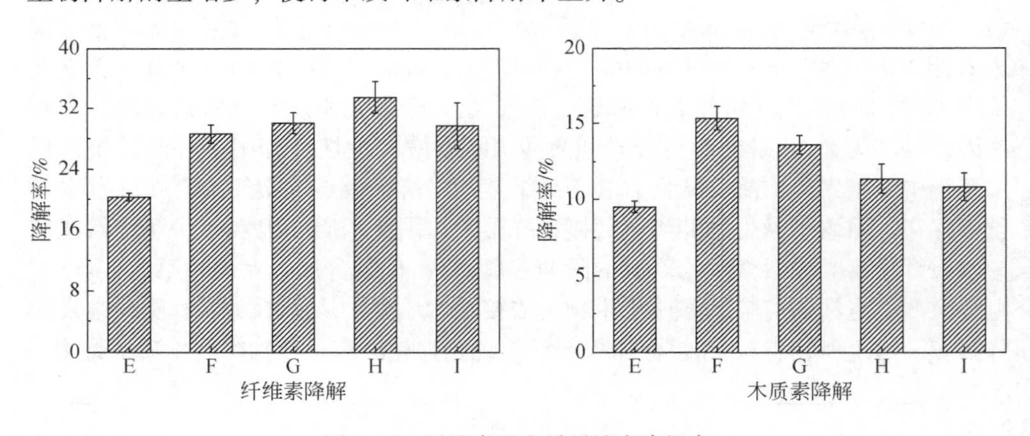

图 3-86　纤维素及木质纤维素降解率

3.5.3　电场强化厌氧发酵

将电化学处理技术与厌氧微生物发酵结合起来，将两种技术协同来处理奶牛养殖废物，以便使厌氧发酵取得更高的原料转化效果，更快速资源化。

1. 厌氧发酵产气量

加载外电场分别为 0.3V、0.5V 和 0.8V 的电压，将 300g 奶牛养殖粪便在 90：450 的 Fe-C 组合下厌氧发酵，其每日产气量变化如图 3-87 所示。三个试验组的产气变化情况走势基本一致，在厌氧发酵第 1 天都可收集到产气且出现了两个产气高峰点，其中，第一个产气高峰期分别为 0.8V L 组第 4 天、0.5V K 组的 5 天和 0. 3V J 组的 5 天，三个试验组产气高峰点的产气量分别为 J 组（5093mL）<K 组（6297mL）<L 组（7103mL），可见随着外加电压增加，相应高峰期的产气量也增加，此外，与不加外电压的 F 组相比提早了 7 天。同时，在厌氧发酵进行到第 10 天时，都出现了很明显的第二次产气小高峰。值得注意的是，在厌氧发酵进行到第 14 天后，整个厌氧系统产气就变少，系统发酵进入厌氧发酵后期。综上所述，外载电压能提高奶牛养殖粪便厌氧发酵的产气速率，在加载外电压的条件下，奶牛养殖粪便厌氧发酵能快速进入正常产气阶段，并使产气高峰提前一周到来，缩短厌氧发酵周期。

从图 3-88 可知，三组不同电压条件下的奶牛养殖废物厌氧发酵的单位累计产气量变化情况为，加载 0. 8V 的 L 组>加载 0. 5V 的 K 组>加载 0. 3V 的 J 组，整个发酵期间，加载外电压试验组最终单位累计产气量分别为 J 组 108. 71mL/g、K 组 128. 63mL/g、L 组 142. 74mL/g。

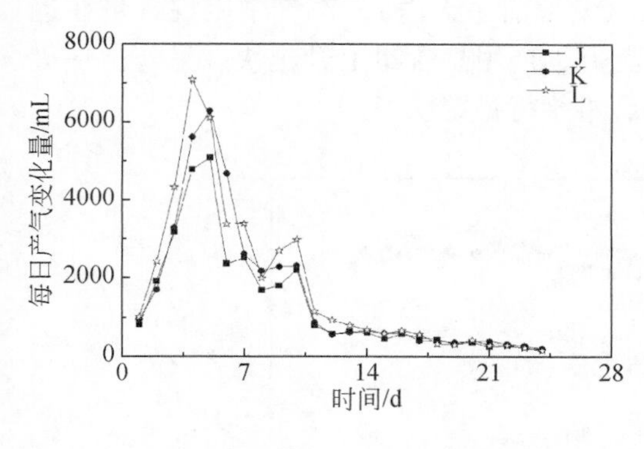

图 3-87　每日产气量变化图

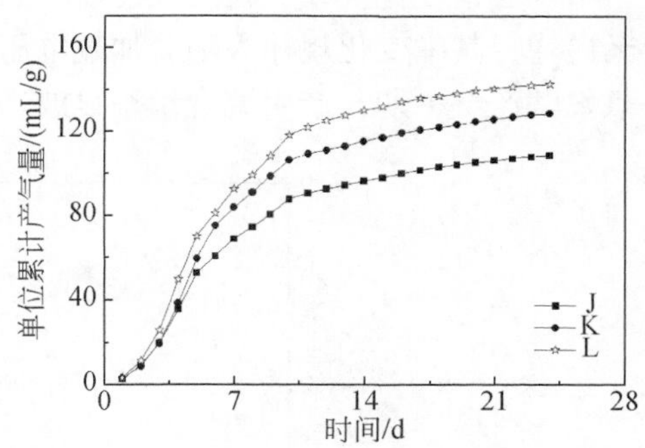

图 3-88　单位累计产气量变化图

外电压加载条件下，三个试验组奶牛养殖粪便厌氧发酵原料转化率如表 3-15 所示，J 组（36. 237%）<K 组（42. 88%）<L 组（47. 58%），在外加 0. 3V、0. 5V、0. 8V 电压条件下，随着电压上升，奶牛养殖粪便原料转化率上升。对比不加载电压 F 组 41. 24% 原料转化率，仅 J 组的相对原料转化率为负值，可见当发酵原料量增大时，厌氧发酵的原料转化率也会下降。

表 3-15　产气潜力表

试验组	累计产气量/mL	原料转化率/%	同比 F 组原料转化率增长/%
J	32613	36. 237	-12. 13
K	38590	42. 88	3. 97
L	42822	47. 58	15. 37

注：以每克奶牛养殖废物的干物质在 35℃厌氧发酵时理论产沼气为 0. 3L 计算转化率。

加载外电压条件对 Fe-C 组合奶牛养殖粪便厌氧发酵，不仅能加速厌氧发酵产率，缩短厌氧发酵的周期，同时也能提升原料转化率，更有利于奶牛养殖废物厌氧发酵资源化利用。在外加电压的影响下，厌氧发酵系统中的厌氧微生物菌群活性提高，新陈代谢加速，厌氧发酵所需生物酶分泌增多，从而使得厌氧发酵正常产气提早到来，另外，外加电场对于厌氧菌群细胞膜通透性也会有一定的影响，当通透性加大时，生物酶分泌越多，使得厌氧发酵原料转化速度加快，从而能提升废物资源化利用。同时，外加电压加速了厌氧发酵系统中的传质速率，对可能逐渐固化板结的 Fe-C 组合微电解原电池效应也能起到激活作用，这就进一步加速了厌氧菌群分解利用奶牛养殖粪便的效率。

2. 发酵产气品质

如图 3-89 所示，不同电压条件下对奶牛养殖废物 Fe-C 组合厌氧发酵的产气中甲烷含量变化规律，在产气前期（厌氧发酵前 7 天内），产气中甲烷含量在逐天递增，其中变化规律为随着加载电压上升，产甲烷含量上升越快。另外，在厌氧发酵产气中期，产甲烷含量稍显波动，难维持稳定状态。

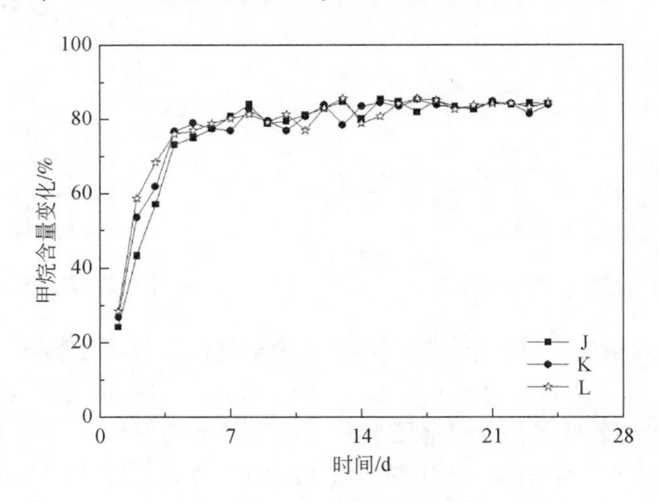

图 3-89　甲烷含量每日变化图

不同外加电压对于奶牛养殖废物厌氧发酵甲烷产量占总产气比例见表 3-16，0.3V 的 J 组（72.8%）<0.5V 的 K 组（74.999%）<0.8V 的 L 组（75.465%）。三个试验组的甲烷总含量都小于不加电压的 F 组甲烷含量（75.56%）。可能是由于加载电压使得厌氧发酵系统微生物菌种需要不断适应电场条件，尽管外加电场能有利于微生物活性，但是不适应电场条件的微生物也不断消亡，在适应电场的过程中，产甲烷菌群可能适应电场条件的能力比其他厌氧菌群要弱，从而使得总

产气中甲烷含量相对要少一些。另外，加载电压条件下，也激活强化了 Fe-C 组合微电解，加载电压越高，铁的离子化量变多，从而使得甲烷化比例依次递增，符合之前分析的“Fe-C 组合中 Fe 的含量越大，总产气中 CH_4 所占比例越高”的观点。

表 3-16　不同电压试验 CH_4 产量表

试验组	CH_4 总产量/mL	占总产气比例/%
J	23742.72	72.8
K	28942.35	74.999
L	32315.62	75.465

3. 木质纤维素的降解

外加电压对于奶牛养殖粪便厌氧发酵木质纤维素的降解在之前有研究，但是协同 Fe-C 组合在厌氧系统下的降解效果则没有涉及。

从图 3-90 可知，在外加电压影响下，Fe-C 组合强化奶牛养殖废物的厌氧发酵木质纤维素降解随着加载电压的上升，其纤维素与木质素的降解率也随之上升。奶牛养殖废物纤维素降解率为 J 组（30.11%）<K 组（33.54%）<L 组（36.62%），木质素降解率为 J 组（13.82%）<K 组（17.28%）<L 组（20.41%）。在之前提到，Fe 元素有助于厌氧发酵菌群生长繁殖和各种微生物降解酶的合成。厌氧发酵系统加载电压的条件下，Fe-C 组合中铁与活性炭两者的电位差扩大，从而使得微电解反应强度加大，系统可溶性铁元素增多，有利于厌氧微生物菌群吸收，使微生物菌群数量增多，从而有助于降解木质纤维素。另

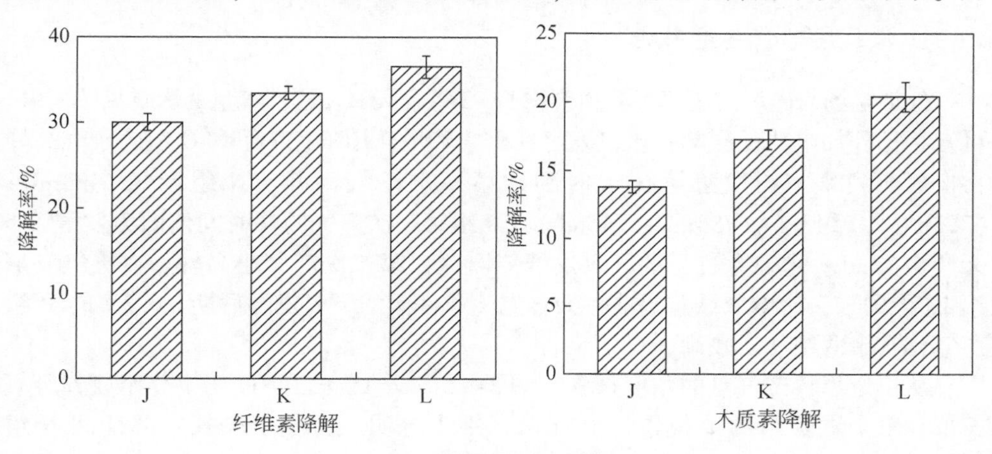

图 3-90　纤维素和木质素降解率图

外，对厌氧发酵系统加载电压，会存在一定的两级电位差，降解酶、电子、离子等微粒在厌氧系统中运动速率加速，强化了加速系统中的传质过程，从而有助于提高微生物降解酶接触木质素的概率，方便厌氧微生物将复杂木质纤维素水解硝化。

通过对三组 0. 3V、0. 5V、0. 8V 外加电压对奶牛养殖废物 Fe-C 组合厌氧发酵试验对比，分析了厌氧发酵后的每日产气变化、单位累计产气量、CH_4 含量变化以及木质纤维素降解情况，可知加载电压对于厌氧发酵具有以下几个特点：

（1）加载电压能提升奶牛养殖粪便厌氧发酵的产气速率，使厌氧发酵快速进入正常产气阶段，提前一周进入产气高峰期，并缩短整个厌氧发酵周期；

（2）三种电压条件辅助厌氧发酵，随着加载电压提高，奶牛养殖废物粪便原料转化率上升；

（3）加载电压会影响厌氧发酵时产气的每日产甲烷含量；

（4）随着加载电压上升，厌氧发酵奶牛养殖粪便的纤维素与木质素的降解率也随之上升。

3. 5. 4 电磁强化厌氧发酵

地球上的生命物质无时无刻不处于地磁场的环境中，生命体周围环境的磁场改变将会使物质的性质发生改变。环境磁场对于生命体的作用效应称为磁场的生物效应，这是磁场与生命体两者本身共同作用的效应。在厌氧发酵系统中引入弱磁场，使之影响厌氧系统中的微生物体，由于这些微生物都带有不同程度的磁性物质，微生物处于磁场环境中，磁场会对微生物产生抑制或者激发作用，增强微生物的活性，从而提高厌氧微生物的发酵效果。

1. 厌氧发酵产气量影响

外加电场与磁场对于奶牛养殖废物 Fe-C 组合厌氧发酵产气量的影响见图 3-91，可知相比外加电压的影响，厌氧发酵在磁场环境作用下，N 组和 O 组的产气高峰再次提前到来，在发酵第 3 天时到达第一次产气高峰（N 组产气 6433mL+6726mL，O 组产气 5784mL+5746mL），M 组第一次产气高峰时间依旧为发酵第 5 天产 5832mL；电磁条件下的厌氧发酵依旧存在第二次产气小高峰，在厌氧发酵第 10 天到来，比电压试验提前一天；电磁条件下的厌氧发酵后期，0. 3V 的 M 组产气比其余两组相对较高。

从单位累计产气量的角度来看（图 3-92），电磁条件下的奶牛养殖废物厌氧发酵，三个试验组的单位累计产气量区别十分明显，整个厌氧发酵期间 N 组（148. 83mL/g）>O 组（136. 51mL/g）>M 组（126. 39mL/g）。

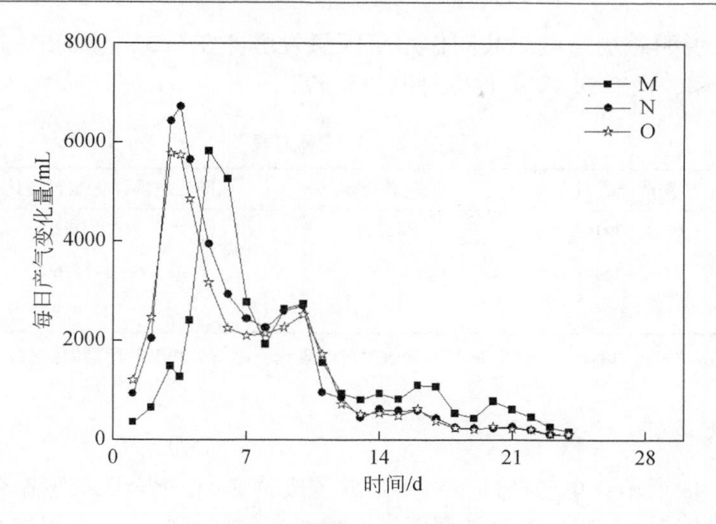

图 3-91　每日产气量变化图

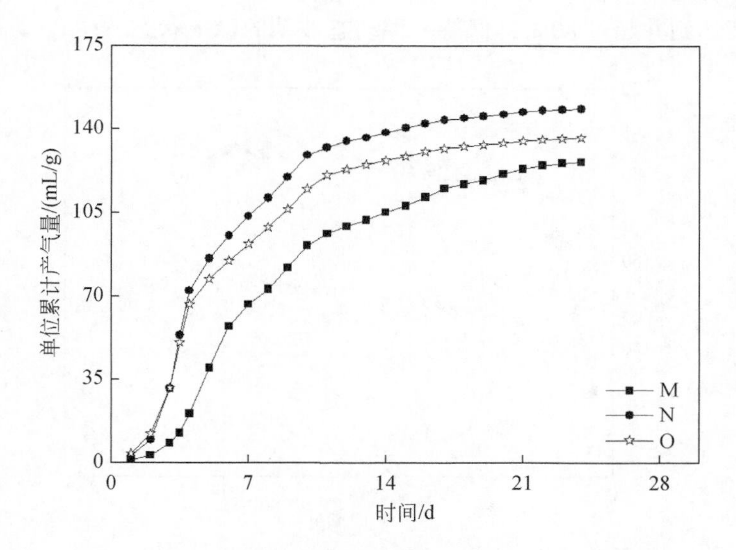

图 3-92　单位累计产气量变化图

电磁条件下，奶牛养殖粪便厌氧发酵原料转化率如表 3-17 所示，M 组（42.129%）<O 组（45.502%）<N 组（49.609%）；与外加电压试验三组原料转化率相比，同比增长情况却是 M 组（16.26%）>N 组（15.698%）>O 组（-4.367%）。可知，磁场影响下，外加 0.5V 电压对于奶牛养殖废物 Fe-C 厌氧发酵原料转化效果最好；同比加载电压的厌氧发酵试验，厌氧发酵的原料转化情况却是随着外加电压上升，磁场环境对原料转化呈负相关性，且 O 组原料转化率低于 L 组，说明磁场与电场共同作用于厌氧发酵，在 0.3V 与 0.5V 条件下能提升原料转化率，而在 0.8V 条件则抑制原料转化。

表 3-17　产气潜力表

试验组	累计产气量/mL	原料转化率/%	同比电场强化原料转化率增长/%
M	37916	42.129	16.26
N	44648	49.609	15.698
O	40952	45.502	−4.367

注：以每克奶牛养殖废物的干物质在 35℃ 厌氧发酵时理论产沼气为 0.3L 计算转化率。

2. 产气品质

如图 3-93 所示，电磁条件下对奶牛养殖废物 Fe-C 组合厌氧发酵的产气中甲烷含量变化规律，在奶牛养殖粪便厌氧发酵产气前 9 天内，每日甲烷含量处于一种波动上升的趋势，且含量基本低于 80%。随着厌氧发酵的进行，产气中甲烷含量基本能达到并超过 80%，保持一种动态波动的稳定状态。

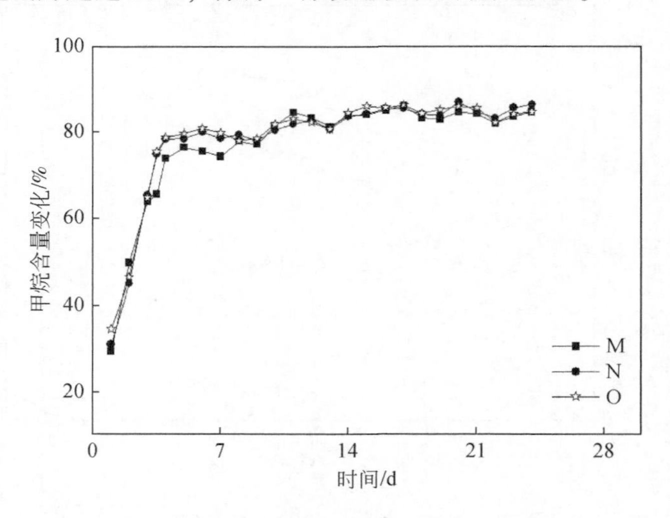

图 3-93　甲烷含量每日变化图

电磁条件对于奶牛养殖废物 Fe-C 厌氧发酵甲烷产量占总产气比例见表 3-18，M 组（76.793%）>N 组（74.398%）>组（74.235%）。磁场环境影响下，三个试验组的甲烷含量占总产气比例的大小随着外加电压的增大而呈负相关。可能是橡胶软磁桶受电压激发。当电压增大时，磁场场强升高，使部分微生物降解酶钝化或失活，从而轻微抑制了厌氧发酵产甲烷菌群活性，使得产甲烷含量变小；也可能是厌氧微生物菌群对电磁环境的敏感性增强，产甲烷菌群的适应性受影响，导致系统产甲烷含量减少。

表 3-18　电磁试验 CH_4 产量表

试验组	CH_4 总产量/mL	占总产气比例/%
M	29116.99	76.793
N	33217.28	74.398
O	30400.93	74.235

3. 木质纤维素的降解

磁场能够刺激细胞生理活性酶的活性，同时能促进微生物的繁殖速度，这使得磁场环境中的奶牛养殖粪便厌氧发酵中的木质纤维素有机物降解能得到大幅度提升。

电磁作用强化厌氧发酵对奶牛养殖粪便纤维素和木质素降解如图 3-94 所示，三个试验组奶牛养殖废物纤维素降解率为 M 组（34.96%）<O 组（35.49%）<N 组（36.25%），木质素降解率为 M 组（16.11%）<O 组（17.83%）<N 组（22.48%）。电磁条件强化厌氧发酵对于纤维素的降解差异不明显。而在磁场条件下，0.5V 电压下的厌氧发酵对于木质素降解则大大高于其余两组。微生物的磁场效应使得磁场会抑制或者激发磁场环境中的生命体，而电场条件能激发磁场的作用效果，但是当电场刺激效果过强时，会抑制或反作用厌氧微生物的生物活性以及微生物降解酶的活性，从而限制木质纤维素的降解。

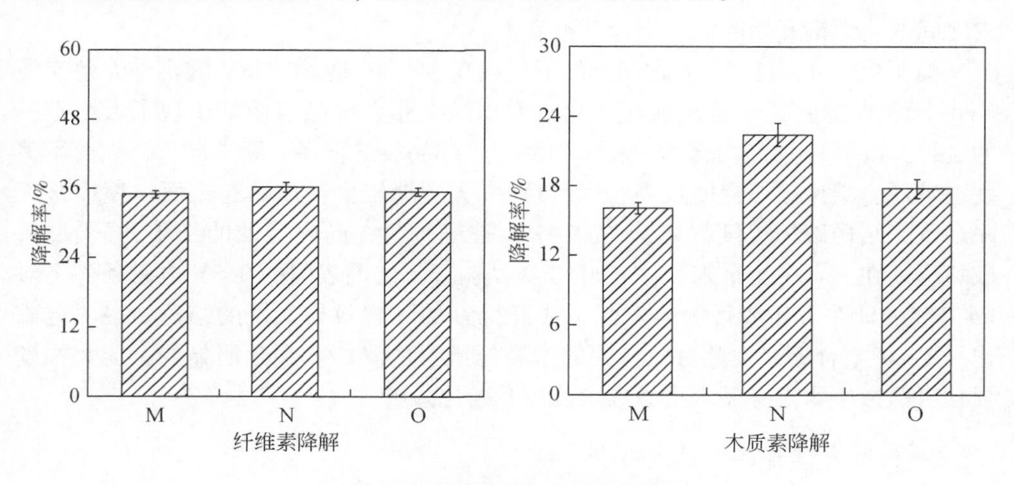

图 3-94　纤维素和木质素降解

磁场与不同电压共同强化奶牛养殖粪便 Fe-C 组合厌氧发酵的结果表明，橡胶软磁桶营造的磁场环境对于加载 0.3V 和 0.5V 电压的奶牛养殖粪便 Fe-C 组合厌氧发酵的产气量、原料转化率具有提升作用，对 0.8V 的试验组的产气量及原料转化率显示抑制作用；对于总产气的甲烷含量，磁场作用仅能提升 0.3V 试验的甲烷含量，对于 0.5V 和 0.8V 两组试验组，磁场作用影响产气甲烷含量的提升；从产气量、原料转化率、甲烷量以及木质纤维素降解率来看，磁场环境与加载 0.3V 电压对奶牛养殖粪便 Fe-C 组合厌氧发酵效果最好。

3.5.5 表征及厌氧发酵微生物菌群分析

1. 厌氧发酵样品形貌分析

本研究选取六组代表性厌氧发酵试验组，利用扫描电子显微镜（SEM）对厌氧发酵前后的奶牛养殖粪便原料进行表面形貌分析。图 3-95（1）为放大 5 千倍的 SEM 图，其余 2 ~6 分别为放大 1000 倍的图。

图 3-95（a、b、c）分别为未经厌氧发酵的奶牛养殖粪便原样、厌氧发酵后的奶牛养殖粪便样品、经 Fe-C（30 : 150）组合强化的厌氧发酵后样品三组 SEM 图。可以看出（1）中样品独立完整、表面光滑、结构紧密、孔洞较少；（b）中样品表面出现褶皱并凹凸不平，且慢慢开始出现向原料内部侵蚀的小型孔洞；（c）中样品表面侵蚀严重，纤维扭曲导致凹凸不平非常明显，向内侵蚀孔洞变大、数量增多。这三组 SEM 图说明 Fe-C 组合对厌氧发酵产生了很大的影响，有利于破坏奶牛养殖粪便木质纤维素内部结构，使其内部纤维素、半纤维素与木质素之间的化学键开始断裂，结合不再紧密。

图 3-95（d、e、f）为磁场条件下加载 0.3V、0.5V 和 0.8V 的奶牛养殖粪便 Fe-C 厌氧发酵后的样品 SEM 图，可以看出该三张图样品表面都出现了大小不一的裂缝；（e）中样品内部的大孔洞稍多，且样品裂缝很多、断裂严重，表面平整度也较低，结构破坏程度最高；而（f）中大裂缝较多，样品断裂面沟壑褶皱无序严重，结构破坏程度次之；（d）中大裂缝较少，向内侵蚀的细小孔洞较多，破坏程度在三者中排最末。该三组 SEM 图验证了之前表明的 0.5V 电磁条件下对 Fe-C 组合奶牛养殖粪便厌氧发酵木质纤维素的降解效果最好的结论。说明电磁作用 Fe-C 组合厌氧发酵对原料中的木质纤维素的降解作用是明显的，能大幅度强化厌氧微生物对样品木质纤维素破坏并硝化降解。

2. 厌氧发酵样品结晶度分析

奶牛养殖粪便具有高含量的木质纤维素，而这些木质纤维素结构复杂，其中木质素与半纤维素以化学键链接，缠绕包裹在纤维素周围，导致木质纤维素性能

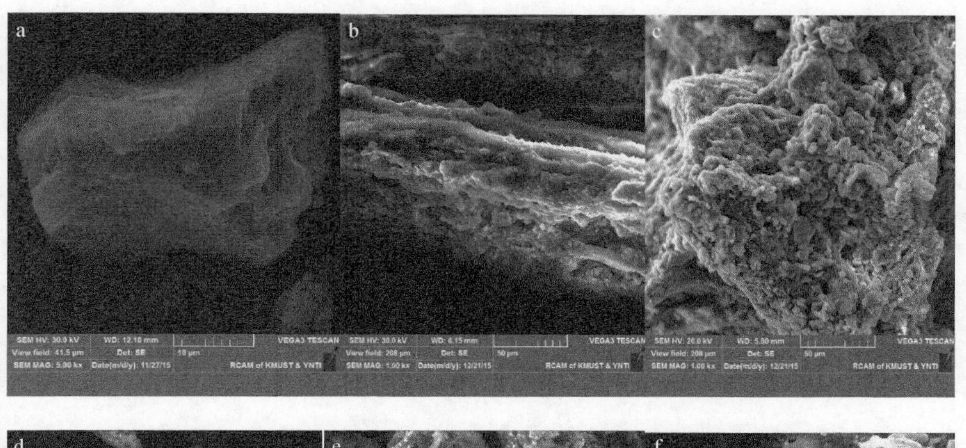

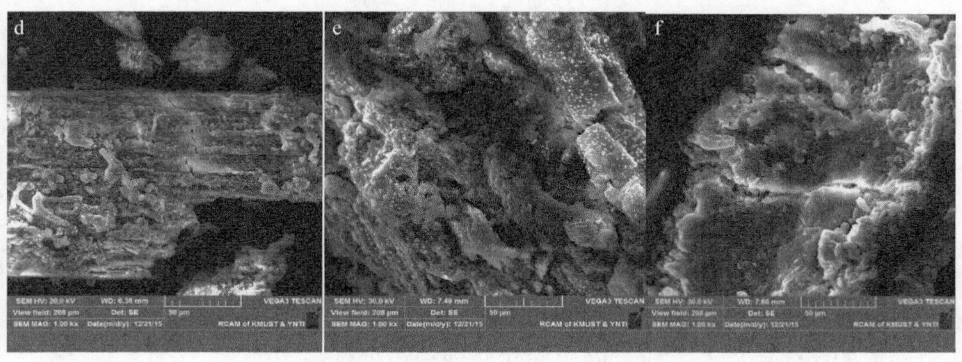

图3-95　奶牛养殖粪便SEM图

稳定，阻碍微生物降解酶与纤维素接触，从而使木质纤维素很难被微生物或者酶降解。

对于纤维素的结晶度测定的方法有很多种，主要包括FITR、XRD、反相色谱法、密度法、核磁共振法以及DSC等方法，本研究采用XRD对奶牛养殖粪便中纤维素的结晶度进行分析，并采用jade 5.0进行物相分析，Origin 8.0软件进行绘图。

X射线衍射条件：Cu Kα辐射，管压40kV，管流200mA，狭缝DS=SS=1°，步长0.02°，扫描速度8°/min，扫描范围5°~90°。

从图3-96看出，$2\theta=22°$、$2\theta=26°$和$2\theta=40°$是奶牛养殖粪便的3个重要晶面，其他几处峰在jade软件中匹配不上晶相，故认为剩余的几处峰为无定形峰，为辅峰，也可认为是非晶峰的峰顶，其峰高认为是非晶散射强度。XRD图中22°的峰顶是整个图谱的总强度。

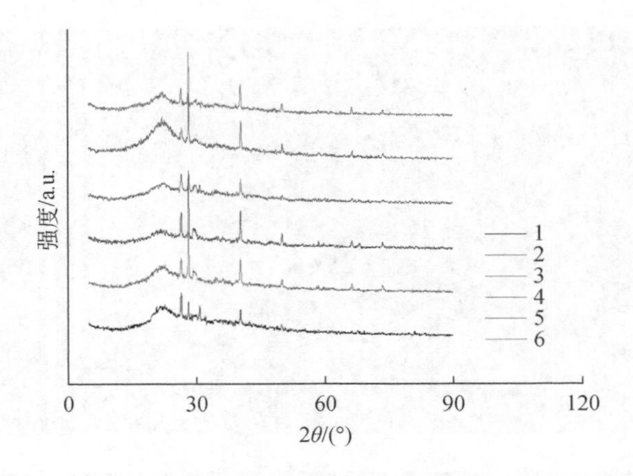

图 3-96　XRD 对比图谱

采用 X 射线衍射（XRD）对六组奶牛养殖粪便样品进行了结晶度分析，1：奶牛养殖粪便原样；2：经厌氧发酵后的奶牛养殖粪便样品；3：经 Fe-C（30：150）组合厌氧发酵后的奶牛养殖粪便样品；4：0.3V 电磁条件下 Fe-C 组合厌氧发酵后的奶牛养殖粪便样品；5：0.5V 电磁条件下 Fe-C 组合厌氧发酵后的奶牛养殖粪便样品；6：0.8V 电磁条件下 Fe-C 组合厌氧发酵后的奶牛养殖粪便样品

从图 3-96 看出，1、2、3 的 22°峰峰高逐渐降低，说明厌氧发酵使得奶牛养殖粪便纤维素结晶度降低，且添加 Fe-C 组合的厌氧发酵对于奶牛养殖粪便纤维素的结晶度降低效果更好；而 40°的峰峰高逐渐上升表明，厌氧发酵将包裹奶牛养殖粪便的蜡质层以及无机层降解硝化，使得该处峰高增强。

而对于加载 0.3V、0.5V 和 0.8V 的电磁厌氧发酵组 4、5、6 三组，第 4 组的 22°峰峰高依旧是在 1、2、3 基础上呈降低趋势，而第 5 和 6 组则呈现上升，且第 5 组 22°峰峰高最高，说明电磁作用下奶牛养殖粪便的木质纤维素中木质素和半纤维素等无定形物质区受到破坏降解脱除，导致纤维素底物相对结晶度指数上升，计算时结晶度变大，从而体现为峰高度增加，纤维素结晶度相对升高，而木质纤维素中的纤维素由于微生物酶的可及性提高，使得之后纤维素降解可以大幅度提升；4、5、6 三组的 40°峰峰高则渐渐降低，表明奶牛养殖粪便木质纤维素的顽抗特性随着厌氧发酵的处理开始破坏，降低木质纤维素的结晶度和聚合度，结晶度的破坏有助于提高水解速率和可水解程度，提高厌氧系统微生物酶解效果，达到高效降解木质纤维素的目标。

3. 微生物系统宏基因测序分析

为了解奶牛养殖粪便在厌氧发酵产气高峰期菌群结构组成及优势菌群丰富性差异，采集六组奶牛养殖粪便厌氧发酵产气发酵第 5、6、7 天的发酵样进行宏基因测序分析。试验编组详见表 3-19 ~ 表 3-21。

（1）厌氧发酵微生物菌群多样性及丰富度分析

由表3-19所知，通过对六组奶牛养殖粪便厌氧发酵第5天的菌群进行宏基因测序分析，各组获得的有效序列：1组47960条，2组47441条，3组96140条，4组49066条，5组195143条，6组50625条。在97%的相似水平下对序列进行OTU聚类，绘制稀释曲线，见图3-97。从图3-97可知，当测序深度达到30000条之后，六组稀释曲线逐渐趋于平缓，说明测序深度达到预期要求，各样品OTU可以有效表征菌群群落信息。图中曲线越平坦，测序越饱和，可以看出发酵第5天时，第3组和第5组的有效序列最饱和，图与表中结果相对应。

表3-19　发酵第5天厌氧菌群丰富度及多样性指数

样品	有效序列数	Chao1指数	ACE指数	Simpson指数	Shannon指数
5（1）	47960	790.010989	802.6542662	0.749642481	3.878049152
5（2）	47441	804.9655172	790.0944517	0.70085561	3.777347547
5（3）	96140	1168.179245	1134.327292	0.960007973	6.181295531
5（4）	49066	1035.645669	1036.85573	0.905757577	5.69670319
5（5）	195143	1273.202128	1263.886804	0.950445155	6.321933837
5（6）	50625	1129.949153	1108.761368	0.942840629	6.028685589

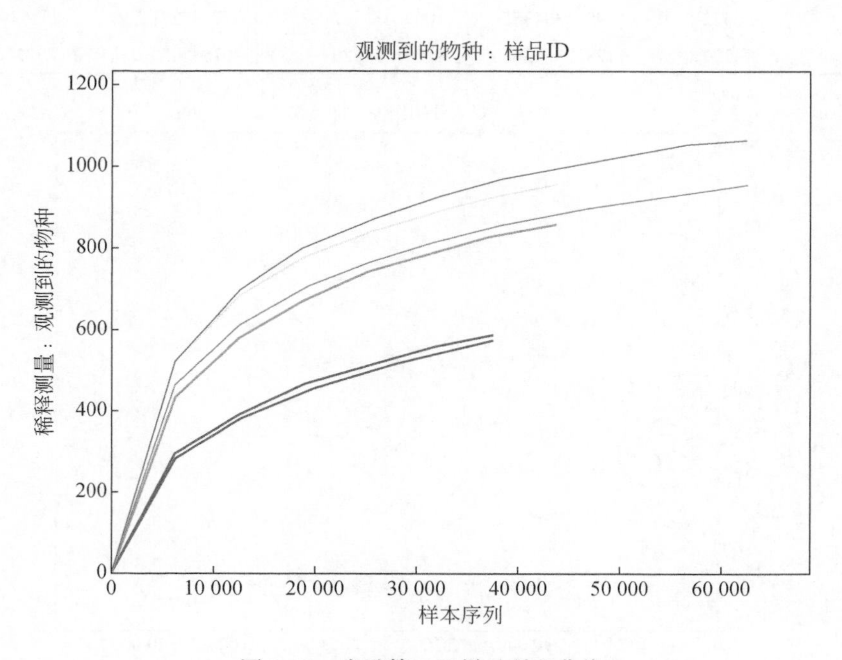

图3-97　发酵第5天样品稀释曲线

在表 3-19 对六组菌群丰富度指数以及多样性指数进行汇总。菌群丰富度由 Chao 指数和 ACE 指数表示，当 Chao 指数和 ACE 指数越大，说明群落丰富度越高；菌群多样性由 Shannon 指数和 Simpson 指数表示，当 Shannon 指数和 Simpson 指数值越大，说明群落多样性越大。从表 3-19 中可知，第 5 组厌氧发酵的第 5 天的菌群丰富度与菌群多样性相对于其他组都大，此时的第 5 组刚好处于厌氧发酵产气高峰，说明在加载 0.5V 电压条件下，奶牛养殖粪便 Fe-C 组合发酵菌群菌种类更多且菌数量繁殖更快，厌氧系统处于菌群活跃期。

由表 3-20 所知，通过对六组奶牛养殖粪便厌氧发酵第 6 天的菌群进行宏基因测序分析，各组获得的有效序列：1 组 67125 条，2 组 41860 条，3 组 93305 条，4 组 65796 条，5 组 60472 条，6 组 93590 条。六组样品 OTU 聚类稀释曲线见图 3-98。从图 3-98 可知，当测序深度达到 30000 条之后，6 组稀释曲线逐渐趋

表 3-20　发酵第 6 天厌氧菌群丰富度及多样性指数

样品	有效序列数	Chao1 指数	ACE 指数	Simpson 指数	Shannon 指数
6（1）	67125	722.5357143	725.8366029	0.506499533	2.362998017
6（2）	41860	714.8191489	727.4610034	0.72266139	3.881704238
6（3）	93305	1266.623932	1244.160163	0.978381133	6.946856319
6（4）	65796	1078.511811	1083.636481	0.957689099	6.33739732
6（5）	60472	1095.530435	1069.453042	0.877197271	5.251539853
6（6）	93590	1128.336634	1109.434629	0.961543459	6.27723013

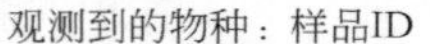

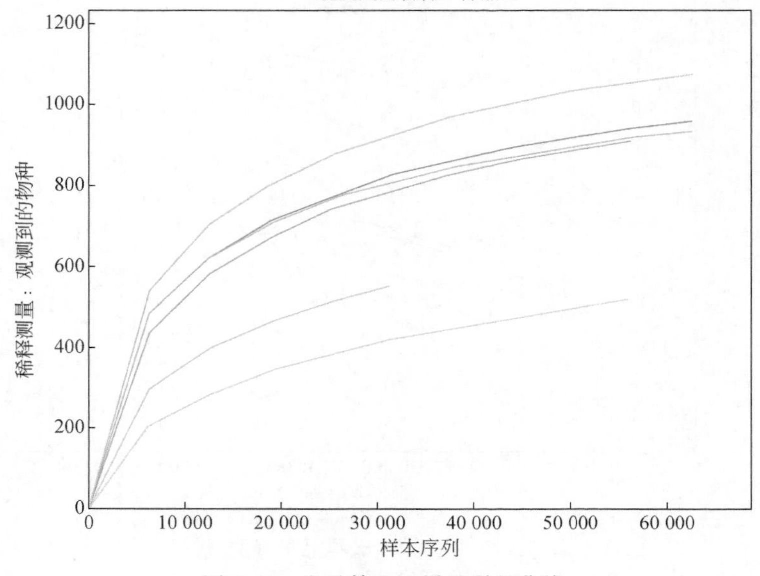

图 3-98　发酵第 6 天样品稀释曲线

于平缓，说明测序深度达到预期要求，各样品 OTU 可以有效表征菌群群落信息。六组厌氧发酵进行到第6天时，仅第2组有效序列相对较少，说明厌氧菌群对于仅含铁环境仍处于适应时期；但相对第5天，其余的5组测序序列皆处于十分饱和的状态，厌氧发酵状态好。

在表3-20对6组奶牛养殖粪便厌氧发酵第6天菌群丰富度指数以及多样性指数进行汇总。测序结果表明，加活性炭厌氧发酵的第3组在厌氧发酵第6天时，其系统中菌种种类最丰富，菌数量最大；而电磁条件下厌氧发酵的第6组则比第5天系统菌群种类以及菌数量要优，说明电磁条件下厌氧发酵，厌氧菌群种类以及数量对外界条件相对较敏感，每日菌群结构波动较大。

由表3-21所知，通过对六组奶牛养殖粪便厌氧发酵第7天的菌群进行宏基因测序分析，各组获得的有效序列：1组77077条，2组112362条，3组45730条，4组81030条，5组74361条，6组69823条。六组样品 OTU 聚类稀释曲线见图3-99。从图3-99可知，当测序深度达到40000条之后，六组稀释曲线逐渐趋于平缓，说明测序深度达到预期要求，各样品 OTU 可以有效表征菌群群落信息。厌氧发酵进行到第7天，六组厌氧系统中菌群宏基因测序的序列都处于饱和状态，厌氧发酵状态处于正常运行状态，此时第5和6组试验组产气高峰期已经过去，第4组产气高峰期刚好到来，而第1、2和3组试验组即将进入产气高峰期，此时系统的菌群结构也处于较稳定状态，所以样品有效序列数量也比前两天要多。

表3-21　发酵第7天厌氧菌群丰富度及多样性指数

样品	有效序列数	Chao1 指数	ACE 指数	Simpson 指数	Shannon 指数
7（1）	77077	807.6626506	794.9461897	0.640103378	3.158905247
7（2）	112362	1092.466019	1071.760074	0.94928456	5.869070544
7（3）	45730	1060.373984	1061.126518	0.981896169	7.018463183
7（4）	81030	1106.834646	1106.484904	0.889208317	5.064540031
7（5）	74361	1142.323529	1138.823942	0.782363114	4.53915696
7（6）	69823	1038.093023	1041.556275	0.8645983	4.578888258

在表3-21对六组奶牛养殖粪便厌氧发酵第7天菌群丰富度指数以及多样性指数进行统计。结果表明，除了第1组对照厌氧发酵试验组，厌氧系统中菌群种类和菌数量相对较少以外，剩余五组的菌群丰富度以及多样性都相差不大，说明各强化厌氧发酵措施在厌氧发酵稳定后，对于系统都产生积极有利的效果。

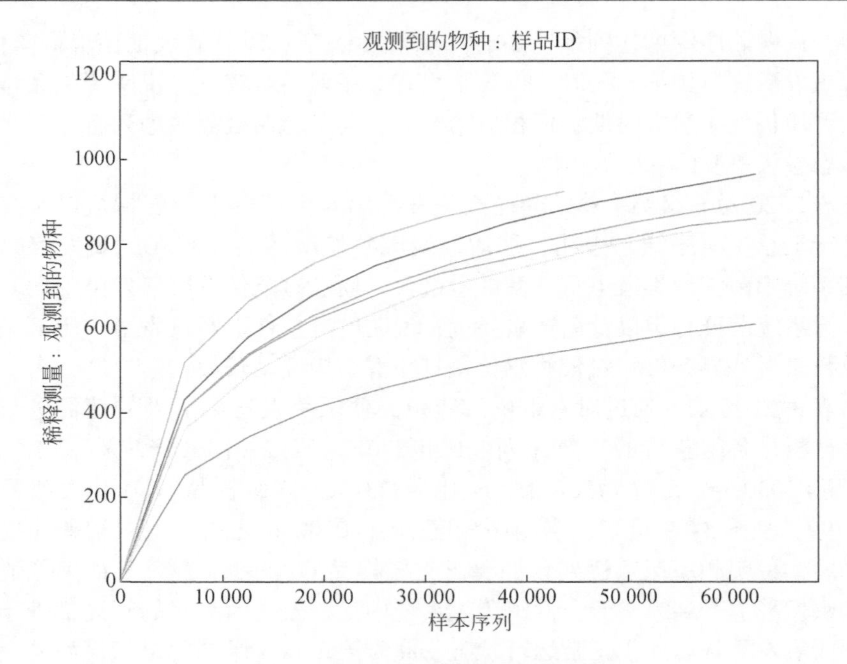

图 3-99　发酵第 7 天样品稀释曲线

（2）厌氧发酵微生物菌群群落结构对比分析

对厌氧发酵的第 1、4、5、6 四组试验组 OTU 统计绘制 Venn 图分析结果如图 3-100 所示。由图 3-100 可知，在厌氧发酵 5、6、7 天中，四组样品所共有的 OTU 数目分别为 357、281、358。说明在这三天厌氧发酵期间，由于 4、5、6 组厌氧发酵刚好处于厌氧发酵产气高峰期，并且 1 组对照组的菌群也开始慢慢往稳定厌氧系统在进化，此时四组厌氧系统菌群结构复杂多变，且各种菌群相互影响制约，导致四组共有 OTU 数目不稳定，但整体的四组样品的菌群从之前不稳定的状态渐渐过渡到菌群结构稳定状态。

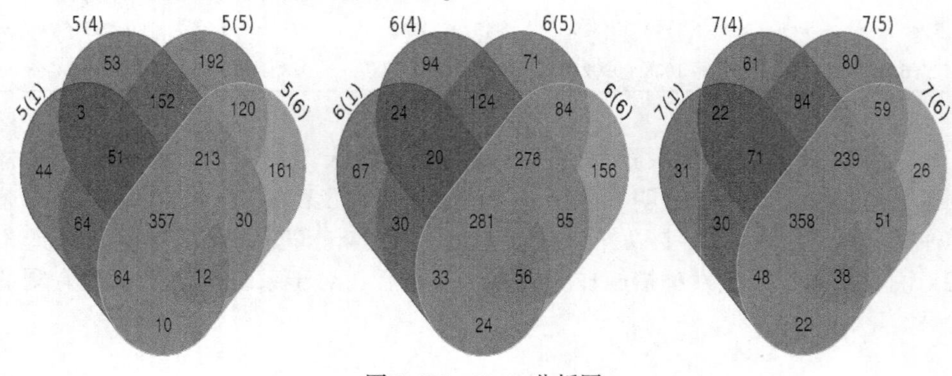

图 3-100　Venn 分析图

对6组厌氧发酵第5、6、7三天属水平上的分类信息进行聚类，绘制heatmap图，分别见图3-101、图3-102、图3-103。通过heatmap图，可将高丰度和低丰度的物种分块聚集，通过颜色梯度及相似程度来反映各组样品在分类水平上群落组成的相似性和差异性。

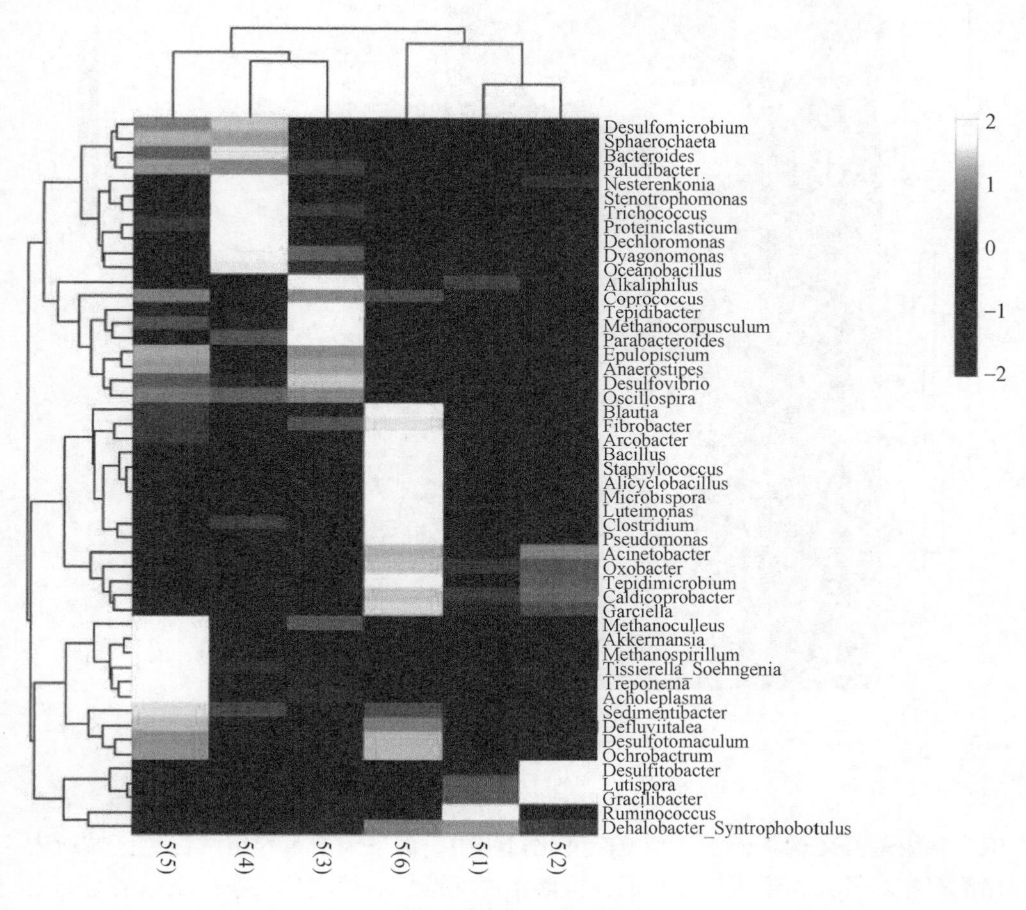

图3-101　发酵第5天heatmap图

厌氧发酵第5天时，六组厌氧发酵微生物群落可以分为两大族群，第3组和第4组物种丰度相近归为一类，再加上第5组并为一个族群，其余三组为另一个族群。厌氧发酵第6天时，六组厌氧发酵微生物群落可以分为三大族群，第3组为一类，第1和2组为一类，第4、5、6为一类。厌氧发酵第7天时，六组厌氧发酵微生物群落可以分为两大族群，第2和3组为一类，第5和6组物种丰度最近，加上1、4组为一类。在3个图中，白色部分代表属丰度高，可以看出，发酵三天各组的丰度和菌群结构相似性都没有固定规律，说明在厌氧发酵这三天

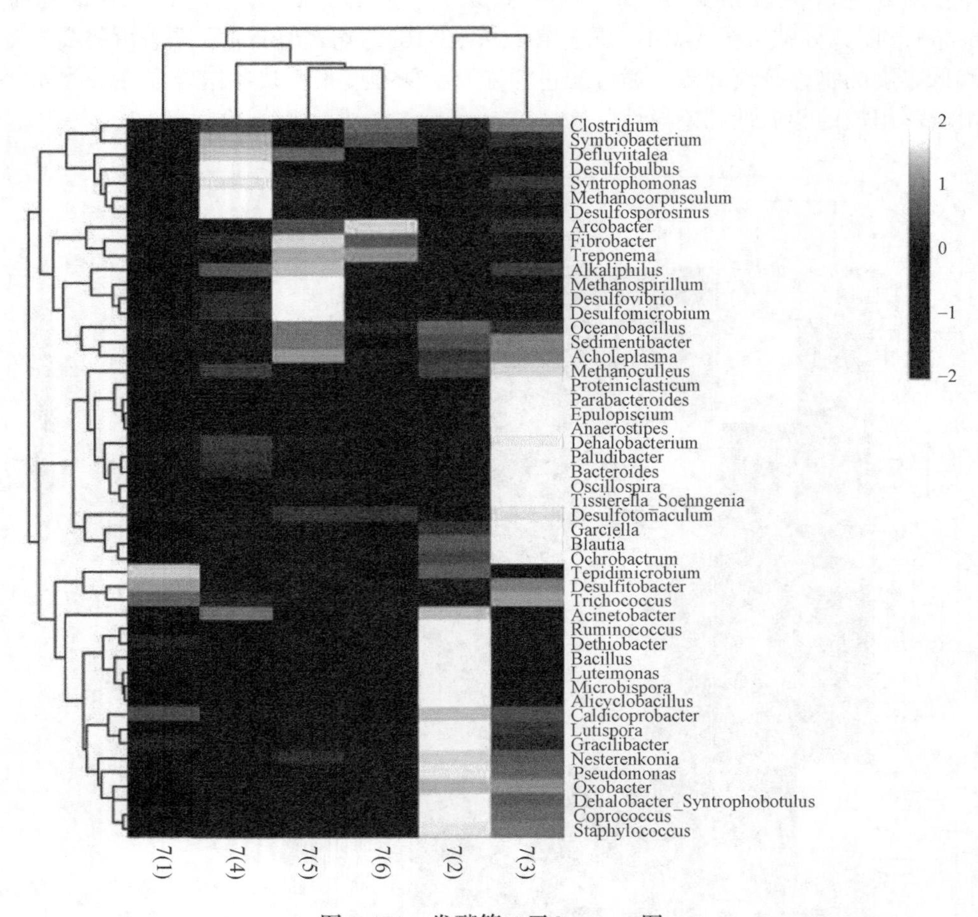

图 3-102 发酵第 6 天 heatmap 图

中，各组菌群结构正处于不断复杂变化过程中。而三天中第 6 组的白色区域所占比例都相对较大，说明第 6 组的菌群落丰度保持相对较高的状态，从而能对奶牛养殖粪便原料进行有效降解转化。

（3）厌氧发酵微生物菌群菌种鉴定及分析

将六组厌氧发酵组发酵第 5、6、7 三天的菌群种类在门水平上进行分析，主要的细菌门归属及相对含量如图 3-104、3-105、3-106 所示，六组样品菌种在门分类学水平上共有 32 个门被鉴定，从图可知，各组主要含有两种门类，分别是 Firmicutes 和 Bacteroidetes。第 1、2 组主要以 Firmicutes 门为主，另外在 3、4、5、6 四组中 Fibrobacteres 门也占有相对较大的比例。

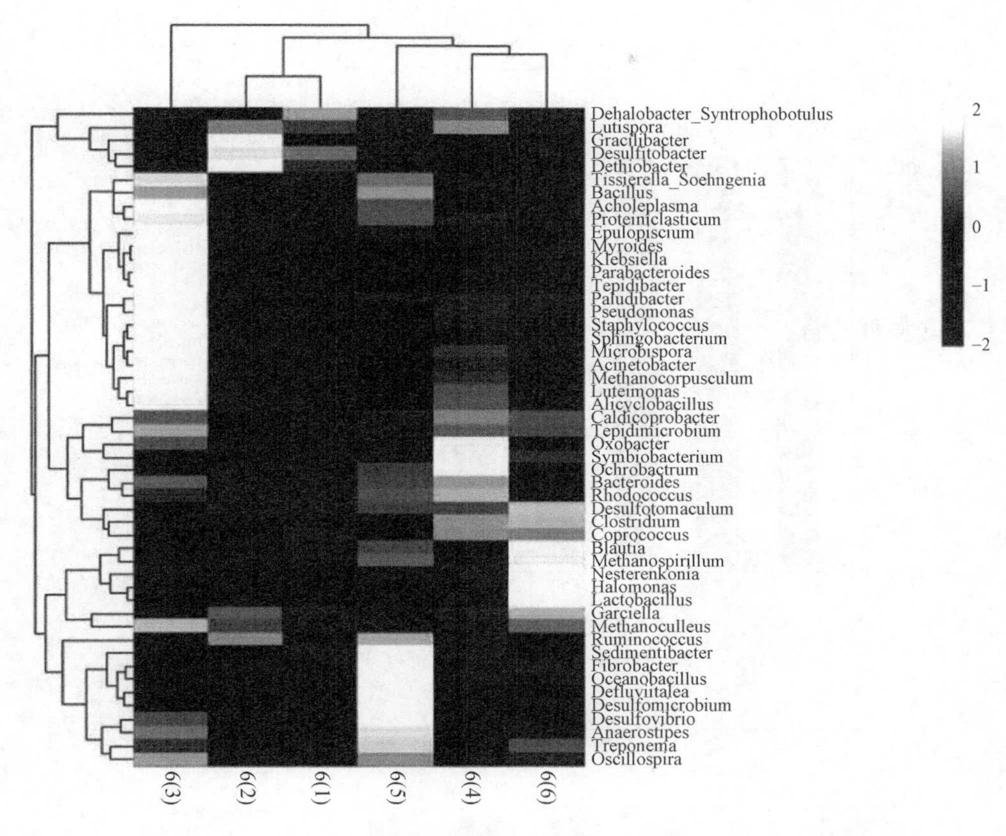

图3-103　发酵第7天heatmap图

在发酵第5天时，如图3-104所示，三组Fibrobacteres门含量分别为第三组10.67%，第四组1.6%，第五组8.4%，第六组17.45%；发酵第6天，如图3-105所示，三组Fibrobacteres门含量分别为第三组占8.7%，第四组4.16%，第五组31.97%，第六组10.96%；发酵第7天，如图3-106所示，三组Fibrobacteres门含量分别为第三组占5.8%，第四组23.02%，第五组46.61%，第六组32.21%。从三天各组菌群中Fibrobacteres门占有比例来看，厌氧发酵中添加活性炭营造的微电解环境有利于Fibrobacteres门生长繁殖，从而使得奶牛养殖粪便中木质纤维素能快速降解硝化。对比第5组与第6组三天的Fibrobacteres门所占比例情况来看，电磁条件对于Fibrobacteres门在厌氧系统生存强化作用效果不如加载电压条件。

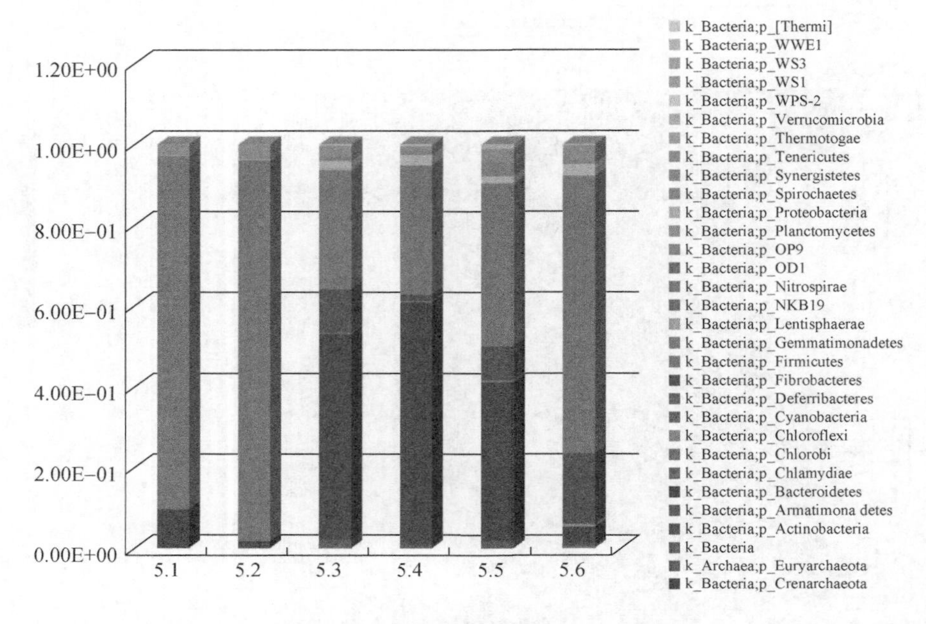

图 3-104　发酵第 5 天物种分布图

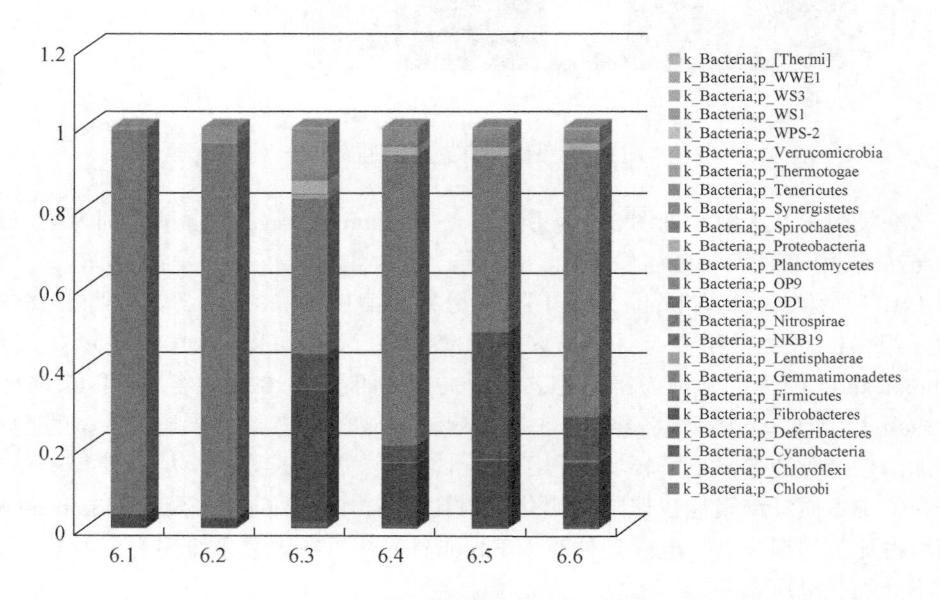

图 3-105　发酵第 6 天物种分布图

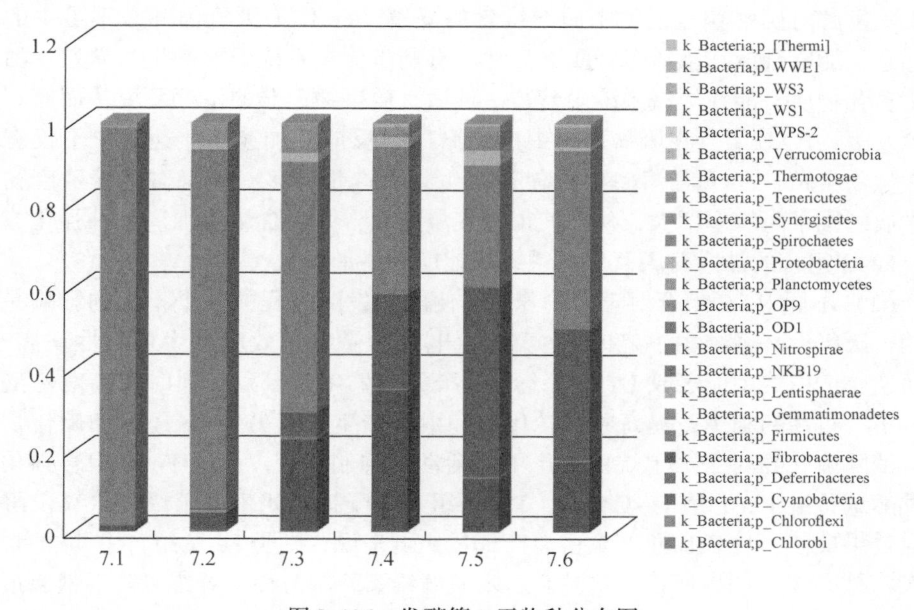

图3-106　发酵第7天物种分布图

(4) 奶牛养殖粪便厌氧发酵微生物宏基因测序分析小结

通过对比六组奶牛养殖粪便厌氧发酵第5、6、7天的微生物宏基因测序分析可知，①从微生物菌群多样性及丰富度角度来看，处于复杂多变的厌氧系统中的六组试验组菌群不断向稳定系统及优势菌种进化；②对照试验组中Fibrobacteres门占比例少，强化条件下对于Fibrobacteres门的菌群生存有利，从而能强化对奶牛养殖粪便的厌氧转化。

在奶牛养殖粪便厌氧发酵系统中加铁、加活性炭、加Fe-C组合、加载电压、电磁条件等强化手段对于促进微生物的菌群结构、菌种、菌数量的影响具有一定的差异，但总体能起到促进厌氧发酵的效果，促进厌氧微生物的生长代谢以及增殖，促进微生物降解酶的合成分泌及酶降解作用。结合之前讨论可知，铁元素对于微生物降解酶的合成及分泌起到促进作用；而对于菌群的快速增殖，活性炭则营造了一种良好的菌存活环境；而加电状态则强化了微生物的生理活动，使之代谢繁殖加快，从而降解底物迅速；厌氧微生物对电磁条件相对敏感，但是电磁条件能使微生物的生长、代谢及增殖等生命活动更迅速。

3.5.6　结论

(1) 厌氧发酵系统中添加Fe、活性炭、Fe-C组合对于奶牛养殖废物厌氧发酵确实有辅助作用，不仅能提升产气量，同时可提升总产气中甲烷含量，并强化了厌氧发酵对奶牛养殖废物木质纤维素的降解。Fe 作为厌氧菌种必不可少的微量元素，能够合成和激活多种酶的活性，有利于厌氧系统菌群的生长繁殖；活性炭是多孔物质，能在厌氧系统中营造一种适宜微生物菌群的生存环境从而有利于厌氧发酵；Fe-C 组合在厌氧系统中产生微电解反应，加速传质速率，不仅有利于微生物生长，Fe 元素溶解加快使得微生物酶产量增多，使得对于养殖废物中的木质纤维素降解率增大，从而使得产气量变大，甲烷含量增加。三种强化方法中，Fe-C 组合的加入对厌氧发酵系统的辅助效果最佳。

（2）不同 Fe-C 组合对于奶牛养殖粪便厌氧发酵过程的各个指标的影响是明显的，厌氧发酵系统中 Fe 和活性炭发生电化学微电解效应产生可溶性铁离子，从而使得产甲烷菌能吸收 Fe 元素，帮助厌氧菌群生长繁殖，同时提高对乙酸等小分子有机物的利用，提高原料转化率和甲烷产生量，另外 Fe 还能和硫化物反应，消除硫化物对于产甲烷菌的产甲烷活动的抑制作用。五组 Fe-C 组合强化厌氧发酵试验组中，F 组 Fe-C（30∶150）组合对于提高奶牛养殖废物厌氧发酵产气量效果最佳；从 CH_4 总产量占总产气量比例来说，则是 Fe-C 组合中 Fe 的含量越大，总产气中 CH_4 所占比例越高；木质纤维素降解方面，纤维素降解效果最好的是 H 组的 60∶150，对木质素降解效果最好的是 F 组的 30∶150。从奶牛养殖粪便资源化的角度来看，F 组 Fe-C（30∶150）组合对于提高奶牛养殖废物厌氧发酵效果最佳，F 组的 Fe-C 组合能使厌氧发酵的原料转化率更高，产甲烷量更大，更好地实现废物资源化利用。

（3）外加电压对于奶牛养殖粪便厌氧发酵具有以下几个特点：①加载电压能提升奶牛养殖粪便厌氧发酵的产气速率，使厌氧发酵快速进入正常产气阶段，提前一周进入产气高峰期，并缩短整个厌氧发酵周期；②加载 0.3V、0.5V、0.8V 电压辅助厌氧发酵，随着加载电压提高，奶牛养殖废物粪便原料转化率上升；③加载电压会影响厌氧发酵时产气时每日产甲烷含量；④0.3V、0.5V、0.8V 外加电压，随着电压上升，厌氧发酵奶牛养殖粪便的纤维素与木质素的降解率也随之上升。在外加电压的影响下，厌氧发酵系统中的厌氧微生物菌群活性提高，新陈代谢加速，厌氧发酵所需生物酶分泌增多。外加电场对于厌氧菌群细胞膜通透性也会有一定的影响，当通透性加大时，生物酶分泌越多，使得厌氧发酵原料转化速度加快，从而能提升废物资源化利用。同时，外加电压对 Fe-C 组合微电解原电池效应也能起到激活作用，加速了电子的转移传递，使得厌氧菌群分解利用奶牛养殖粪便更高效。

（4）磁场与不同电压共同强化奶牛养殖粪便 Fe-C 组合厌氧发酵影响显著，磁场能够刺激细胞生理活性酶的活性，同时也能促进微生物的繁殖速度，但是会影响厌氧系统微生物菌群对于磁场环境的适应性。橡胶软磁桶营造的磁场环境对于加载 0.3V 和 0.5V 电压的奶牛养殖粪便 Fe-C 组合厌氧发酵的产气量、原料转化率具有提升作用，对0.8V的试验组的产气量及原料转化率显抑制作用；对于总产气的甲烷含量，磁场作用仅能提升0.3V试验的甲烷含量，对于0.5V和0.8V两个试验组，磁场作用影响电场对于产气甲烷含量的提升；从产气量、原料转化率、甲烷量以及木质纤维素降解来看，磁场环境与加载0.3V电压对奶牛养殖粪便Fe-C组合厌氧发酵效果最好。

3.6　沼气化工程示范

3.6.1　中温中型沼气工程动力学研究

试验工程依托腾龙太阳能中温中型沼气工程，该工程采用连续式双级单相中温厌氧发酵，类似于全混合式发酵，工艺流程如图3-107。

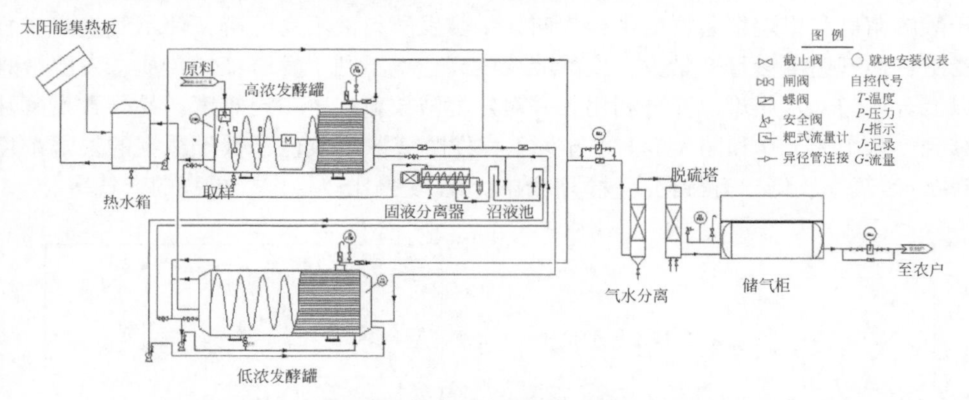

图3-107　太阳能中温中型沼气工程工艺流程

1. 沼气发酵过程N、P变化规律

利用牛粪为原料。氮源为沼气发酵菌群必需的营养物质，P也为发酵菌群必需元素。从图3-108和图3-109结果表明，沼气工程不仅能生产生物能源——沼气，而且对TN削减也有一定贡献。沼气发酵过程中，水解菌群可分解有机氮成NH_3，溶解于发酵液以NH_4^+-N形式存在，由于沼气发酵过程为厌氧发酵，NO_3^--N含量很低。发酵液可溶性磷浓度低，P主要是为沼气发酵菌所利用，存在于菌体内成为结构组分。

2. 发酵浓度对沼气产气量的影响

沼气发酵过程中，发酵液浓度对沼气发酵产沼气存在一定影响，发酵液的浓度太低或太高，对产生沼气都不利。浓度太低时，即含水量太多有机物相对减

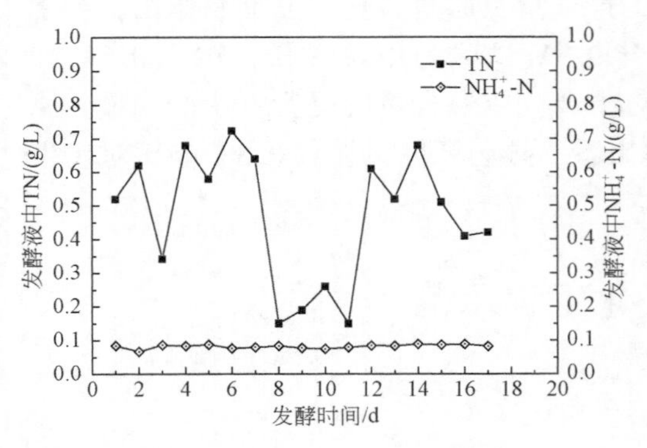

图 3-108　沼气发酵过程 TN、NH_4^+-N 变化图

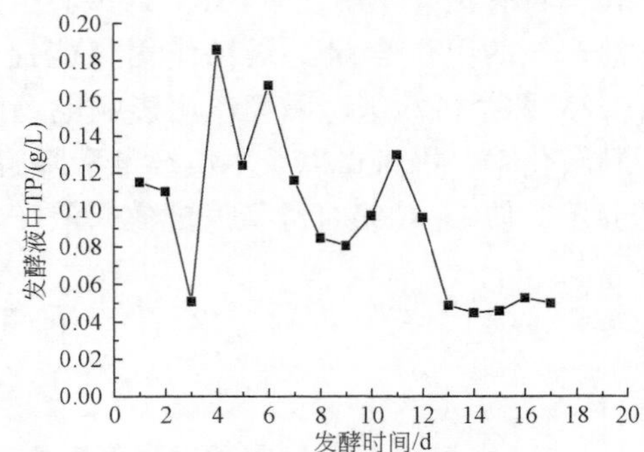

图 3-109　沼气发酵过程 TP 变化图

少，会降低沼气产量，不利于发酵罐的充分利用。浓度太高，含水量太少，不利于酸解菌群和甲烷细菌群的生长代谢，牛粪发酵料液不易分解，使沼气发酵过程受阻，产气速度慢且产量少；发酵液浓度高，也不利于发酵液的传质，发酵液难以混合均匀，基质难以充分利用，并对发酵液放料产生一定难度，易导致发酵液结壳。从图 3-110 和图 3-111 可知该工程发酵液浓度较低，低于适宜的发酵浓度 8%，产气率较低，有待提高发酵液浓度，以获得比较稳定、更高的产气率。

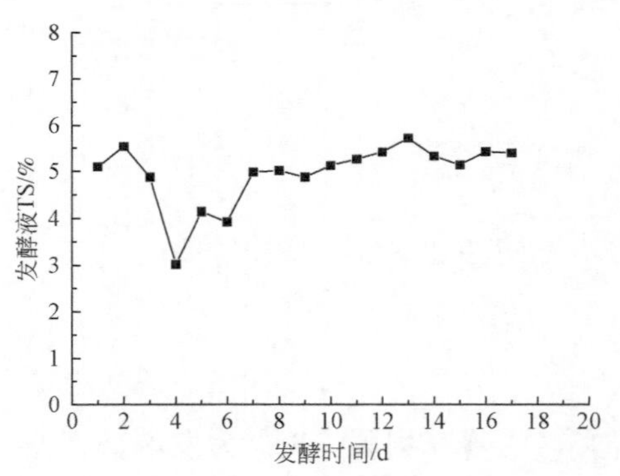

图 3-110　发酵液 TS 含量图

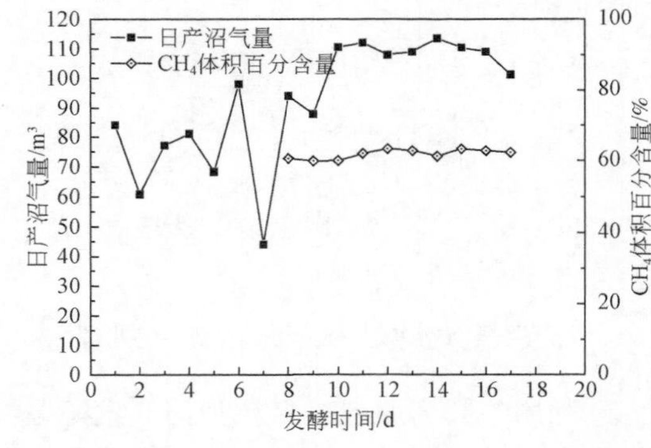

图 3-111　沼气发酵过程沼气产量变化图

发酵考察时间为 9 天以后，经热水加热发酵液、同时开启搅拌装置，结果表明沼气产量有明显提高，日产沼气超过 100m³。

从试验结果看出，该工程沼气中 CH_4 含量在 60% 左右，含量波动很小，对于牛粪为主要原料厌氧发酵所产生 CH_4 含量是较为理想的。

3. 沼气发酵过程去除 COD

沼气厌氧发酵过程 COD 去除达 60% 以上，但发酵液 COD 仍有较高浓度

（图 3-112），利用工程固液分离机将发酵液中的固液分离，沼液再泵送至低浓度发酵罐继续进行厌氧发酵，降解沼液 COD，并收集产生的沼气。

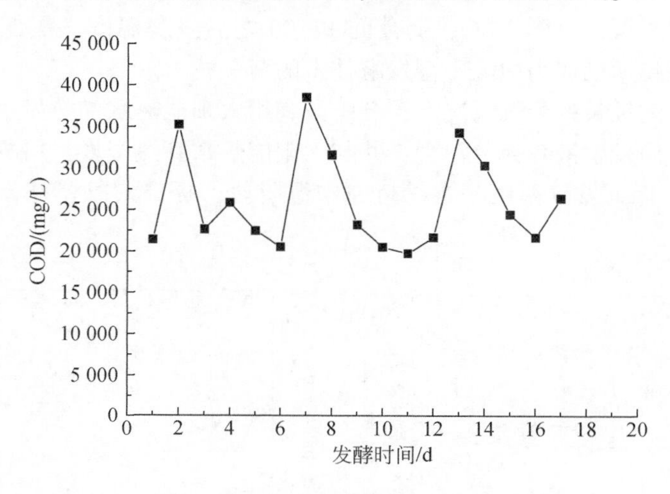

图 3-112　沼气发酵过程 COD 变化图

4. 沼气发酵过程中中间代谢产物 VFA 的变化规律

沼气发酵过程中，水解菌群把有机物水解成挥发酸性脂肪酸 VFA，其生长速率变慢，VFA 经过产酸氢菌群分解成乙酸、H_2及 CO_2，这些是产甲烷菌群合适的营养基质。因为 VFA 是厌氧发酵中重要的中间产物，VFA 浓度与厌氧发酵效率的关系，一直是人们关注的焦点，如果浓度过高，则会形成菌体压力，致使 pH 降低，最终导致发酵的失败。该工程前期 VFA 浓度较高，可能是发酵产沼气产量不高的原因之一。分析原因如下：

（1）该工程发酵罐为卧式发酵罐，搅拌效果不太好。并在发酵启动期搅拌系统出现故障，未及时排除，搅拌效果不佳，会导致 VFA 积累，使 VFA 浓度升高。

（2）发酵温度波动较大，降低产酸氢菌群分解 VFA 的速率，分解产物乙酸、H_2及 CO_2 的量较少，影响甲烷菌群的生长，导致 VFA 积累浓度升高。

（3）一些抑制物质的存在，抑制沼气发酵功能菌群的生长代谢，使 VFA 积累。

5. 沼气发酵温度和保温现状

测定温度时间为早上 9∶00，夜间无热水加热和机械搅拌，此时温度较低，一般不超过 30℃（图 3-113、图 3-114），故温度调节、保温仍成问题，难以保证中温发酵。而沼气发酵温度波动大，对沼气产量有明显影响，温度波动过大，甚至停止产气。对中温发酵，应要严格控制发酵液的温度。该工程发酵温度变化较大，晴天的白天可以达到35℃，而夜间12:00之后发酵温度一般低于25℃，长久实效的保温技术已成为中温中型发酵技术的瓶颈技术。

在日照时间较长的天气情况下，分阶段利用太阳能热水加热发酵液、同时开启搅拌装置，使发酵液较充分混合，并与太阳能热水管热交换，可提升发酵体系温度至30℃，保证发酵温度基本维持在中温阶段，提高沼气产率，保持较高的日沼气产量。

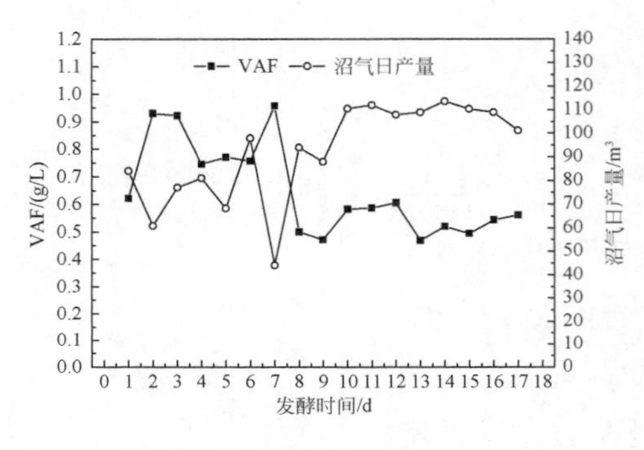

图3-113　沼气发酵过程VFA变化图

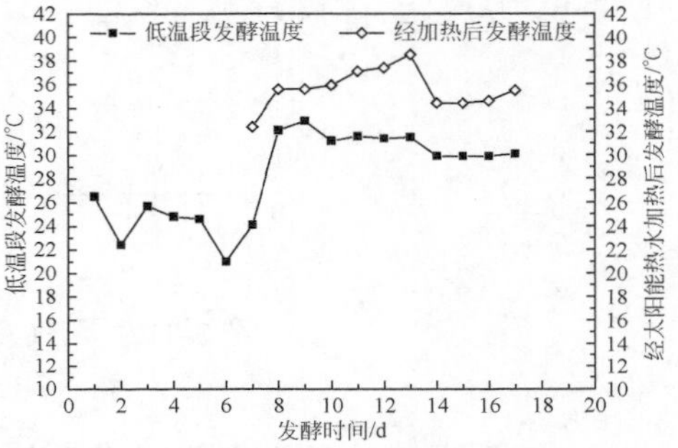

图3-114　沼气发酵过程发酵温度变化图

6. 沼气发酵过程pH的变化

沼气发酵最适pH在6.8～7.5，pH过高或过低均会抑制甲烷菌活性，该工程发酵pH为7.1～7.6（图3-115），且变化不大，没有出现酸化现象，为中温发酵提供了较适宜的酸碱环境。说明牛粪厌氧发酵具有一定的平衡能力，不需外界调节。

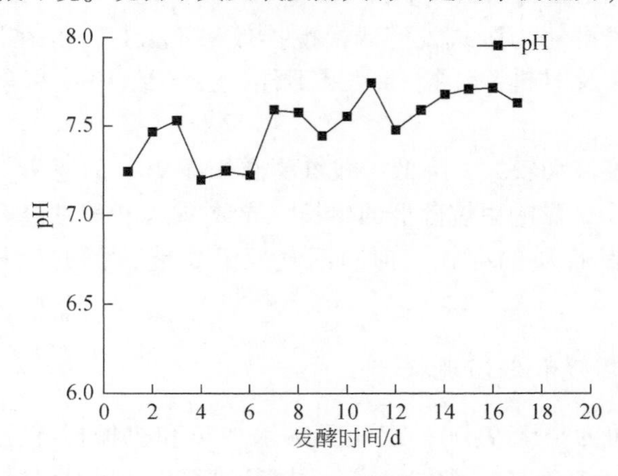

图3-115　沼气发酵过程pH变化图

7. 结论与存在问题

中温中型沼气工程可提供生物质能源——沼气，同时是控制氮、磷流失的一种有效途径。工程运行存在温度波动较大，保温技术还有待进一步改善。发酵液浓度不高，产沼气水平不高。从保温技术角度拟对该工程进行以下方面的改造：

（1）对该工程太阳能集热水管采用保温材料隔热，减少能量损失。

（2）增设一个4～6m³热水桶，铺设电加热管或沼气加热装置，保障阴雨天气也能给发酵体系提供充足的热能，保证发酵温度维持在有利于沼气发酵的范围内。

（3）沼气发电，利用余热加热发酵液，并消除农村管道输送沼气的弊端。

需进一步通过改进发酵工艺，提高发酵液浓度，提高产气率，并防止发酵料液结壳，实现工程更稳定运行。下一步将从以下方面加以改进：

（1）对牛粪原料进行预处理，并适当添加其他农业废弃物原料，如玉米秸秆等原料。

（2）进一步优化工艺参数，控制好物料循环，沼液回流利用，通过沼液回流利用，探索合适的沼液回流比，提高沼气产气率。

（3）添加高效发酵菌群，发酵促进剂等激活发酵体系中的有效微生物菌群，提高产气率和沼气质量。

（4）采用中、高温两级发酵工艺提高产气率。

目前，腾龙沼气站运行不太稳定，温度难以一直保持在中温沼气发酵温度，产气率不高。该沼气站现行情况和改进措施建议如下：

（1）工程集热和保温技术

阴雨天气和夜间基本无太阳能，工程集热方式较单一，无太阳能也就无热水加热发酵罐内的发酵液，此阶段温度较低，一般不低于25℃，故温度调节、保温仍成问题。且工程发酵温度波动较大，晴天的白天经过太阳能集热热水加热可以达到35℃，而夜间发酵温度一般低于25℃，冬天更低，甚至在20℃以下，这对沼气发酵尤为不利。该工程太阳能热水管和给发酵罐加热外部热水管无保温材料包裹，造成不少的热能损失。故该工程的集热、保温技术还有待进一步改善。拟对加热方式和保温采取如下改进措施：

①热水管保温

太阳能热水管，采用橡塑绝热保温材料、聚氨酯泡沫塑料或石棉保温材料绝热保温，使用铝箔或铝薄板包裹。

②添加热水桶

添加一个4m³的热水桶，并在热水桶内加设四组3kW防干烧型电加热管，用于阴雨天气和夜间加热热水，保证发酵温度较为稳定。

经增加热水桶、增设加热管和管材保温等措施，可以实现发酵温度较稳定地维持在中温发酵温度，保障发酵温度在30℃以上，提高工程沼气产气量。既可以提高沼气工程的经济效益，同时也解决了沼气发酵装置的增温问题。

（2）沼液回流

沼液回流主要是高浓发酵罐发酵液经固液分离机固液分离之后，沼液部分回流循环利用，并替代一部分井水冲洗加料斗和进料口，同时起循环搅拌作用。沼液回流具有以下优点：①可以少产生沼液，为后期沼液处理减轻负担；②沼液循环利用，不降低发酵浓度，更有利于发酵稳定运行；③替代部分井水冲洗，一是不稀释发酵体系浓度，二是不降低发酵温度，三是节约用水。

需增加一台口径40mm、流量$10m^3/h$、扬程20m的潜水式排污泵，配置DN40管约30m，至进料口。

（3）建立健全的运行管理机制

除工艺技术外，中型沼气工程的运行管理也是确保工程正常运行的关键，建立健全的运行管理机制是工程良好运行的保障。应从以下方面加强工程运行管理：

①原料管理：必须对原料实行质量控制，要求原料中不应含有砖块、石头、玻璃、金属、布条、塑料袋、树枝大块杂物，以免破坏或堵塞输送泵、搅拌机等设备及管道。

②工艺运行管理：根据沼气使用总量稳定控制进料负荷，每天温度变化应控制在2℃以内，pH控制在6.8～7.5，重点关注VFA的变化。沼气净化脱硫，防止腐蚀设备及管道。洱海北部流域可消纳部分沼肥，但价值不高，可开发利用沼肥制备营养土等高附加值产品，提高经济效益。

③设备管理：要求操作人员熟悉设备性能及使用方法，正确操作使用设备，并由工程建设安装公司定期派遣专业人员进行维护保养。发生故障时，安排专业维修人员及时查找原因，进行设备维修。建立设备维护保养登记制度，维护设备正常运行，提高设备工作效率，及时提供技术维修支持，也是确保工程正常运行的基础。

④安全管理：做好用户的安全用气教育，制定安全事故应急预案。

⑤人员培训：进行工艺技术培训、设备使用培训、安全生产教育。

3.6.2　太阳能加热射流减半中温小型沼气工程的运行维护

1. 沼气罐试压

沼气工程建成及输气液系统安装后，要参照国标GB 4751中第7-2-1和7-2-2条规定进行打压验收。第7-2-1为水压法：向发酵罐（池）内注水至溢流高度，稳定后观察12h，当水位无明显变化时，表明发酵罐（池）及进料管系统不漏水，之后方可进行水压试验。关闭罐体通向气空间的所有阀门，最佳方法是用盲板切断通向气空间的去路。在罐顶气空间接好测压仪表或U形压力计，对气空间做好全面的密封处理，此后继续向发酵罐（池）内注水；当压力达到最大设计压力时停止加水，记录好压力值，稳压观察24h。当压力下降在3%~10%时，可确认发酵罐（池）抗渗性能符合要求。第7-2-2条规定是气压试验法，与第7-2-1条区别是在注水稳压观察后，向罐（池）内不是再注水，而是注气后观察罐（池）的压力降在3%~10%，确认抗渗性能符合要求。

当压力下降小于3%时，可确认发酵罐（池）抗渗性能符合要求。第7-2-2条规定是气压试验法，与第7-2-1条区别是在注水稳压观察后，向罐（池）内不是再注水，而是注气后观察罐（池）的压力下降小于3%时，确认抗渗性能符合要求。沼气发酵罐（池）的气密性验收完成后，接着进行包括输配管路的全系统气密性和防渗漏验收。单体验收和分段验收合格后，进行全系统验收，确保全系统不渗水、不漏气后，再进行沼气工程的发酵启动运行工作。与发酵罐（池）配套的所有管道、阀门均应根据其各自的运行压力，分别按照工业管路检验标准用清水进行承压检验。对于原料、水、蒸气、沼气的压力表和流量计、液位计、电气、测温仪、pH计等计量仪表及加热器、搅拌器、电机、水泵等设备，均应按各自的产品质量检验标准和设计要求，进行单机调试和连动试运行，以保证其安全、可靠、灵活和准确。运行前的试车是非常重要的工作，否则在投产后再发现上述先天性缺陷，就会给补救维修工作带来麻烦。

2. 选取接种物

用于沼气发酵启动的活性物质叫接种物，一般用污水处理场的活性污泥、户用沼气料液、城市下水道污泥等作为初始接种物。沼气发酵过程是多种类微生物共同作用的结果，要注意接种物的产甲烷活性，因为产酸菌繁殖快，而产甲烷菌繁殖很慢，如果接种物中产甲烷菌数量太少，常常因为在启动过程中酸化与甲烷化速度的过分不平衡而导致启动失败。

在确定系统运行温度后，要选择同类工程的活性污泥作接种物（菌种）。是否是相同的菌种，或富集菌种的多少，决定系统启动速度的快慢。由于各地具体条件差异，监测手段不同，启动时的操作方式也不会是一个模式，只能是类同。

条件具备的地方，处理同类废水，接种同类污泥，以保持沼气微生物生态环境的一致；当地不具备这样的条件，需要在驯化方面下功夫，启动时间要长些，速度会慢些。沼气发酵罐排出的活性污泥和污水沟底正在发泡的活性污泥，都可作为选取接种物的对象。接种量约占发酵容积的1/10. 1/3，接种量越多，启动速度越快，在此基础上逐渐富集。菌种的驯化富集可在新建成的发酵罐内进行，也可在其他的容器内进行。取来的活性污泥（菌种）越多越好，再加入适量的处理原料（数量小于菌种量10%份额）。菌种和原料的混合液在装置内作好保温，再逐渐升温（要逐渐升温到35℃），并调节使pH在6.8～7.2。每隔7～8天加入新料液一次，数量仍为装置内料液的5%～10%，依次继续下去。驯化富集过程，是为厌氧发酵创造必要的条件，首要条件是适宜的温度和pH，每次加入新料液的多少也是由驯化富集起来菌种液pH的高低所确定。图3-116和图3-117是荧光显微镜下甲烷菌的富集。

图3-116　纤维素降解菌富集图

图3-117　沼气发酵过程产气高峰期的甲烷细菌

产气高峰期厌氧纤维素降解菌、厌氧产酸菌和产甲烷菌的菌数均呈最高值，分别为1.4×10^5个/mL、1.9×10^9个/mL、2.5×10^7个/mL。可见，产气高峰期产气量的迅速上升与厌氧产酸菌和产甲烷菌的快速增殖相关。产气高峰期过后，由于易分解利用基质的消耗，厌氧产酸菌下降，而厌氧纤维降解菌和产甲烷菌仍维持较高值，高峰期产气量降低与厌氧产酸菌的减少有关。在整个发酵过程中厌氧纤维素降解菌的菌数一直维持在较高水平，并呈上升趋势，且发酵后期的产气量主要来源于牛粪中纤维素的降解（表3-22）。沼气发酵过程中各功能菌群的协调生长代谢，是维持沼气稳定高产的基础。

表3-22　沼气发酵中功能菌群的数量变化

取样阶段＼菌群	厌氧纤维素降解菌	厌氧产酸菌	产甲烷菌
发酵初期	3.2×10^4	6.2×10^7	4.8×10^5
产气高峰期	1.4×10^5	1.9×10^9	2.5×10^7
发酵后期	2.1×10^5	3.2×10^8	2.1×10^7

3. 原料的预处理

预处理（堆沤）就是提前让原料液化或者加快原料的液化过程，这个过程对于春秋季节启动是非常必要的，一是可以增加原料的温度，加快原料的液化和酸化过程，促进沼气菌的繁殖和生长。二是可以培养大量的沼气菌种，少用或不用接种物。经过预处理的原料不结壳、不上漂，很容易溶于水，能在很短的时间内让沼气池达到正常的使用状态。实践表明，春季启动的沼气池不能正常使用的(除漏气外)，90%是没有做好原料预处理。

采用秸秆做发酵原料，首先要将秸秆铡成长3cm左右，踩实堆成约30cm厚，泼2%石灰澄清液并加10%粪水或沼液（即100kg秸秆要用2kg石灰澄清液和10kg粪水或沼液）。这样铺3～4层，堆好后用塑料布覆盖，堆沤15天左右即可。气温低时宜采用坑式堆沤，气温高时可直接堆沤在地上。

4. 发酵启动

沼气发酵的启动是指从投入接种物和原料开始，经过驯化和培养，使发酵器中厌氧活性污泥的数量和活性逐步增加，直至发酵器的运行达到设计要求的全过程。这个过程所经历的时间称为启动期。沼气发酵器的启动一般需要较长时间，若能取得大量活性污泥作为接种物，在启动开始时投入发酵器内，可以缩短启动期。

把富集的菌种投入发酵器内，对于容积较小的发酵器，菌种量约占总容积的1/3；较大容积的发酵罐，富集的菌种可以适当小于容积的1/3。然后按正常运行状态封闭发酵罐，接通全系统，使富集的菌种逐步升温到系统的运行温度。中温运行的系统，升温到35℃±1℃；高温运行的系统，升温到54℃±1℃。目前，对菌种升温速度持有不同观点，一种观点是采用间断升温办法，每次升温2～3℃，接着稳定2～3天，然后重复进行，直至升温至35℃或54℃。另一种观点主张快速升温，每小时升温1℃。

在启动运行时，要装备监测手段，特别是对食品工业废水，要求达到排放标准。简单的做法是控制好发酵料液的温度和pH在最佳范围之内。有条件应以监视挥发酸含量代替监控pH，还应监测排出液的COD含量、去除率及沼气发酵罐的消化负荷。启动运行阶段COD去除率要适当放宽，以满足最佳pH要求。

无论是哪种类型的发酵装置，其启动方式都是将接种物和首批料液投入发酵罐后，停止进料若干天，在料液处于静态下，使接种污泥暂时聚集和生长，或者附着于填料表面。待大部分有机物被分解去除时，即产气高峰过后，料液的pH在7.0以上，或产气中甲烷含量在50%以上或COD去除率达到80%左右时，再进行连续投料或半连续投料运行。

每次进料要在预处理阶段升温到高出系统运行温度 3 ~ 5℃，并使新料液 pH 调质到 6.5 ~ 7，每次进料量是发酵罐内料液量的 5%~10%，进料量的多少由发酵罐内料液面高低来确定。每间隔 7 ~ 8 天进料一次，直至发酵罐内的料液向外溢流，这为该系统启动的第一阶段。此后，逐渐缩短每次进料间隔，逐渐增加每次进料量，直至通过实践得出每天的最大进料量，并能满足发酵罐正常运行。如果是达标排放的环保工程，还要满足 COD 去除率指标，同时也可以得出发酵罐的最大消化负荷，也就是每天每立方米发酵容积能消化多少千克 COD，用 kgCOD/（m^3 · d）表示。

在启动过程中，最常见的障碍是负荷过高所引起的发酵液有机酸含量上升、pH 降低，这会引起污泥沉降性能变差而严重流失。排除的方法是首先应停止进料，待 pH 恢复正常水平后，再以较低负荷开始进料。当发现 pH 已经降至 5.5 以下，需要添加石灰水、碳酸钠和碳酸氢铁等碱性物质进行中和。同时也可排出部分发酵液，再加入一些接种物，以起到稀释、补充缓冲性物质和增加活性污泥的作用[1-159]。

参考文献

[1] 张克强．畜禽养殖业污染物处理与处置［M］．北京：化学工业出版社，2002.

[2] 曾庆国．发展沼气是国家西部开发战略的一个切入点［J］．农村能源，2001，（1）：30-31.

[3] 边炳鑫，赵由才．农业固体废物的处理与综合利用［M］．北京：化学工业出版社，2005.

[4] 郝先荣．2000 年国际沼气技术与持续发展研讨会［J］．中国沼气，2000.

[5] 叶旭君．以沼气工程为纽带的生态农业工程模式及其效益分析［J］．农业工程学报，2000，8（2）：93-96.

[6] 王晓霞，王韩民，徐德徽．大中型沼气工程商业化融资的前景及对策［J］．中国农村经济论坛，2004，7：78-85.

[7] 季秉厚．中国北方寒冷地区农村能源暨新能源研究与应用进展［M］．呼和浩特：内蒙古大学出版社，1997.

[8] 沈东升，贺永华，冯华军．农村生活污水地埋式无动力厌氧处理技术研究［J］．农业工程学报，2005，21（7）：111-115.

[9] Stphanie Lansing，Raul Botero，Jay F Martin. Waste treatment and biogas quality in small-scale agricultural digesters［J］．Bioresource Technology，2008，（99）：5881-5890.

[10] 余东波．沼气发酵液综合利用技术示范研究［D］．昆明：云南师范大学，2006.

[11] 岑承志，陈砺，严宗诚，王红林，邓涛．沼气发酵技术发展及应用现状［J］．广东化工，2009，6（36）：78-79.

[12] 夏祖璋．发达国家沼气装置概述［J］．新能源，1994，6：9-22.

[13] 郑元景，杨海林，蔺金印．有机废料厌氧发酵技术［M］．北京：化学工业出版社，

1998，6-40.
[14] 刘英，陈彦宾．德国沼气技术考察报告［J］．中国沼气，2001，19（4）：41-43.
[15] 刘继芳．德国农村再生能源——沼气开发利用的经验和启示［J］．中国资源综合利用，2004，11：24-28.
[16] 德国沼气技术考察．http//www. China biogas. com. cn,2004. 9.
[17] Liu T , Ghosh S . Phase separation during anaerobic fermentation of solid substrates in an innovative plugflow reactor［J］. Water Science & Technology，1997，36（6-7）：303-310.
[18] John Stunbos. Methane generators turn agricultural waste into energy［J］. California Agriculture，2001，55（5）：56-58.
[19] Daniel Cullen. Recent advances on the molecular genetics of ligninolytic fungi［J］. Journal of Bio-technology，1997，53：273-289.
[20] 彭武厚．厌氧消化技术发展前景广阔［J］．工业微生物，1997，27（3）：32-33.
[21] 胡启春．国外厌氧处理城镇生活污水技术的应用现状和发展趋势［J］．中国沼气，1998，16（2）：11-15.
[22] 刘涟淮．沼气技术在欠发达地区应用研究［D］．南京：南京农业大学，2005.
[23] Chen P L. Shrinking- bed model for percolation process apple to dilute-acid pretreatment hydrolysis of cellulosicbiomass［J］. Appl-biochembiotechnol，1998，70：37-50.
[24] Ghost S. Tayor D C. Kraft- millbiosolids treatment by conwentional and biphasic fermentation［J］. Wat Sci Tech，1999，40（11-12）：169-177.
[25] 郭世英，蒲嘉禾．中国沼气早期发展历史［J］．北京：科技文献出版社，1988.
[26] 李清国．固体废弃物处理工程［M］．北京：科学出版社，2000，194-195.
[27] 张朝晖，王虎，刘玉凤，等．户用沼气系统建设现状评析［J］．杨凌职业技术学院学报，2003，2（3）：34-37.
[28] 何顺民，朱维林，吴礼友，等．我国农村沼气现状及服务体系建设对策研究［J］．安徽农业科学，2006，34（18）：4789-4790.
[29] 周孟津．沼气生产利用技术［M］．北京：中国农业大学出版社，2005.
[30] 贺亮．试论21世纪我国沼气技术的走向［J］．新能源，1997，19（2）：27-30.
[31] 林聪，王久臣，周长吉．沼气技术理论与工程［M］．北京：化学工业出版社，2007，1-6.
[32] 杨邦杰，等．农业生物环境与能源工程［M］．北京：中国农业科学技术出版社，2002.
[33] 钮红姝，葛德宏．以沼气工程为纽带的生态农业浅析［J］．中国沼气，2003，21（1）：43-46.
[34] 胡小平．推广沼气综合利用促进农业持续发展［J］．中国沼气，2001，19（3）：34-35.
[35] 邱凌，张工茂，谢惠民．农村沼气工程理论与实践［M］．西安：世界地图出版社，1998.
[36] 吕映辉，潘海涛，史晓华，等．浅议沼气能源［J］．山东轻工业学院学报，2006，20（3）：66-68.
[37] 刘德江．家畜粪便厌氧消化特性与应用研究［D］．杨凌：西北农林科技大学，2004.

[38] 竺建荣，胡纪萃，等．二相厌氧硝化工艺硫酸盐还原细菌的研究［J］．环境科学，1997：42-44.

[39] 张安荣，吴力斌，温世鼎．我国沼气技术研究应用进展和发展前景［J］．新能源，1997，19（7）：29-34.

[40] 赵一章，张辉，唐一，等．高活性厌氧颗粒污泥微生物特性和形成机理的研究［J］．微生物学报，1994，34（1）：45-54.

[41] 梅翔，何惠君．生活垃圾 AAFEB 工艺制取沼气试验［J］．中国沼气，1994，12（3）：7-11.

[42] 徐洁泉，胡伟，汤玉珍，等．低温和近中温猪粪液厌氧处理的装置比较研究［J］．中国沼气，1997，15（2）：7-13.

[43] 周孟津，杨秀山，初一宁，等．增设软纤维填料对升流式固体反应器（USR）性能的影响［J］．中国沼气，1995，13（1）：8-11.

[44] 潘云霞，李文哲．接种物浓度对厌氧发酵产气特性影响的研究［J］．农机化研究，2004，1：187-189.

[45] 张运真，青春耀，刘亚纳，等．改变厌氧发酵工艺条件对发酵液氮含量的影响［J］．可再生能源，2004，5：44-45.

[46] Garg R N，Pathak H. Use of flash and biogas slurry for improving wheat yield and physieal properties of soil［J］. Envimnrnental Monitoring Assessment，2005，107：1-9.

[47] Lizhao，Linai- Zhou，Jiangpin- Qu. Solid residual from biogas fermentation，its physical and chemical properties and impacts on nutrition components of the non- pollution vegetables［J］. Zhe Jiang Agricultural Sciences，2005，(2)：103-105.

[48] Guosheng- Liu. Use of biogas residue for high quality angelica planting［J］. China Biogas，2006，25（2）：36.

[49] Rongle-Liu，Shutian-Li，Xiubing-Wang，et al. Contents of heavy metal in commercial organic fertilizers and organic wastes［J］. Journal of Agro- Environment Science，2005，24（2）：75-79.

[50] 赵丽霞．浅谈沼气发酵技术［J］．内蒙古石油化工，2008，(10)：50-51.

[51] Zootnenyer R J，et al. Influence of temperature on the anaerobic acidification of gucose in amixed culture forming part of a two- stage digestion process［J］. Wat Pes，1982，16（3）：313-321.

[52] 陈艺阳．市政污泥厌氧发酵定向产乙酸的研究［D］．无锡：江南大学，2007.

[53] 胡锋平．氨氮对中温厌氧处理抑制作用的试验研究［J］．中国给水排水，1997（增刊）：19-22.

[54] 欧忠庆，张劲，邓干然，等．菠萝叶渣厌氧处理制作沼气试验［J］．广西热带农业，2003，4：11-12.

[55] 查国君，张无敌，尹芳，等．菠萝皮厌氧发酵产沼气的研究［J］．能源工程，2007，(1)：41-43.

[56] 刘荣厚．新能源工程［M］．北京：中国农业出版社，2006.

[57] 林聪．沼气技术理论与工程［M］．北京：化学工业出版社，2007.
[58] 鲁楠．新能源概论［M］．北京：中国农业出版社，1997.
[59] 兰吉武，陈彬，曹伟华，等．水葫芦厌氧发酵产气规律［J］．黑龙江科技学院学报，2004，14（1）：18-21.
[60] 徐增符．沼气工艺学［M］．北京：农业出版社，1981.
[61] 刘守华，宁朝霞．沼气半连续发酵过程中影响产气率因素的研究［J］．辽宁师专学报，1999，1（3）：96-98.
[62] 乔伟，曾光明，袁兴中，等．厌氧硝化处理城市垃圾多因素研究［J］．环境科学与技术，2004，27（2）：3-4.
[63] 宋若钧，贺德华，胡之杰，等．猪粪中温厌氧发酵制取沼气工艺条件的系统研究［J］．微生物学通报，1986：15-19.
[64] 方德华，庞江春，刘邦芳，等．农村混合原料沼气发酵条件研究［J］．西南农业大学学报，1997，19（3）：298-303.
[65] 姚燕．农用畜禽粪便为原料生产优质厌氧发酵液工艺条件的研究［D］．郑州：河南农业大学，2003.
[66] 周大石．甲烷细菌与沼气发酵［J］．生物学通报，1994，29（4）：1-3.
[67] Raposo F，Banks C J，Siegert I，et a1. Influence of inoculum to substrate ratio on the biochemical methane potential of maize in batch tests［J］．Process Biochemistry，2006，41：1444-1450.
[68] Speece R E. Anaerobic biotechnology for industrial wastewaters［M］．New York：Archac Press，1996.
[69] Lopes W S，Leite V D，Prasad S. Influence of inoculum on performance of anaerobic reactors for treating municipal solid waste［J］．Bioresource Technology，2004，94：261-266.
[70] Ruil X，Tiam'ong G Even P，et al. Biochemical methane potential of blue-green algae in biogas fermentation progress［J］．Journal of Yunnan Normal University，2007，27（5）：35-39.
[71] 郭磊．市政污泥多级逆流厌氧发酵产酸技术研究［D］．无锡：江南大学，2008.
[72] 邹星炳．山区散养户多功能牛舍推广研究［J］．中国牛业科学，2015，41（6）：86-88.
[73] 贾丽娟，宁平，瞿广飞，等．洱海北部畜禽粪便沼气资源化潜力分析［C］．中国环境科学学会2010年学术年会，2010.
[74] Huang K，Qu G F，Ning P，et al. Research on nitrogen and phosphorus losses of natural composting manure in the northern region of Erhai lake［J］．Advanced Materials Research，2010，160-162：585-589.
[75] 李劲松．当前农村小规模养猪户存在的问题及建议［J］．湖北畜牧兽医，2010，（11）：13-14.
[76] 蒋永宁，王吉报．云南大理奶牛产业化发展探析［J］．云南农业大学学报（社会科学版），2012，6（3）：28-30.
[77] 林可聪．畜禽粪便资源的高温堆肥处理［J］．中国资源综合利用，2001，（10）：33-34.
[78] Yao Y，Wang Y J，Gai lian L I，et al. Study on the commercialized development of anaerobic

fermentation slurry [J]. Journal of Henan Agricultural University, 2003.
[79] 彭奎，朱波．试论农业养分的非点源污染与管理 [J]．环境保护，2001，(1)：15-17.
[80] 周铁韬．规模化养殖污染治理的思考 [J]．内蒙古农业大学学报（社会科学版)，2009，11 (1)：117-120.
[81] D'Amico M, Filippo C D, Rossi F, et al. Activities in nonpoint pollution control in rural areas of Poland [J]. Ecological Engineering, 2000, 14 (4): 429-434.
[82] 彭里．重庆市畜禽粪便污染调查及防治对策 [D]．重庆：西南大学，2004.
[83] Evans P O, Westerman P W, Overcash M R. Subsurface drainage water quality from land application of seine lagoon effluent [J]. Transactions of the American Society of Agricultural and Biological Engineers, 1984, 27 (2): 473-480.
[84] 何明福．农村规模养殖的环境污染与治理对策 [J]．当代畜禽养殖业，2009，(1)：54-55.
[85] 黄灿，李季．畜禽粪便恶臭的污染及其治理对策的探讨 [J]．家畜生态学报，2004，25 (4)：211-213.
[86] 颜培实，李如治．家畜环境卫生学 [M]．北京：高等教育出版社，2011.
[87] Pell A N. Integrated crop-livestock management systems in sub-saharan Africa [J]. Environment Development & Sustainability, 1999, 1 (3-4): 337-348.
[88] 郭亮．规模化奶牛场粪便处置方法的比较研究 [D]．南京：南京农业大学，2007.
[89] 潘琼．畜禽养殖废弃物的综合利用技术 [J]．畜牧兽医杂志，2007，26 (2)：49-51.
[90] 相俊红，胡伟．我国畜禽粪便废弃物资源化利用现状 [J]．现代农业装备，2006，(2)：59-63.
[91] 汪建飞，于群英，陈世勇，等．农业固体有机废弃物的环境危害及堆肥化技术展望 [J]．安徽农业科学，2006，34 (18)：4720-4722.
[92] 孙永明，李国学，张夫道，等．中国农业废弃物资源化现状与发展战略 [J]．农业工程学报，2005，21 (8)：169-173.
[93] Fehrenbach H, Giegrich J, Reinhardt G, et al. Kriterien einer nachhaltigen bioenergienutzungim globalen Maßstab [J]. UBA-Forschungsbericht, 2008, 206: 41-112.
[94] Weiland P. Biogas production: Current state and perspectives [J]. Applied Microbiology & Biotechnology, 2010, 85 (4): 849-860.
[95] 张全国．沼气技术及其应用 [M]．北京：化学工业出版社，2013.
[96] 孙振钧，袁振宏，张夫道，等．农业废弃物资源化与农村生物质资源战略研究报告 [R]．国家中长期科学和技术发展战略研究，2004.
[97] EurObserv'er Report. The state of renewable energies in Europe [R]. 2008: 47-51.
[98] 刘英，陈彦宾，王革华．德国沼气技术考察报告 [J]．中国沼气，2001，19 (4)：41-43.
[99] Fachverband Biogas. Biogas dezentral erzeugen, regional profitieren, international gewinnen. In. Proc. 18. Jahrestagungdes Fachverbandes Biogas, Hannover, 2009.
[100] Jenkins S R, Zhang X. Measuring the usable carbonate alkalinity of operating anaerobic

digesters [J]. Research Journal of the Water Pollution Control Federation, 1991, 63 (1): 28-34.

[101] Chen R, Wu Z, Lee Y Y. Shrinking-bed model for percolation process applied to dilute-acid pretreatment/hydrolysis of cellulosic biomass [J]. Applied Biochemistry & Biotechnology, 1998, 70-72 (1): 37-49.

[102] Ghosh S, Loos D. Pilot-and full-scale two-phase anaerobic digestion of municipal sludge [J]. Water Environment Research, 1995, 67 (2): 206-214.

[103] Ghosh S, Taylor D C. Kraft-mill biosolids treatment by conventional and biphasic fermentation [J]. Water Science & Technology, 1999, 40 (11): 169-177.

[104] Fox P, Pohland F G. Anaerobic treatment applications and fundamentals: substrate specificity during phase separation [J]. Water Environment Research, 1994, 66 (5): 716-724.

[105] 朱海生，陈志宇，栾冬梅. 畜禽粪便的综合利用 [J]. 黑龙江畜牧兽医，2004，(4)：59-60.

[106] 张维理，武淑霞，冀宏杰，等. 中国农业面源污染形势估计及控制对策 I. 21 世纪初期中国农业面源污染的形势估计 [J]. 中国农业科学，2004，37 (7)：1008-1017.

[107] 王方浩，马文奇，窦争霞，等. 中国畜禽粪便产生量估算及环境效应 [J]. 中国环境科学，2006，26 (5)：614-617.

[108] 朱晓燕，吕锡武，朱光灿. 蓝藻藻浆厌氧发酵技术研究现状及展望 [J]. 中国科技论文，2009，4 (5)：362-366.

[109] 张晓明，程海静，郭强，等. 高含固率有机垃圾厌氧发酵生物反应器研究现状 [J]. 中国资源综合利用，2010，28 (2)：51-54.

[110] 刘明轩，杜启云，王旭. USR 在养殖废水处理中的试验研究 [J]. 天津工业大学学报，2007，26 (6)：36-38.

[111] Zandvoort M H, Hullebusch E D van, Fermoso F G, et al. Trace metals in anaerobic granular sludge reactors: bioavailability and dosing strategies [J]. Engineering in Life Sciences, 2006, 6 (3): 293-301.

[112] Scherer P, Lippert H, Wolff G. Composition of the major elements and trace elements of 10 methanogenic bacteria determined by inductively coupled plasma emission spectrometry [J]. Biological Trace Element Research, 1983, 5 (3): 149-163.

[113] Hoban D J, van den Berg L. Effect of iron on conversion of acetic acid to methane during methanogenic fermentations [J]. Journal of Applied Bacteriology, 1979, 47 (1): 153-159.

[114] 成洁，左剑恶. 厌氧系统中酵母浸出物提高 Co、Fe 生物有效性的研究 [J]. 中国环境科学，2010，30 (2)：192-196.

[115] Ferry J G. Enzymology of one-carbon metabolism in methanogenic pathways [J]. Fems Microbiology Reviews, 1999, 23 (1): 13-38.

[116] Javier S, Weiwei G, Annie T, et al. Functional copper at the acetyl-CoA synthase active site [J]. Proceedings of the National Academy of Sciences of the United States of America, 2003, 100 (7): 3689-3694.

[117] Fauque G, Peck H D, Moura J J, et al. The three classes of hydrogenases from sulfate-reducing bacteria of the genus desulfovibrio [J]. Fems Microbiology Reviews, 1988, 4 (4): 299-344.

[118] Albracht S P. Nickel hydrogenases: in search of the active site [J]. Biochimica et Biophysica Acta (BBA) -Bioenergetics, 1994, 1188 (3): 167-204.

[119] Sawers G. The hydrogenases and formate dehydrogenases of Escherichia coli [J]. Antonie Van Leeuwenhoek, 1994, 66 (1-3): 57-88.

[120] Ferguson S J. Denitrification and its control [J]. Antonie Van Leeuwenhoek, 1994, 66 (1-3): 89-110.

[121] Schindelin H, Kisker C, Schlessman J L, et al. Structure of ADP. AIF4—stabilized nitrogenase complex and its implications for signal transduction [J]. Nature, 1997, 387 (6631): 370-376.

[122] Fermoso F G, Jan B, Stefan J, et al. Metal supplementation to UASB bioreactors: from cell-metal interactions to full- scale application [J]. Science of the Total Environment, 2009, 407 (12): 3652-3667.

[123] 潘云锋，李文哲．微量金属元素对厌氧污泥颗粒化的影响［J］．可再生能源，2007，25（6）：51-54.

[124] Lei Z, Jahng D. Long-term anaerobic digestion of food waste stabilized by trace elements [J]. Waste Management, 2012, 32 (8): 1509-1515.

[125] Kumar G, Lin C Y. Bioconversion of de- oiled Jatropha Waste (DJW) to hydrogen and methane gas by anaerobic fermentation: Influence of substrate concentration, temperature and pH [J]. Journal of Nuclear Medicine Official Publication Society of Nuclear Medicine, 2011, 52 (11): 1770-1777.

[126] Lo H M, Chiu H Y, Lo S W, et al. Effects of micro- nano and non micro- nano MSWI ashes addition on MSW anaerobic digestion [J]. Bioresource Technology, 2012, 114 (2): 90-94.

[127] 刘智勇，戴友芝，程婷．Fe^0/厌氧微生物联合体系处理2,4,6-三氯酚影响因素的研究［J］．环境工程学报，2008，2（3）：349-352.

[128] 史雷，戴友芝，罗春香，等．Fe^0/厌氧微生物体系降解2,4,6-三氯酚特性研究［J］．环境工程学报，2009，3（5）：813-816.

[129] Rosenthal H, Adrian L, Steiof M. Dechlorination of PCE in the presence of Fe^0 enhanced by a mixed culture containing two Dehalococcoides strains [J]. Chemosphere, 2004, 55 (5): 661-669.

[130] Lampron K J, Chiu P C, Cha D K. Reductive dehalogenation of chlorinated ethenes with elemental iron: the role of microorganisms [J]. Water Research, 2001, 35 (13): 3077-3084.

[131] Pérez T, León M I, Nava J L. Numerical simulation of current distribution along the boron-doped diamond anode of a filter-press-type FM01-LC reactor during the oxidation of water [J].

Journal of Electroanalytical Chemistry, 2013, 707 (17): 1-6.

[132] Ren N Q, Jing T, Liu B F, et al. Biological hydrogen production in continuous stirred tank reactor systems with suspended and attached microbial growth [J]. International Journal of Hydrogen Energy, 2010, 35 (7): 2807-2813.

[133] 刘莉莉，王敦球，关占良. 3种添加剂对牛粪厌氧发酵的影响 [J]. 江西农业学报，2007，19 (5): 119-120.

[134] 苏海锋，张磊，曹良元，等. 低温下沼气促进剂驯化菌种及其应用研究 [J]. 能源工程，2008，(2): 31-35.

[135] 宋波. 电场刺激技术在微生物工程中的应用 [J]. 生物技术进展，2012，(5): 345-348.

[136] Lohrasebi A, Jamali Y, Rafii- Tabar H. Modeling the effect of external electric field and current on the stochastic dynamics of ATPase nano- biomolecular motors [J]. Physica A Statistical Mechanics & Its Applications, 2008, 387 (22): 5466-5476.

[137] Rosenbaum M, Aulenta F, Villano M, et al. Cathodes as electron donors for microbial metabolism: Which extracellular electron transfer mechanisms are involved? [J]. Bioresource Technology, 2011, 102 (1): 324-333.

[138] Hunt R W, Andrey Zavalin, Bhatnagar A, et al. Electromagnetic biostimulation of living cultures for biotechnology, biofuel and bioenergy applications [J]. International Journal of Molecular Sciences, 2009, 10 (10): 4515-4558.

[139] J Cameron T, Coates J D. Review: Direct and indirect electrical stimulation of microbial metabolism [J]. Environmental Science & Technology, 2008, 42 (11): 3921-3931.

[140] Liu Y, Zhang Y, Xie Q, et al. Effects of an electric field and zero valent iron on anaerobic treatment of azo dye wastewater and microbial community structures [J]. Bioresource Technology, 2011, 102 (3): 2578-2584.

[141] Guangfei Qu, Weixia Qiu, Yuhuan Liu, Dongwei Zhong, Ping Ning. Electropolar effects on anaerobic fermentation of lignocellulosic materials in novel single- electrode cells [J]. Bioresource Technology, 2014, 159 (5): 88-94.

[142] 李国栋. 2003—2004年生物磁学研究和应用的新进展 [J]. 生物磁学，2004，4 (4): 25-27.

[143] 李国栋，周万松，郭立文，等. 生物磁学—应用、技术、原理 [M]. 北京：国防工业出版社，1993，62-63.

[144] 李国栋. 生物磁学的最新进展 [J]. 物理，1994，(6): 362-366.

[145] 胡可可，赵锋，赵春伟，等. 磁化-厌氧生物降解有机物的影响机理分析 [J]. 环境科学与技术，2009，32 (3): 112-115.

[146] 许燕滨，张维宇，冯致合，等. 直接磁场对特定厌氧污泥活性影响的研究 [J]. 环境工程学报，2007，1 (9): 25-29.

[147] Bulushev D A, Ross J R H. Catalysis for conversion of biomass to fuels via pyrolysis and gasification: a review [J]. Catalysis Today, 2011, 171 (1): 1-13.

[148] Weib S, Tauber M, Somitsch W, et al. Enhancement of biogas production by addition of

hemicellulolytic bacteria immobilised on activated zeolite [J]. Water Research, 2010, 44 (6): 1970-1980.

[149] Neves L, Oliveira R, Alves M M. Anaerobic *co*-digestion of coffee waste and sewage sludge [J]. Waste Management, 2006, 26 (2): 176-181.

[150] Ping N, Qu G F, Xiong X F, et al. Biogas production from cow manure in an experimental 20 m^3 reactor with a jet mixing system [J]. Advanced Materials Research, 2012, 518-523: 3290-3294.

[151] Berg L V D, Lamb K A, Murray W D, et al. Effects of sulphate, iron and hydrogen on the microbiological conversion of acetic acid to methane [J]. Journal of Applied Microbiology, 2008, 48 (3): 437-447.

[152] Hansen K H, Angelidaki I, Ahring B K. Improving thermophilic anaerobic digestion of swine manure [J]. Acta Chimica Slovenica, 1999, 33 (8): 1805-1810.

[153] Liu L L, Wang D Q, Guan Z L. Influences of three additives on anaerobic fermentation of cattle manure [J]. Acta Agriculturae Jiangxi, 2007, 19 (5): 119-120.

[154] Rao P P, Seenayya G. Improvement of methanogenesis from cow dung and poultry litter waste digesters by addition of iron [J]. World Journal of Microbiology & Biotechnology, 1994, 10 (2): 211-214.

[155] Malherbe S, Cloete T E. Lignocellulose biodegradation: fundamentals and applications [J]. Reviews in Environmental Science & Bio technology, 2002, 1 (2): 105-114.

[156] Tomska A, Janosz- Rajczyk M. The effect of magnetic field on wastewater treatment with activated sludge method [J]. Environment Protection Engineering, 2004, 4 (4): 155-160.

[157] Pitta D W, Pinchak W E, Dowd S E, et al. Rumen bacterial diversity dynamics associated with changing from bermudagrass hay to grazed winter wheat diets [J]. Microbial Ecology, 2010, 59 (3): 511-522.

[158] Shannon C E. Part III: A mathematical theory of communication [J]. M. d. computing Computers in Medical Practice, 1997, 14 (4): 306-317.

[159] Mahaffee W F, Kloepper J W. Temporal changes in the bacterial communities of soil, rhizosphere, and endorhiza associated with field-grown Cucumber (Cucumis sativus L.) [J]. Microbial Ecology, 1997, 34 (3): 210-223.

第4章 有机废物堆肥化技术

4.1 有机废物堆肥化概述

4.1.1 基本理论

堆肥化是在控制条件下，使来源于生物的有机废物发生生物稳定作用的过程。具体讲就是依靠自然界广泛分布的细菌、放线菌、真菌等微生物，在一定的人工条件下，有控制地促进可被生物降解的有机物向稳定的腐殖质转化的生物化学过程，其实质是一种发酵过程。废物经过堆肥化处理，制得的成品叫做堆肥（compost）。堆肥是一系列微生物活动的复杂过程，包含堆肥原料的矿质化和腐殖化过程。在该过程中，堆体内的有机物无机物发生复杂的分解与合成的变化，微生物的组成也发生相应的变化。

好氧堆肥化从废物堆积到腐熟的微生物化过程比较复杂，可以分为以下几个阶段：

（1）潜伏阶段（亦称驯化阶段）

指堆肥化开始时微生物适应新环境的过程，即驯化过程。

（2）中温阶段（亦称热阶段）

在此阶段，嗜温性细菌、酵母菌和放线菌等嗜温性微生物利用堆肥中最容易分解的可溶性物质，如淀粉、糖类等而迅速增殖，并释放热量，使堆肥温度不断升高。当堆肥温度升到45℃以上时，即进入高温阶段。

（3）高温阶段

在此阶段，嗜热性微生物逐渐代替了嗜温性微生物的活动，堆肥中残留和新形成的可溶性有机物质继续分解转化，复杂的有机化合物如半纤维素、纤维素和蛋白质等开始被强烈分解。通常在50℃左右进行活动的主要是嗜热性真菌和放线菌；温度上升到60℃时，真菌几乎完全停活动，仅有嗜热性放线菌与细菌活动；温度升到70℃以时，对大多数嗜热性微生物已不适宜，微生物大量死亡或进入休眠状态。

（4）腐熟阶段

当高温持续一段时间后，易分解的有机物（包括纤维素等）已大部分分解，只剩下部分较难分解的有机物和新生成的腐殖质，此时微生物活性下降，发热量减少，温度下降。在此阶段，嗜温性微生物又占优势，对残余的较难分解的有机物进一步分解，腐殖质不断增多且稳定化，此时堆肥进入腐熟阶段，堆肥可施用。

在堆肥过程中，微生物通过同化和异化作用，把一部分有机物氧化成简单的无机物，并释放出能量，把另一部分有机物转化合成新的细胞物质，供微生物生长繁殖（图4-1）。

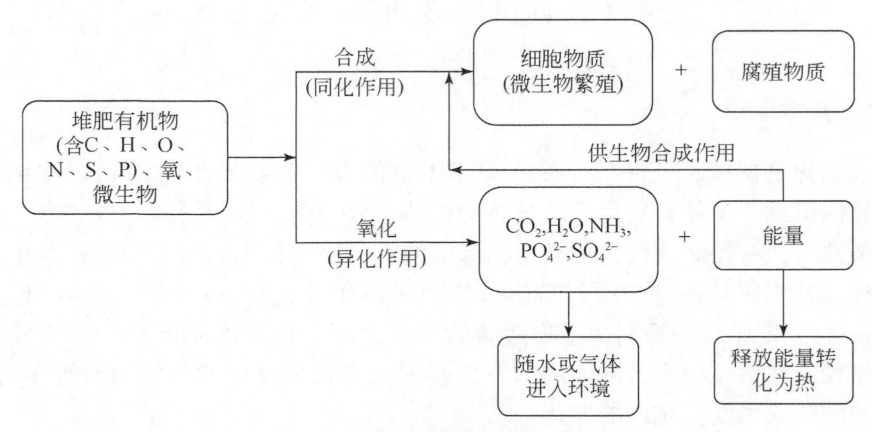

图4-1　好氧堆肥基本原理示意图

堆肥过程中有机物氧化分解总的关系可以用下式表达：

$$C_sH_tN_uO_v \cdot aH_2O+bO_2 \longrightarrow C_wH_xN_yO_z \cdot cH_2O+dH_2O(g)+eH_2O(l)+fCO_2+gNH_3+\text{能量}$$

通常情况下，堆肥产品 $C_wH_xN_yO_z \cdot cH_2O$ 与堆肥原料 $C_sH_tN_uO_v \cdot aH_2O$ 的质量比为0.3～0.5。这是由于氧化分解后减量化的结果。一般情况，w、x、y、z 可取的范围为 w：5～10，x：7～17，y：1，z：2～8。

下列方程式说明了堆肥过程中的氧化和合成：

（1）有机物的氧化

不含氮有机物（$C_xH_yO_z$）的氧化：

$$C_xH_yO_z+(x+1/4y-1/2z)\ O_2 \longrightarrow xCO_2+1/2yH_2O+\text{能量}$$

含氮有机物（$C_sH_tN_uO_v \cdot aH_2O$）的氧化：

$$C_sH_tN_uO_v \cdot aH_2O+bO_2 \longrightarrow C_wH_xN_yO_z \cdot cH_2O+dH_2O(l)+eH_2O(g)+fCO_2+gNH_3+\text{能量}$$

（2）细胞物质的合成（包括有机物的氧化，并以 NH_3 为氮源）：

$$nC_xH_yO_z+NH_3+(nx+1/4ny-1/2nz-5)O_2 \longrightarrow C_5H_7O_2(\text{细胞质})$$
$$+(nx-5)CO_2+1/2(ny-4)H_2O+\text{能量}$$

（3）细胞质的氧化：

$$C_5H_7O_2(\text{细胞质})+5O_2 \longrightarrow 5CO_2+2H_2O+gNH_3+\text{能量}$$

以纤维素为例，好氧堆肥中纤维素的分解反应如下

$$(C_6H_{12}O_6)_n \longrightarrow n(C_6H_{12}O_6)\text{(纤维素酶)}$$

$$n(C_6H_{12}O_6)+6nO_2 \longrightarrow 6nH_2O+6nCO_2+\text{能量(微生物作用)}$$

4.1.2　国内外研究现状

在人类发展史上，固体废物的堆肥化利用有悠久的历史。1925 年，A. Howard 首先提出印多尔法堆肥技术，对此堆肥技术的起始描述是一种厌氧堆肥过程，后来由于堆肥过程中对物料的频繁翻堆处理，使其发展为好氧堆肥技术。此后，堆肥工艺在人们对堆肥化技术进行了较为细致的研究之后，有了很大的进展。20 世纪中叶，Dano 堆肥工艺在欧洲的一些国家盛行，Dano 堆肥工艺是运用可旋转的反应仓对堆料进行搅拌好氧堆肥，该堆肥工艺具有很高的堆肥效率。20 世纪 40 年代，ET 堆肥工艺的发明，推进了高速堆肥技术的现代化转型。

随着现代工业的发展，城镇化建设进程的加快，人类生产生活过程中产生的有机废物也越来越多，其中，对于污泥的堆肥化处理研究较为广泛。美国学者 M S Finstein等对污泥堆肥过程中的堆肥环境参数变化以及物料中微生物的活性情况进行了初步研究。为了研究污泥堆肥的填充物质与污泥堆肥进程的影响，T G Shea等进行了不同物料配比的污泥堆肥试验，通过不同配比的堆体反应就不同填充剂对污泥堆肥的影响进行了研究。20 世纪 70 年代，Los Angeles 首次将条垛式堆肥系统应用到污水处理厂的污泥堆肥中，条垛式堆肥系统的最终处理规模可达到每天 100t 污泥的处理量，经过研究人员的多次改进之后，该堆肥反应堆系统逐步发展为强制通风静态堆肥系统，该系统在美国得到了广泛的应用。

我国的堆肥技术起步较晚，而且堆肥工艺粗放，发展较为滞后。陈世和等对堆肥过程中微生物变化进行了探索，利用城市有机固体垃圾进行堆肥处理，结果表明，堆肥过程中，微生物酶的活性受温度的影响；冯明谦等的研究表明在堆肥的过程中大量的病原体将随着堆体温度的上升而逐渐消失，在对堆肥过程中的微生物群落进行分析后得出芽孢杆菌和曲霉菌在群落结构中占主导作用。杨虹等通过筛菌的方式对堆肥过程中的微生物进行筛选得到目标菌落，将目标菌落接种到堆肥堆体中，发现能够提高堆肥的效率缩短堆肥周期。周少奇通过对堆肥过程中微生物代谢动力学的研究，推算出生物化学方程式。何晶晶等在脱水污泥和城市有机固体废物混合堆肥的研究中表明，污泥与固体废物的最佳配比为 26%~38%(wt)。张永豪等通过研究好氧堆肥的爆气量与污泥反应速率之间的关系，得出了曝气量与污泥反应速度的函数方程，利用此方程对污泥堆肥过程中曝气量进行调控，使污泥的反应速率大大提高，并提出一种新的污泥堆肥工艺。陈世和等通过对城市垃圾好氧堆肥的研究，对其装置特性和参数进行了改进。李艳霞通过污泥好氧堆肥的研究，对污泥堆肥过程中堆体产热与散热平衡进行了研究，其结果显

示 0.164m^3为污泥堆肥反应中堆体反应堆体积的最小阈值。引人关注的是，中国科学院生态环境研究中心成功开发了强制通风静态仓式市政污泥堆肥技术，提出了自然通风与强制通风相结合的好氧堆肥工艺，具有低能耗高效率的特点。杨意东研究得出，提前对堆体进行通风处理能够提高堆体温度并且维持在最佳堆肥温度，提高堆肥效率。陈同斌通过污泥好氧堆肥过程中填充剂的研究，得出了添加填充剂的比例不同对污泥堆肥的影响，经过大量的污泥堆肥试验得出最佳填充剂比例。

4.1.3　堆肥化工艺

传统野外堆肥的方法为厌氧堆肥，这种方法占地面积大、时间长。现代化的堆肥生产一般采用好氧堆肥。好氧堆肥工艺通常由前（预）处理、主发酵（亦称一级发酵或初级发酵）、后发酵（亦称二级发酵或次级发酵）、后处理、脱臭及贮存等工序组成。

（1）前处理

前处理包括分选、破碎、筛分和混合等预处理工序。主要是去除大块和非堆肥化物料如石块、金属物等。这些物质的存在会影响堆肥处理机械的正常运行，并降低发酵仓的有效容积，使堆肥温度不宜达到无害化的要求，从而影响堆肥产品的质量。此外，前处理还应包括养分和水分的调节，添加氮、磷以调节碳氮比和碳磷比。

在前处理时应注意：①调节肥物料颗粒度时，颗粒不能太小，否则会影响通气性。一般适宜的粒径范围是 2～60mm，最佳粒径随垃圾物理特性的化而变化、如果堆肥物质坚固，不易挤压，粒径应小些，否则粒径应大些。②用含水率较高的固体废物（如污水污泥、人畜粪便）为主要原料时，前处理的要任务是调整水分和 C/N 比，有时需加菌种和酶制剂，以使发酵过程正常。

（2）主发酵

主发酵主要在发酵仓内进行，也可露天堆积，靠强制通风或翻堆搅拌来供氧气。在堆肥时，由于原料和土壤中存在微生物的作用开始发酵，首先是易分解的物质分解，产生二氧化碳和水同时产生热量，使堆温上升。微生物吸收有机物的碳营养成分，在细菌自身繁殖的同时，将细胞中吸收的物质分解而产生热量。

发酵初期物质的分解作用是靠中温菌（也称嗜温菌）进行的。随着堆温升高，最适宜温度为 40～60℃的高温菌（也称嗜热菌）代替了中温菌，在 60～70℃或更高温度下能进行高效率的分解（高温分解比低温分解快得多）。然后进入降温阶段，通常将温度升高到开始降低的阶段，称为主发酵期。以生活垃圾和家禽粪尿为主体的好氧堆肥，主发酵期约 4～12d。

(3) 后发酵

后发酵是将主发酵工序尚未分解的易分解有机物和较难分解的有机物进一步分解，使之变成腐殖酸、氨基酸等比较稳定的有机物，得到完全腐熟的堆肥制品。后发酵可在封闭的反应器内进行，但在敞开的场地、料仓内进行的较多。此时，通常采用条堆或者静态堆肥的方式，物料堆积高度一般为1～2m。有时还需要翻堆或通气，但通常每周进行一次翻堆。后发酵时间的长短取决于堆肥的使用情况，通常在20～30d。

(4) 后处理

经过后发酵的物料中，几乎所有的有机物都被稳定化和减量化。但在前处理工序中还没有完全去除的塑料、玻璃、金属、小石块等杂物还要经过一道分选工序去除。可以用回转式振动筛、磁选机、风选机等预处理设备分离去除上述杂质，并根据需要进行再破碎（如生成精肥）。也可根据土壤的情况，在散装堆肥中加入N、P、K等添加剂后生产复合肥。

(5) 脱臭

在堆肥化工艺过程中会有臭味产生，必须进行脱臭。常见的产生臭味的物质有氨、硫化氢、甲基硫醇、胺类等。去除臭气的方法主要有化学除臭剂除臭；碱水和水溶液过滤；熟堆肥或活性炭、沸石等吸附剂吸附法等。其中，经济而实用的方法是熟堆肥吸附的生物除臭法。

(6) 贮存

堆肥一般在春秋两季使用，在夏冬两季就需要贮存，所以一般的堆肥化工厂有必要设置至少能容纳6个月产量的贮存设备。贮存方式可以是直接堆存在发酵池中或装袋，要求干燥透气，闭气和受潮会影响堆肥产品的质量。

4.2　多级接种堆肥化

4.2.1　技术概述

以养殖废物、作物秸秆为主要原料进行堆肥时，堆肥微生物菌剂存在诸如高温使微生物菌剂中的微生物死亡或被抑制导致微生物菌剂的效率降低问题；木质素对纤维素降解有抑制作用和菌剂微生物与土著微生物竞争问题等。对此本书提出了三阶段微生物菌剂接种堆肥工艺。在模拟堆肥过程中从牛粪中分离、筛选出高温微生物、木质素降解微生物和纤维素降解微生物，制备出高温菌剂、木质素降解菌剂和纤维素降解菌剂，分别在堆肥初期、高温之后和堆肥后期投加并进行堆置。菌剂微生物均分离自牛粪，避免土著微生物对菌剂微生物的抑制作用；将高温菌剂与其他菌剂分别在不同时间投加，避免高温对菌剂微生物的破坏，有效保证菌剂微生物的效率；先投加木质素降解菌剂，以解除木质素对纤维素降解的抑制，再投加纤维素降解菌剂从而促使纤维素得到有效降解；分阶段投加还解决了不同目的菌剂微生物之间存在的协调问题。

1. 技术背景

采用微生物菌剂促进养殖废物、作物秸秆为主要原料的堆肥主要存在问题如下：

①无害化过程中的高温（一般要求堆体维持55℃的堆置温度至少3天）使微生物菌剂中的微生物死亡或被抑制，微生物菌剂的效率降低。

该问题通过变温培养试验进行了验证：将木质素和纤维素降解菌在37℃连续培养2d，然后在55℃培养箱里面连续培养2d，再转移至37℃培养箱里面连续培养1～2d，观察其能否正常生长。结果表明，经过37℃形成的菌丝在55℃培养箱里面连续培养2d后不能进一步生长（图4-2）。

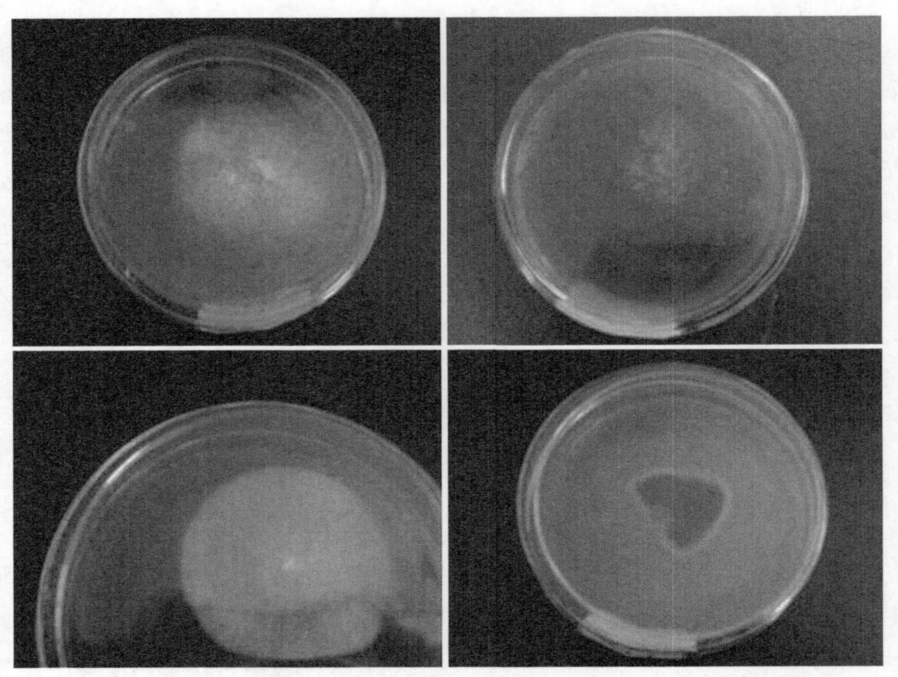

图4-2　变温培养试验的结果（上图：木质素降解菌；下图：纤维素降解菌）

②养殖废物、作物秸秆主要含木质纤维素，木质素对纤维素降解有抑制作用（图4-3、图4-4）。纤维素外面包裹木质素外壳，要降解纤维素就需要先有木质素降解菌破坏或者降解木质素，纤维素才能有效被降解。

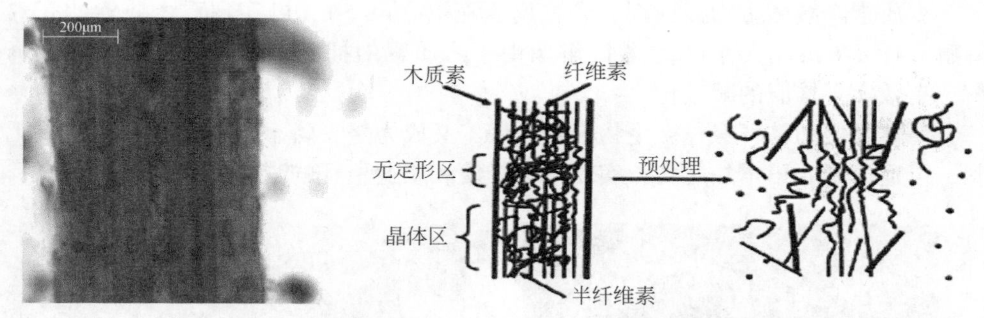

图4-3　堆肥废物中的木质纤维素图　　图4-4　木质素对纤维素降解的抑制

③菌剂微生物与土著微生物竞争问题等。常规的堆肥微生物菌剂需要考虑菌剂微生物之间的作用，如高温菌剂微生物与木质纤维素降解菌之间的协调问题；菌剂微生物与土著微生物之间的作用等问题，土著微生物常常抑制菌剂微生物的生长和活性。

2. 生物接种剂策略

针对以上问题，本书提出三阶段微生物接种剂策略。此策略主要有以下考虑：从牛粪中分离优势微生物制作接种剂以解决菌剂微生物与土著微生物的竞争问题；针对堆肥微生物温度对菌剂微生物的影响以及木质素对纤维素降解的抑制问题，采用分阶段投加菌剂；分阶段投加避免不同目的菌剂微生物之间存在的协调问题。如在第一阶段投加高温菌剂，由于菌剂微生物都来自模拟堆肥高温过程中分离的优势微生物，且高温菌剂微生物自实现一个目的即维持堆肥堆体高温，无论哪种菌剂微生物占优势都可以实现此目的。木质素降解菌剂和纤维素降解菌剂具有同样原理。

3. 技术原理

在前期针对堆沤池堆置研发的微生物菌剂的基础上研制三阶段微生物接种剂。

三阶段微生物接种剂是从牛粪中分离、筛选出高温菌剂、木质素降解菌剂和纤维素降解菌剂，分别在堆肥初期、高温之后和堆肥后期投加，以实现高温维持，加快木质纤维素等难分解物质的分解，解决木质纤维素对堆肥过程的限制，加速畜禽粪便和农业秸秆堆肥反应的进程，从而提高堆肥的效率，缩短堆肥时间，改善堆肥质量。

接种剂中含有高温细菌和放线菌，这些微生物与畜禽粪便和农业秸秆中的微生物共同代谢作用，维持堆肥过程中的高温，实现畜禽粪便和农业秸秆堆肥处置的无害化。

木质素降解微生物接种剂包含白腐真菌（图 4-5），可实现对木质素的高效降解（图 4-6），随后的纤维素降解菌由于木质素的抑制被破坏因而能被有效降解，有效实现堆肥的减量化。

畜禽粪便和秸秆经过微生物分解之后，又成为氮、磷、钾含量丰富的优质肥料，可返回到农田增加肥力，实现畜禽粪便和农业秸秆的减量化、资源化利用。

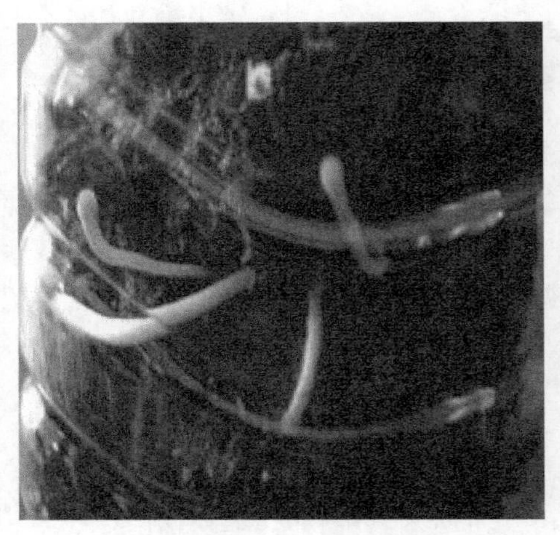

图 4-5　牛粪上的木质纤维素降解菌

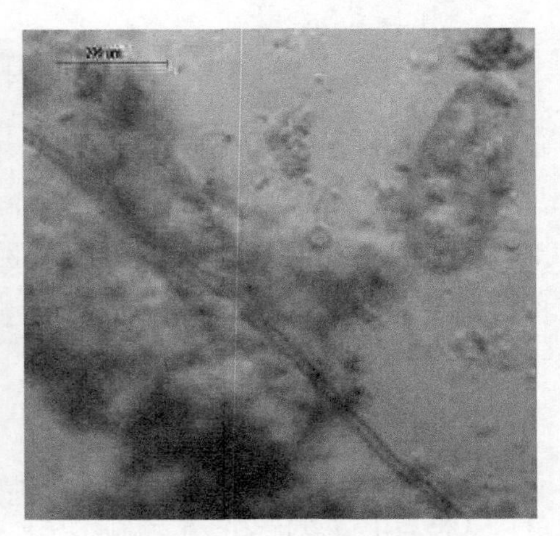

图 4-6　接种剂对木质纤维素降解

4.2.2　微生物菌剂分离与制备

微生物菌剂的制备按照如图 4-7 所示的流程开展研究。

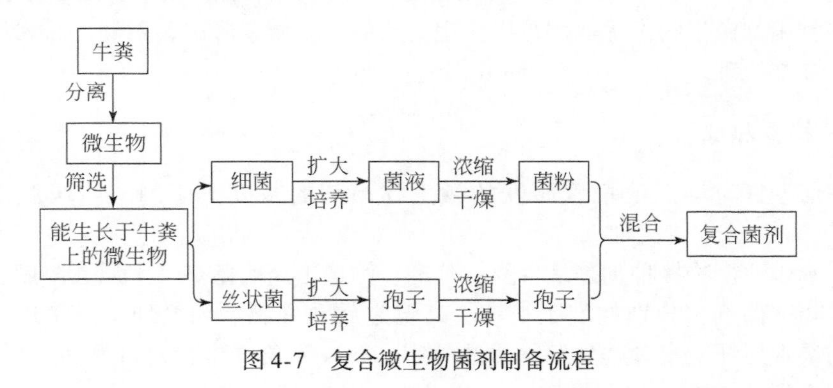

图 4-7　复合微生物菌剂制备流程

1. 微生物分离

主要从牛粪和腐木中采集样品，拟定采用牛粪浸出液制作选择培养基，开展目标微生物的分离；进一步试验分三步。

（1）采用 55℃的培养条件开展高温微生物的筛选。

（2）采用（丹宁酸+PDA 培养基），挑选出木质素降解菌。

（3）采用纤维素培养基为选择培养基开展纤维素降解菌的筛选。

最终获得在 55℃的培养条件下，能在牛粪培养基上生长的高温微生物（图 4-8）、能高效降解木质素的微生物（图 4-9）、能有效降解纤维素的微生物（图 4-10）。

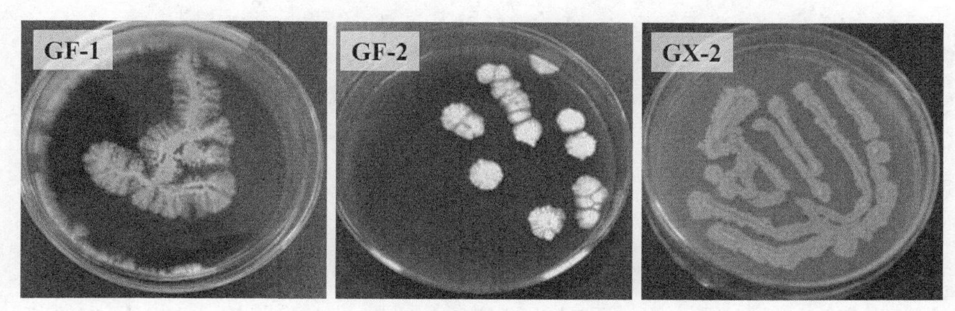

图 4-8　分离筛选出的三株高温菌

图 4-9　分离筛选的两株白腐真菌及木质素降解菌胞外酶显色试验（左 MF-1；右 MF-2）

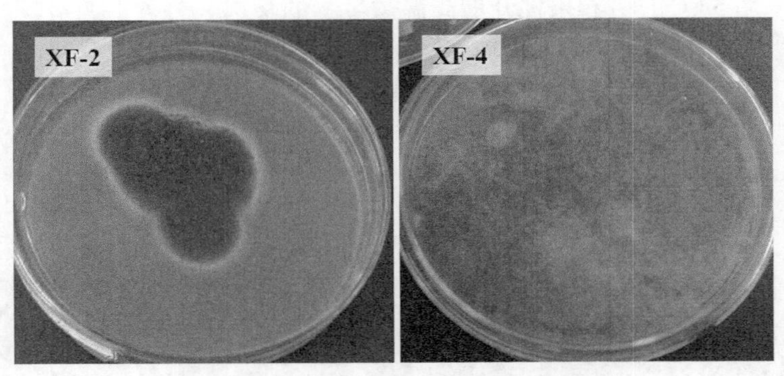

图 4-10　筛选获得的纤维素降解菌

2. 菌剂制备

对单细胞的微生物进行摇瓶培养，待菌体到对数期停止发酵，采用高速离心机离心收集菌体，干燥，待用。对丝状菌如放线菌、担子菌等，采用固态平板培养，待孢子形成后，采用无菌水将孢子冲洗下来，采用高速离心机离心收集菌体，干燥，待用（图 4-11）。

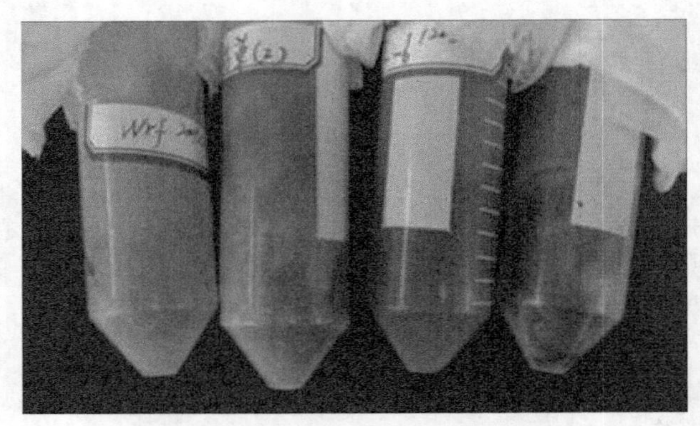

图 4-11　发酵获得的菌剂微生物菌体和孢子

微生物菌剂的微生物组成、各微生物的浓度具体见表 4-1、表 4-2 所示。

表 4-1　复合微生物菌剂总结

菌剂名称	特性	菌株数量/株	菌丝体/皿	孢子数量/(个/g)
高温菌	高温细菌	1		10^9
	高温放线菌	2		10^9
木质素降解菌	担子菌	2	各 40 皿	

续表

菌剂名称	特性	菌株数量/株	菌丝体/皿	孢子数量/(个/g)
纤维素降解菌	根霉菌属	1		10^9
	木霉菌属	1		10^9

表 4-2　微生物菌剂的组成及各微生物的浓度

菌剂微生物的功能区分	微生物	浓度（菌体或孢子数量/mL）
高温菌	放线菌 1	10^9
	放线菌 2	10^9
	高温细菌 1	10^9
木质素降解菌	白腐真菌 1	接种量达 0.5%（质量比）
	白腐真菌 2	接种量达 0.5%（质量比）
纤维素降解菌	木霉	10^9
	根霉	10^9

4.2.3　工艺研究

1. 工艺原理

三阶段堆肥微生物接种工艺的原理如图 4-12 所示。

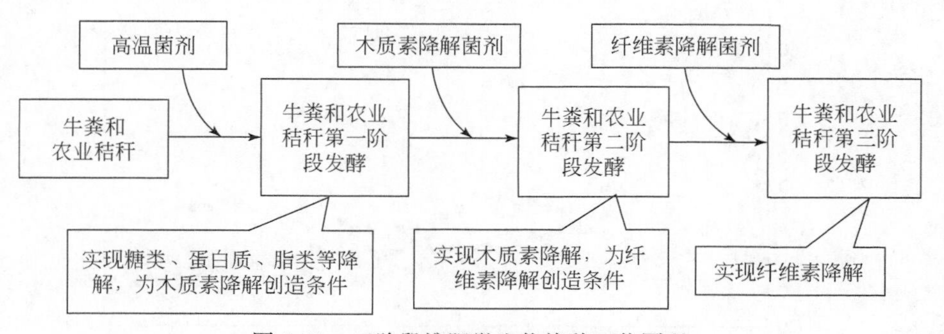

图 4-12　三阶段堆肥微生物接种工艺原理

拟采用静态堆肥系统开展结合三阶段微生物堆肥菌剂的牛粪和秸秆堆肥试验。堆料含水率控制在 60%~70%。试验在堆肥过程中加入 0.5%（质量分数）复合微生物菌剂作为接种剂。

三阶段堆肥微生物接种工艺大致经历以下几个过程。

① 菌种的活化：将分离纯化的菌剂的孢子加入 500mL 三角瓶中，加入无菌

相应培养基各 250mL，35℃下恒温振荡培养 24 ~ 48 h，镜检用平板计数法观察使得高温菌孢子悬液中孢子数量达到 10^9 个/mL 即可，备用。丝状菌接种与固体培养基上，培养 72 ~ 96h，收集菌丝待用。

② 高温菌的投加：高温菌群主要由高温细菌、放线菌组成，当堆料混合均匀（此时含水率稍低）后，将活化的高温菌悬液喷洒入堆料中，再次混合均匀开始堆置，在高温菌的作用下，堆体温度迅速升高。

③木质素降解菌的投加：木质素降解菌群主要由属于担子菌纲的白腐真菌组成。待温度降低至 35℃，接种木质素降解菌。接种方法为，将堆料倒入 45L 的塑料桶中，从培养皿中刮取木质素降解菌菌丝体，使其与堆料混合均匀，装桶继续堆置。

④纤维素降解菌的投加：纤维素降解菌群主要由根霉、木霉组成，先经过 35℃恒温活化达到接种要求 10^9 个/mL 之后投加。

2. 工艺研究结果

试验结果如下。

（1）投加了高温菌的试样温度上升很快，在第 2 天就达到了 59℃，第 3 天达到 67℃的最高温度，55℃以上维持 7 天，有效实现了堆肥无害化的 55℃以上维持 3 天的要求（图 4-13）。

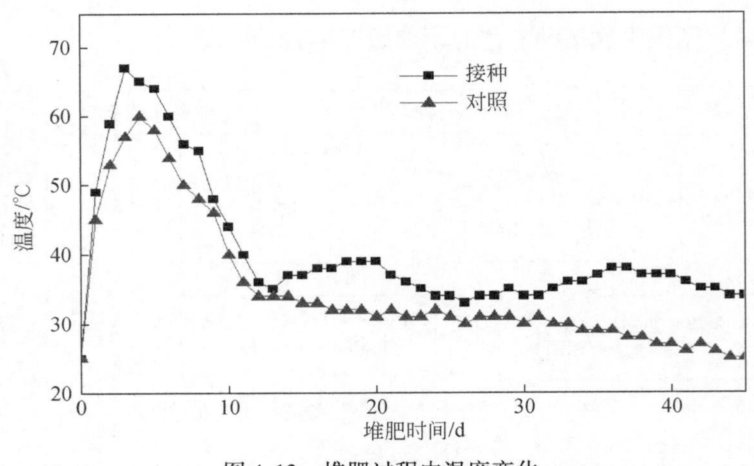

图 4-13　堆肥过程中温度变化

（2）木质素的降解率由对照的 15. 27% 提高到 35. 21% 左右；纤维素的降解由对照的 25. 21% 提高到 43. 19%，有效实现了木质纤维素的降解（图 4-14）。

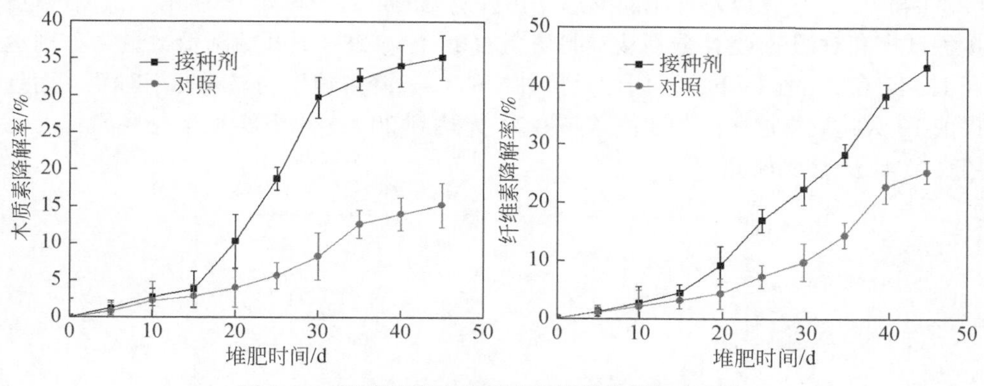

图 4-14　堆肥过程中木质素和纤维素降解率变化

（3）堆体体积变化如图 4-15、图 4-16 所示。由图可见，三阶段微生物接种剂的使用有效实现了堆体的减量化。

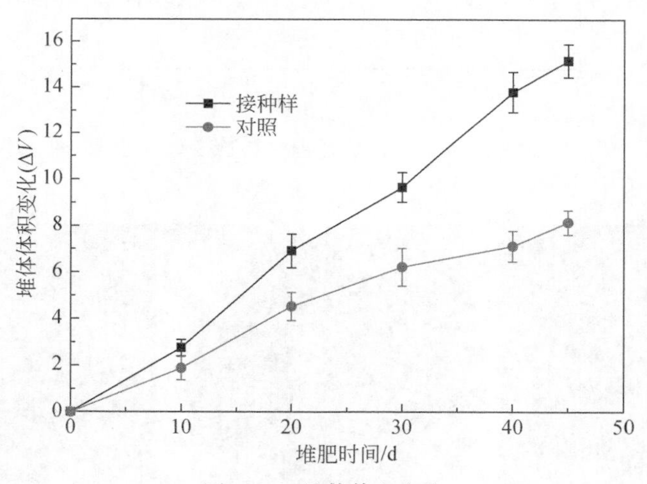

图 4-15　堆体体积变化

图 4-16　堆肥形态变化，堆肥初期（左），堆肥进行 30 天（中），堆肥结束（右）

（4）C/N 变化以及堆肥的形态变化分别见图 4-17、图 4-18 所示。由图可见，接种试样和对照的 C/N 分别从堆肥初期的 29∶1、28∶1 开始降低，最终分别达到 13.45 和 17.91 以下，不同的是接种样的 C/N 降解速率明显要高于对照，而且提前 10 天达到 20∶1，即接种样在第 31 天达到 20∶1 以下实现堆肥腐熟；而对照在第 41 天达到腐熟。

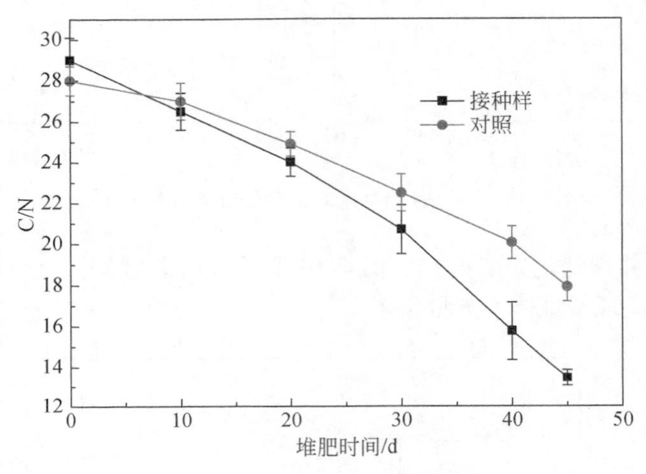

图 4-17　堆肥过程中 C/N 变化

图 4-18　采用复合微生物菌剂对牛粪堆肥化结果

3. 技术适用范围

本技术是针对含有木质纤维素的固体废物而提出，具体是针对畜禽粪便与农业秸秆的堆肥化过程以实现畜禽粪便与农业秸秆的减量化、资源化、无害化利用。其中的畜禽粪便主要是牛粪、猪粪和鸡粪。农业秸秆可包括玉米秸秆、小麦秸秆、水稻秸秆等。

4. 技术创新点

①发明一种新的堆肥微生物菌剂——三阶段堆肥微生物接种剂，在此基础上研发出一种新型的堆肥工艺——三阶段堆肥微生物接种工艺。

②菌剂微生物均分离自牛粪，因此菌剂中的微生物能有效生长于牛粪底物，避免土著微生物对菌剂微生物的竞争产生抑制作用。

③将高温菌剂与其他菌剂分别在不同时间投加，避免高温对菌剂微生物的破坏，有效保证菌剂微生物的效率。

④先投加木质素降解菌剂，以解除木质素对纤维素降解的抑制，再投加纤维素降解菌剂从而促使纤维素得到有效降解。

⑤分阶段投加解决不同目的菌剂微生物之间存在的协调问题。如在第一阶段投加高温菌剂，由于菌剂微生物都来自模拟堆肥高温过程中分离的优势微生物，且高温菌剂微生物能实现一个目的即维持堆肥堆体高温，无论哪种菌剂微生物占优都可以实现此目的。

4.3　返料接种堆肥化

4.3.1　技术概述

返料接种堆肥化是指在有机废物好氧堆肥化的过程中，加入二次发酵产物（即返料）为堆体提供充足的微生物群体，使堆体可快速进入中、高温阶段，实现快速升温，缩短堆肥周期，达到快速生物干燥的目的。

以奶牛粪便堆肥化为例，在堆体中均匀混入烟末调节堆体初始含水率至最适堆肥的范围，并加入二次发酵产物（即返料）为堆体提供充足的微生物群体。具体步骤包括：堆肥前在养殖废物中先加入40%的烟末混合均匀后摊开静置5min，然后加入2%的pH调节剂并混合均匀，静置2min；接着加入10%返料接种物混合均匀后开始堆肥，堆积高度为1.5m；自起堆日起监测堆体温度，堆体温度达到40℃以上时进行第一次翻堆，每2天对堆体进行翻堆1次，翻堆时，应将装载机铲斗举起然后将物料慢慢抖落。如果有较大的块状颗粒，应将其破碎混合。本阶段对堆体翻堆2~3次，堆体温度降至40℃以下且不再升高时，堆肥结束。返料接种快速腐熟堆肥化试验对照设计分组为表4-3。

表4-3　返料堆肥试验分组

分组	试验处理
A：CK	奶牛粪便+烟末

续表

分组	试验处理
B：菌剂	奶牛粪便+烟末+菌剂
C：返料	奶牛粪便+烟末+返料

4.3.2 技术效果

1. 温度的变化

返料对奶牛粪便好氧堆肥的试验过程中温度的影响变化曲线见图 4-19。

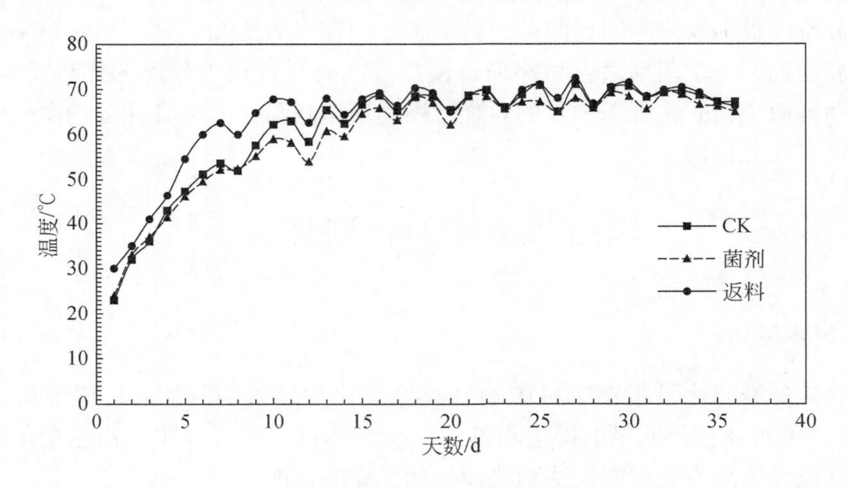

图 4-19 不同处理温度的变化

堆肥过程的温度变化是微生物活动的重要指标，能够反映堆肥的腐熟进程，同时直接影响堆体生物干燥的速率。好氧堆肥过程中最适温度为 50～60℃，堆体温度在此范围内能够有效杀死堆料中的有害病原菌以及杂草种子，温度过高或者过低都不利于畜禽粪便的好氧堆肥。温度过低会影响高温好氧微生物的活性，降低有机物分解速率，过高不仅会抑制部分微生物的活性还会出现堆体碳化的现象。温度的控制是杀灭有害病原菌以及杂草种子，保证好氧堆肥的卫生指标合格以及堆肥腐熟的必要条件。

不同处理 A、B、C 堆肥起始温度分别为 23℃、24℃、30℃，返料处理组的起始温度比对照组 A、B 高 6℃。从图 4-19 看出，在温度上升阶段，处理 C 的温度上升趋势明显，在第 5 天就达到了 55℃，进入高温阶段，处理 A、B 在第 9 天达到 55℃进入高温期，相较于处理 C 晚了 4 天。可知，返料对堆体温度的上升起促进作用。添加的返料为堆肥高温阶段物料，其本身温度就在 55℃以上，对起堆时堆体的起始温度有所提高；返料中具有活性强、专一性高的微生物，对堆体迅速进入高温期有很大的帮助，提前 4 天进入高温阶段。

2. 含水率的变化

返料对奶牛粪便好氧堆肥的试验过程中含水率的影响变化曲线见图 4-20。

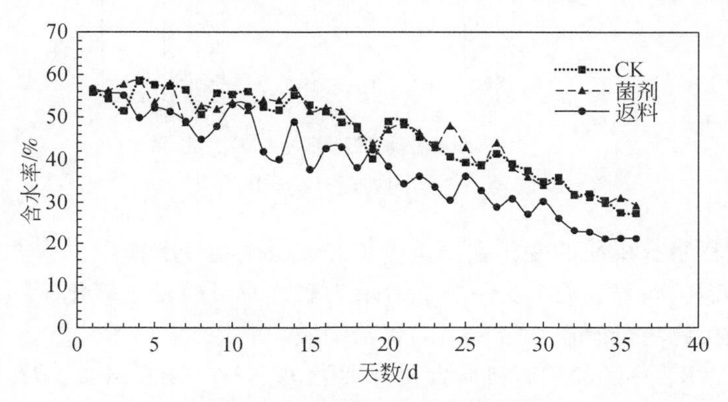

图 4-20　不同处理含水率的变化

堆肥含水率是影响堆肥的一个非常重要的参数，含水率直接影响牛粪好氧微生物的活性以及堆肥结束时产物的腐熟程度，含水率过高或过低都会对好氧微生物的分解、代谢活动产生负面影响，不利于好氧堆肥的进行。一般情况下，好氧堆肥初期含水率应控制在 50%~60%左右。

由图 4-20 可知，自起堆日起，各处理含水率呈现下降的趋势，但是返料处理 C 下降趋势尤为明显，整个堆肥过程中含水率均处于处理 A、B 含水率变化曲线的下面，而处理 A、B 下降趋势几乎相同，较为平缓。处理 C 在第 30 天堆体的含水率下降至 30%以下，而在第 30 天时，处理 A、B 堆体的含水率分别为 35.78%、35.04%，分别在第 34、35 天下降至 30%，堆肥结束时，各处理的含水率分别为 27.41%、29.33%、21.22%。可以看出返料对含水率的影响较大，主要由于返料使堆体较快进入高温期，且高温期温度一直维持在较高的水平，通过翻堆，水分大量蒸发，大大降低了堆体的含水率。

3. 有机质的变化

返料对奶牛粪便好氧堆肥的试验过程中有机质含量的影响变化见图 4-21。

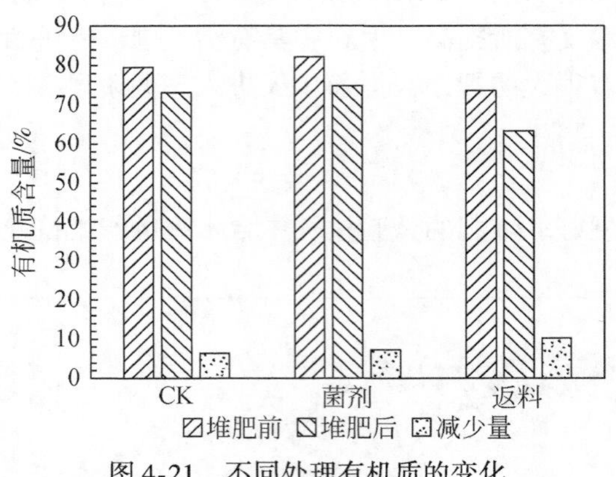

图 4-21　不同处理有机质的变化

堆肥过程中有机质的变化主要是由于好氧微生物分解作用，一方面转化为自身生长所必需的营养物质，另一方面分解为水、有机酸、二氧化碳、矿物质等物质，然后微生物将分解产物合成新的腐殖物质。

处理 A、B、C 的起始有机质含量分别为 79.53%、82.14%、73.56%，堆肥结束时处理 A、B、C 的最终有机质含量分别为 73.09%、74.80%、63.22%，各处理组有机质含量堆肥前后均有所下降，分别减少了 6.44%、7.34%、10.34%，处理 C 减少量最高，是由于返料的加入延长了高温期，好氧微生物一直处于较高的活性状态，消耗了大量的有机质。同时，堆肥结束后，最终有机质含量均满足国家有机肥农业标准规定的有机质含量要求（≥45%），且远远高于标准要求值。

4.3.3　结论

返料对堆肥过程中温度的影响较大，提高堆肥物料起始温度 5～7℃，对物料的升温速率有较大的提升，提前 4～5 天进入高温期，延长高温期时间，对含水率的快速降低起到至关重要的作用；整个堆肥过程，返料处理组的含水率均处于对照组以下，降低速率明显大于对照组；同时，高温期的延长使堆肥微生物消耗了大量的有机质，返料处理组在堆肥结束时消耗的有机质含量大于对照组。与传统堆肥方式相比，返料接种堆肥升温速率显著升，温度上升至 60℃ 的时间由 12 天缩短至 6 天，27 天左右含水率降至 30% 以下；根据养殖废物快速干燥堆肥化技术得到的有机肥产品，有机质含量为 61.34%，有机质的损失为 11.33%，N、P、K 的含量分别为 2.2%、1.6%、2.6%，已达到有机肥产品质量标准。

4.4　氧化钙强化堆肥化

4.4.1　技术概述

养殖废物的含水量高，一般在70%~90%，我国《有机肥料国家标准》规定有机肥产品含水率要少于20%，如何快速干燥成为好氧堆肥的一个研究重点，包括堆肥之前的含水量预调节和堆肥过程中的快速干燥。堆肥之前要进行水分预调节，含水量太高会因通气不良而出现堆肥温度上升慢、臭气产量大、搬运搅拌不方便等问题，最优初始含水量是50%~68%。利用机械脱水（如离心、压滤、机械格栅等）和加热干燥（如热能、太阳能、微波干燥等）进行预干燥能有效调节初始含水量，但该法成本高，还会产生大量恶臭气体和污水；此外，添加具有一定吸水性的材料（如烟末、锯末、沸石等）是一种环保、低成本的调节方法，这类材料还具有增加通气性、调节碳氮比的特点。

好氧堆肥过程的脱水主要是由生物干燥完成的，即利用微生物分解有机物产生的热量，促进水分蒸发起到干燥的作用，能将含水量降到20%左右。好氧堆肥是一个阶段性的过程，包括低温阶段、中温阶段、高温阶段和降温阶段，不同阶段的微生物群体不同，升温由低温阶段微生物分解简单的有机物产生热量开始，达到一定温度后进入下一个阶段，而且需要经历一个适应的过程，如果氧被消耗，这个过程会更长；而堆肥过程中水分的蒸发主要在这两个阶段进行，养殖废物的分解也主要靠中温阶段和高温阶段的微生物种群完成；因此，快速升温使堆肥过程迅速进入中温阶段和高温阶段将能有效减少堆肥周期。目前好氧堆肥主要存在的问题：①升温慢。好氧堆肥的升温由低温型微生物代谢产热开始，升温慢，而且提前消耗了简单有机物和氧，剩下的木质素、半纤维素和纤维素等复杂的有机物不易被分解利用，影响后续的升温过程。②堆肥过程中pH变化较大。堆肥初期有机物被分解过程中会产生有机酸降低pH，pH小于5会抑制堆肥反应的进行，pH大于9时营养物质易挥发且产生臭气。③堆肥周期长。堆肥前的含水量调节以及堆肥过程中的升温快慢、氧含量等都是影响腐熟和脱水速度的因素，如何低成本有效地控制这些因素缩短堆肥周期是堆肥技术实际应用中主要存在的问题。

针对上述问题，快速生物干燥及堆肥化技术，以氧化钙（CaO）、过氧化钙作为强化剂，配合膨胀剂、pH调节剂、接种物进行好氧堆肥，使堆肥迅速进入中温、高温阶段，实现快速升温，高效脱水，缩短堆肥周期。氧化钙（CaO）的主要作用是水分预调节、快速提高初始温度和生物质预处理，促进堆肥过程快速进入中温、高温阶段。①加入氧化钙（CaO）时，其吸收水生成氢氧化钙［$Ca(OH)_2$］，放出大量热量，形成局部高温，杀死杂菌；②堆肥开始时温度为30～40℃，中温型微生物利用充足的氧气和大量易分解的有机物迅速繁殖、代谢产热，继续升高温度，快速蒸发水分；③生成的氢氧化钙使初始的堆肥环境偏碱性，难降解的有机物经碱性处理后更利于生物降解，随后氢氧化钙吸收生物降解过程中产生的二氧化碳生成碳酸钙（$CaCO_3$）和碳酸氢钙［$Ca(HCO_3)_2$］，堆肥环境 pH 降低，同时改善养殖废物的疏松程度。过氧化钙（CaO_2）的主要作用是产生氧气，为好氧微生物提供有氧的环境。过氧化钙吸收水分并生成氧气，其反应产物能吸收二氧化碳；过氧化钠和过氧化钾吸收二氧化碳产生氧气；在有膨胀剂的作用下，添加剂产生的氧气会被前者吸收储存，在堆肥环境中氧含量降低时释放补充，维持有氧的环境。

4.4.2 技术效果

1. 试验分组

为使奶牛养殖废物处理快速地达到资源化、无害化及减量化，利用生石灰预处理后与烟末混合进行好氧堆肥，从好氧堆肥过程中温度、含水率、pH、有机质、N、P、K 等参数进行研究分析。试验与云南省大理洱海环保科技股份有限公司合作完成，试验规模达到中试水平。对氧化钙对奶牛粪便好氧堆肥的影响进行了研究，设计分组见表 4-4。

表 4-4 CaO 堆肥试验分组

分组	试验处理
A	牛粪 +烟末
B	牛粪 +烟末 +菌剂
C	牛粪 +烟末 +生石灰
D	牛粪 +烟末 +生石灰+菌剂

2. 温度的变化

氧化钙强化奶牛粪便堆肥试验过程中温度的变化曲线见图 4-22。

堆肥过程中，堆体的温度变化是堆肥进程的最直接的指标，堆肥温度越接近环境温度，说明堆体中的微生物活性在不断地降低。如图 4-21 所示，显示了 4 种不同配料的堆肥堆体的温度随时间的变化。不管是何种配料的加入，堆体的温度是呈阶梯性的上升，温度的下降是由于定时连续翻堆导致的，但堆体最后的温度都是较堆置初期温度在升高。添加了氧化钙的处理 C、D 的起始温度要比未添

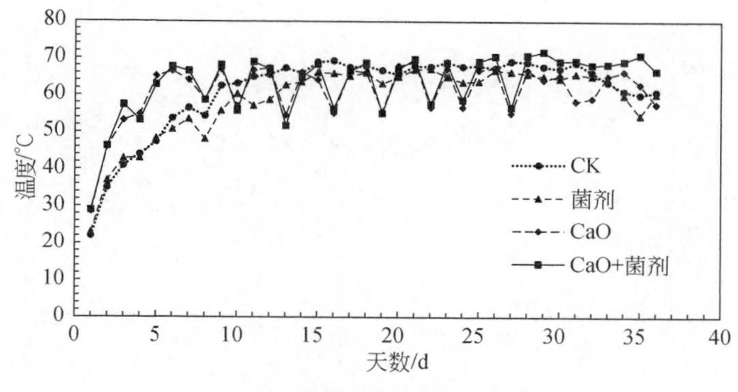

图 4-22　不同处理温度的变化

加的 A、B 高出 7 ~ 9℃，是因为氧化钙与堆体中的水反应放热的缘故，在升温阶段，处理 C、D 上升趋势明显，均在第 3 天达到了 50℃以上，随后第 4 天的温度有所下降，是因为第 4 天翻堆之后，堆体内大量的热散发导致温度有所下降。在第 4 天翻堆后，温度在第 5 天就上升到了 65℃左右，一天的时间温度上升了约 10℃。一方面是因为翻堆使氧化钙与堆体混合更加均匀，释放出更多的热量；另一方面是翻堆对堆体进行了充氧处理，微生物在温度适宜和氧气充足的环境下，分解代谢活动产热。对照组 A、B 本身起始温度较低，而且在升温阶段上升确实较为平缓，在第 7 天温度才达到 50℃以上，比处理 C、D 晚了 4 天，因此氧化钙具有提高升温速率的作用，对比 A 和 B、C 和 D 可知，菌剂对温度的提高并没有较大的影响，需要进一步细致的研究。

图 4-22 显示，因为不间断翻堆，在堆肥中期添加 CaO 处理组温度波动较大。由于 CaO 使堆体提前进入高温期，堆体的水分下降明显，堆体混合的更加均匀且较为疏松导致翻堆过程中堆体热量严重散失，温度迅速下降，出现了较大的波动。

3. 含水率的变化

氧化钙强化奶牛粪便堆肥试验过程中含水率的变化曲线见图 4-23。

含水率对好氧堆肥来说是一个重要的指标，它关系到空气能否顺利从外界传质到堆体的内部，供微生物生长发育，同时也关系到微生物呼吸所产生的废气能否及时排出。含水率过高，会导致堆体内部不能得到充足氧气从而会使堆体内部发生厌氧发酵，致使堆体腐烂发出恶臭和毒性的气体，毒害微生物的生长。

试验初始含水率在 55% 左右，通过不断地翻堆与堆置，其含水率也在不断地波动，但含水率的总体趋势是下降的。各处理基本上含水率都降到 30% 以下，基本脱水率都在 40% 以上。从图 4-23 可以看到处理组 C、D 与 A、B 含水率的变

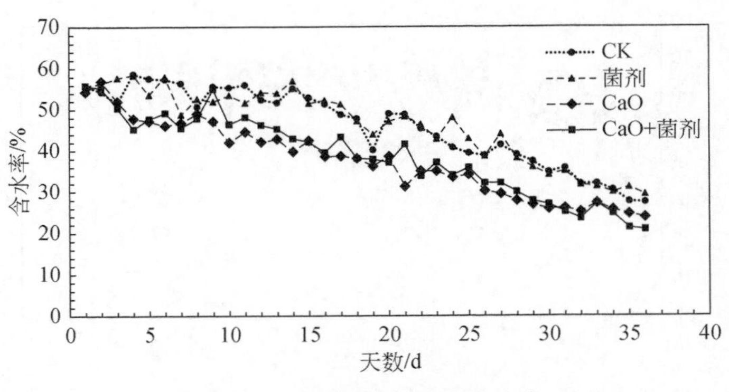

图 4-23　不同处理含水率的变化

化在第 8 天趋于相同，而在第 8 天以后都有较大的差异，且处理 C、D 的含水率远小于处理 A、B，出现这种现象的原因是各处理在第 8 天均已进入高温期，堆体堆料在翻堆的作用下混合均匀质地疏松，含水率的检测值信任度更高，导致各处理含水率有一个交汇点。随后含水率的下降趋势与差异更加明显，可信度更高。在堆肥结束时，处理 D 的含水率在 20% 左右，对照组 B 的含水率在 30% 左右，同样的堆置时间含水率相差 10%。因此，氧化钙对堆肥物料水分的去除作用明显，具有快速降低含水率的作用。

4. pH 的变化

氧化钙强化奶牛粪便堆肥试验过程中 pH 的变化曲线见图 4-24。

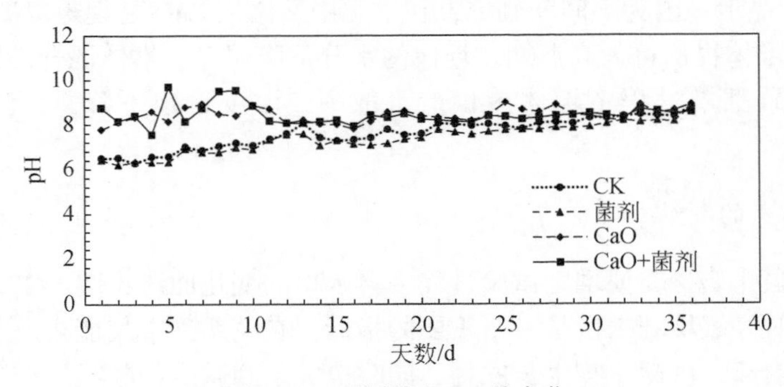

图 4-24　不同处理 pH 的变化

在堆肥过程中，pH 是好氧微生物活动的重要参数。一般情况下，微生物最适宜的 pH 是 6 ~ 9，4.5 以下会严重影响微生物的活动，大于 10.5 时，大多数细菌活性减弱。pH 过高或者过低都会引起蛋白质变性，不利于微生物的生存。堆肥过程中 pH 的变化是微生物分解有机物所产生的有机酸和堆体中碱性含氮有机物反应，所产生的氨以及蛋白质共同作用的结果。

由于氧化钙与水反应生产碱性物质氢氧化钙，所以添加氧化钙的处理组的 pH 较高。堆肥初期氧化钙的添加导致处理 C、D 的 pH 大大高于处理 A、B，初期堆料混合均匀度较低，通过翻堆使氧化钙与堆体物料混合更加均匀，所以处理 C、D 的 pH 波动较大。随着堆肥的进行，各处理 pH 处于稳定的上升趋势，且上升趋势很平缓。整个堆肥过程，各处理组的 pH 均保持在 9 以下，适合堆肥微生物的生长最适环境，虽然堆肥期间 pH 呈现缓慢上升的趋势，但在堆肥结束时，各处理组的 pH 均小于 9。

5. 有机质的变化

氧化钙强化奶牛粪便堆肥试验过程中有机质的变化见图 4-25。

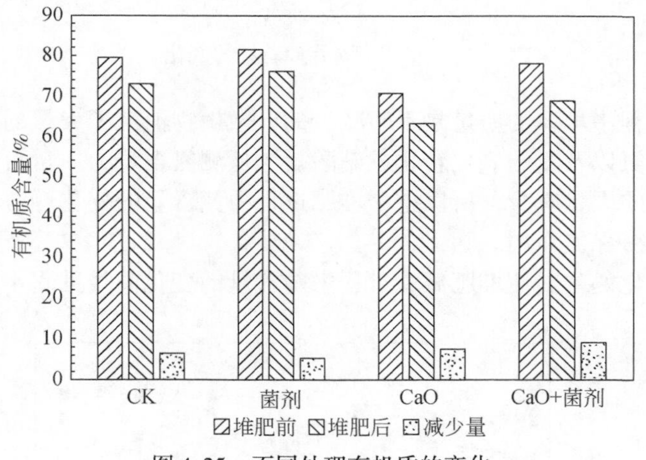

图 4-25　不同处理有机质的变化

图 4-25 显示，处理 A、B、C、D 在堆肥前后有机质的减少量分别为 6.44%、5.26%、7.55%、9.11%，添加氧化钙的处理 C、D 堆肥过程中消耗的有机质较多，处理 D 有机质的消耗量是最多的一组，是因为氧化钙和菌剂共同存在的结果，氧化钙的添加使堆肥堆体提前进入高温期，延长了高温期的时间，提高了微生物对有机质的消耗。

6. 氮磷钾含量的变化

氧化钙强化奶牛粪便堆肥试验过程中氮含量的变化曲线见图 4-26。

图 4-26 显示，在堆肥过程中总氮含量的变化趋势比较平缓，没有较大的波动。由于氧化钙的添加增大了堆体 pH，pH 是影响氮挥发损失的重要因素。虽然堆体的 pH 保持在堆肥最适的范围内，但较高的 pH 还是会增加氮的损失，但是

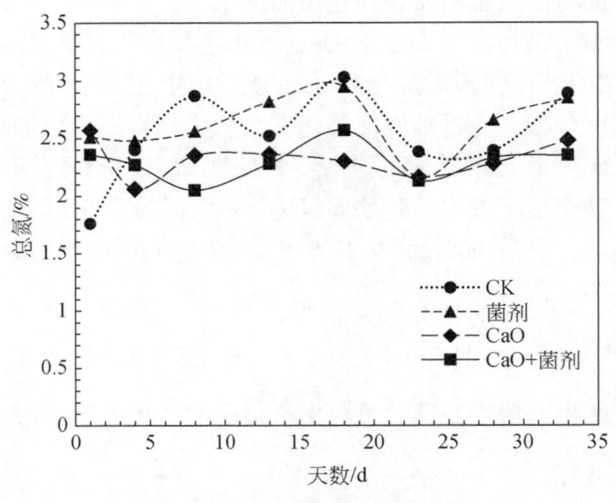

图 4-26　不同处理总氮的变化

在整个堆肥过程中堆体的质量是不断减少的，微生物消耗了大量的有机质以及分解蛋白质产生氨以及氨的氧化转化成硝酸盐，检测氮含量为质量百分比，由于堆体体积与质量的大量减少，所以整个堆肥过程中氮含量的变化趋势较为平缓，并不是氧化钙具有保氮作用。

氧化钙强化奶牛粪便堆肥试验过程中磷含量的变化曲线见图 4-27。

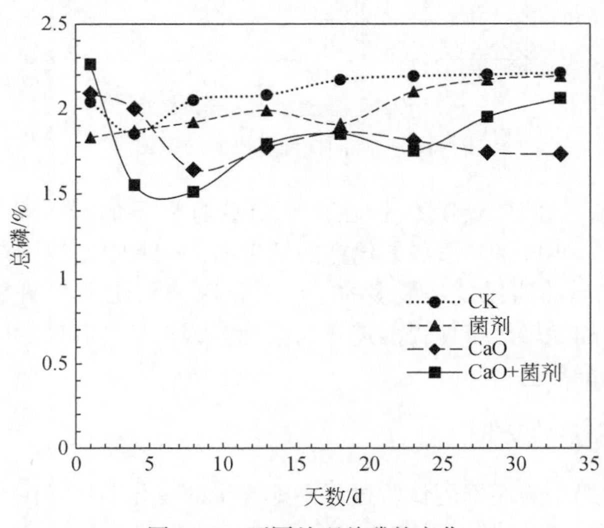

图 4-27　不同处理总磷的变化

在堆肥过程中由于有机质被微生物不断分解，堆体体积和重量也会随之不断减小，而磷和钾的含量不会通过挥发等形式损失，形成了养分“浓缩效应”，所以在堆肥结束时，各处理组分的全磷、全钾含量会有所增加。图4-27显示，磷含量的变化趋势较为平缓，但是在堆肥过程中磷、钾并不会以挥发的形式损失，而氧化钙的添加促进了“浓缩效应”，导致堆肥结束时，部分处理组磷的含量增大，并不是堆体内的总磷含量增大了而是单位质量内磷的含量增多了。

氧化钙强化奶牛粪便堆肥试验过程中钾含量的变化曲线见图4-28。

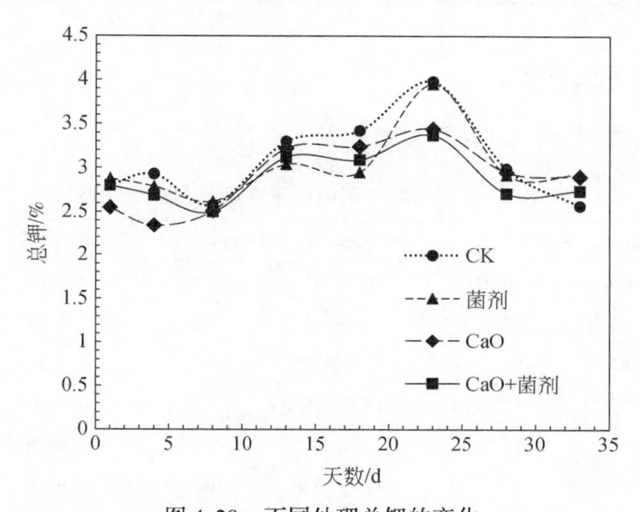

图4-28 不同处理总钾的变化

由于堆肥过程中，堆体的钾含量存在“浓缩效应”，所以堆肥前后钾的含量有所增加，图4-28中在第23天，各处理组钾含量最大，是因为在此时间段堆体内的微生物活性最高，消耗了大量的有机质及堆体内的其他营养物质，使堆体的质量和体积骤降，导致检测钾含量值最高的结果。

4.4.3 微生物菌群分析

通过氧化钙对奶牛粪便好氧堆肥的影响研究，可知氧化钙具有快速升温的效果，堆肥过程缩短，低温阶段提前进入中温阶段，避免氧气和易分解的有机物提前消耗，使中温型微生物能快速繁殖、代谢产热，达到快速升温的目的；同时，高温期持续时间长，能有效杀灭致病菌、有害微生物虫卵和杂草子；对堆体的水分下降具有明显的促进作用，堆肥结束时将含水率降至20%左右，远远低于有机肥农业标准规定值30%。

为了探究氧化钙与过氧化钙协同强化奶牛粪便堆肥过程中菌群结构的组成以及优势菌群丰富度差异，采集了四组不同时期奶牛粪便堆肥过程中的样品进行了微生物群落组成和多样性分析，试验分组见表4-5。

表 4-5 微生物菌群分析试验设置表

分组	试验处理
A（1）	3t 牛粪+1. 2t 烟末+150kg 氧化钙
B（2）	3t 牛粪+1. 2t 烟末+100kg 过氧化钙
C（3）	3t 牛粪+1. 2t 烟末+150kg 氧化钙+100kg 过氧化钙
D（4）	3t 牛粪+1. 2t 烟末+150kg 氧化钙+100kg 过氧化钙（每翻堆一次加 10kg 过氧化钙）

1. 物种多样性分析

表 4-6 是堆肥不同时期菌群丰富度及多样性指数。

表 4-6 堆肥不同时期菌群丰富度及多样性指数

Sample ID	PD_whole_tree	Ace	Chao1	observed_species	Shannon 指数	Simpson 指数
A1. 1	104	1663. 66	1576. 475	1120	6. 58209	0. 950963
A1. 2	65	861. 4109	872. 4625	669	6. 452564	0. 965325
A1. 3	65	921. 2003	921. 2139	653	4. 751586	0. 857993
A1. 4	75	1059. 512	1060. 979	788	5. 43061	0. 876539
B1. 1	89	1658. 542	1562. 499	934	6. 126809	0. 956653
B1. 2	96	1695. 076	1656. 975	1002	6. 519546	0. 965732
B1. 3	74	1448. 094	1464. 267	800	6. 146029	0. 966152
B1. 4	84	1564. 295	1525. 863	878	6. 19473	0. 959297
C1. 1	63	870. 0488	867. 3714	617	5. 895938	0. 955846
C1. 2	85	1577. 92	1607. 324	898	6. 41376	0. 970007
C1. 3	51	719. 7224	710. 7347	499	4. 989275	0. 901065
C1. 4	56	877. 4935	880. 6978	572	5. 69213	0. 949191
D1. 1	41	685. 3763	662. 6678	386	4. 653038	0. 908071
D1. 2	73	746. 309	771. 2504	597	5. 691624	0. 943935
D1. 3	63	1087. 207	1048. 915	605	5. 198746	0. 927037
D1. 4	46	707. 6302	679. 9635	421	4. 662945	0. 890773
E1. 1	66	1148. 602	1118. 312	700	5. 704168	0. 937749
E1. 2	63	1136. 85	1095. 31	671	5. 569262	0. 920543
E1. 3	59	1017. 175	985. 9347	604	5. 529831	0. 935292
E1. 4	61	1093. 863	1101. 057	631	5. 794422	0. 953026
F1. 1	52	605. 9277	624. 5919	407	5. 290674	0. 926185

续表

Sample ID	PD_whole_tree	Ace	Chao1	observed_species	Shannon 指数	Simpson 指数
F1. 2	51	568. 4513	586. 5548	413	5. 604203	0. 941754
F1. 3	56	809. 664	773. 8099	517	5. 184974	0. 927727
F1. 4	61	607. 6949	676. 1209	498	5. 783831	0. 953227
G1. 1	50	909. 7767	932. 6463	501	4. 49398	0. 873846
G1. 2	57	985. 5854	1032. 094	582	5. 180022	0. 920879
G1. 3	52	969. 711	994. 2875	538	4. 686988	0. 861465
G1. 4	49	788. 8305	780. 8008	461	4. 332372	0. 858739
H1. 1	51	740. 0253	717. 4308	462	4. 232003	0. 845266
H1. 2	46	739. 1718	739. 0738	442	4. 459004	0. 882336
H1. 3	48	625. 9509	664. 6012	454	5. 004485	0. 911332
H1. 4	46	735. 7325	747. 1205	439	4. 531708	0. 896515

注：A、B、C、D、E、F、G、H 代表堆肥不同时期，1. 1、1. 2、1. 3、1. 4 为不同的样品编号。

图4-28 为处理 1、2、3、4 堆肥过程中所取样品 OTU rarefaction 曲线图。OTU rarefaction 曲线可以用来比较测序数量不同的样本物种的丰富度，也可以用来说明样本的取样大小是否合理。当曲线趋于平缓时，说明取样深度已基本覆盖到样品中所有的物种，更多的数据量对发现新的 OTU 贡献少；反之，则表示样品中物种多样性较高，还存在较多未被检测到的物种，继续取样还可能产生较多新的 OTU。菌群丰富度由 Chao 指数和 Ace 指数表示，当 Chao 指数和 Ace 指数越大，说明群落丰富度越高；菌群多样性由 Shannon 指数和 Simpson 指数表示，当 Shannon 指数和 Simpson 指数值越大，说明群落多样性越大。

所取样品为各处理组同一时期样品，整个堆肥过程中取样 8 次。由图 4-29 可看出，在堆肥初期由于温度适宜，微生物种类繁多，物种多样性较高，取样深度未能够覆盖到所有物种，建议在堆肥初期加深、加多取样点；高温期和腐熟期 OTU rarefaction 曲线逐渐趋于平缓，出于温度的选择性，使得微生物数量增多，而物种多样性较低，取样深度已基本覆盖到样品中所有的物种。处理 4 在高温阶段（第 18 天），曲线呈现平缓，说明微生物的多样性较低，堆体内主要为堆肥专一性微生物，且此时微生物数量最多，活性最大，对堆体的有机质降解速率最高。

2. 微生物菌群群落结构分析

对好氧堆肥不同时期四组试验样品 OTU 统计绘制 Venn 图，分析结果如图 4-30所示。由图可知，在好氧堆肥第 0、9、21、40 天，菌剂（I）与 1、2、3、4 四组样品所共有的 OTU 数目分别为 55、77、91、77，菌群群落的变化趋势呈现上

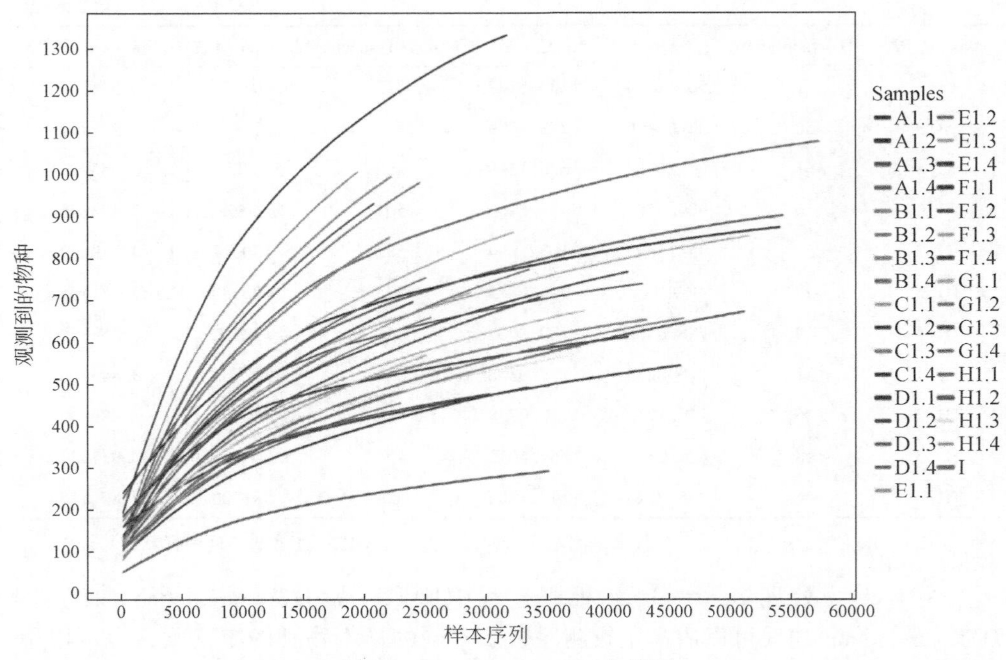

图 4-29　OTU rarefaction 曲线图

升至下降的过程，在第 E 天时共有的菌群物种数到达最高，此时期四组堆肥系统菌群结构复杂多变，且各种菌群相互影响制约，导致四组共有 OTU 数目最大，但整体的四组样品的菌群从之前不稳定的状态渐渐过渡到菌群结构稳定状态。

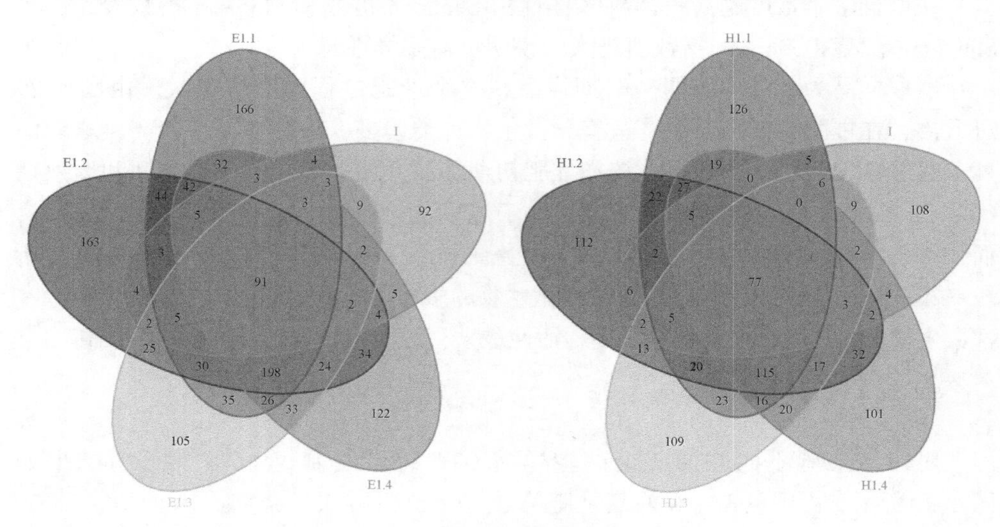

图 4-30　Venn 分析图

图4-31是对好氧堆肥不同时期四组试验样品第0、5、9、15、21、27、33、40天属水平上的分类信息进行聚类，绘制的heatmap图。heatmap图可将高丰度和低丰度的物种分块聚集，通过颜色梯度及相似程度来反映各组样品在分类水平上群落组成的相似性和差异性。

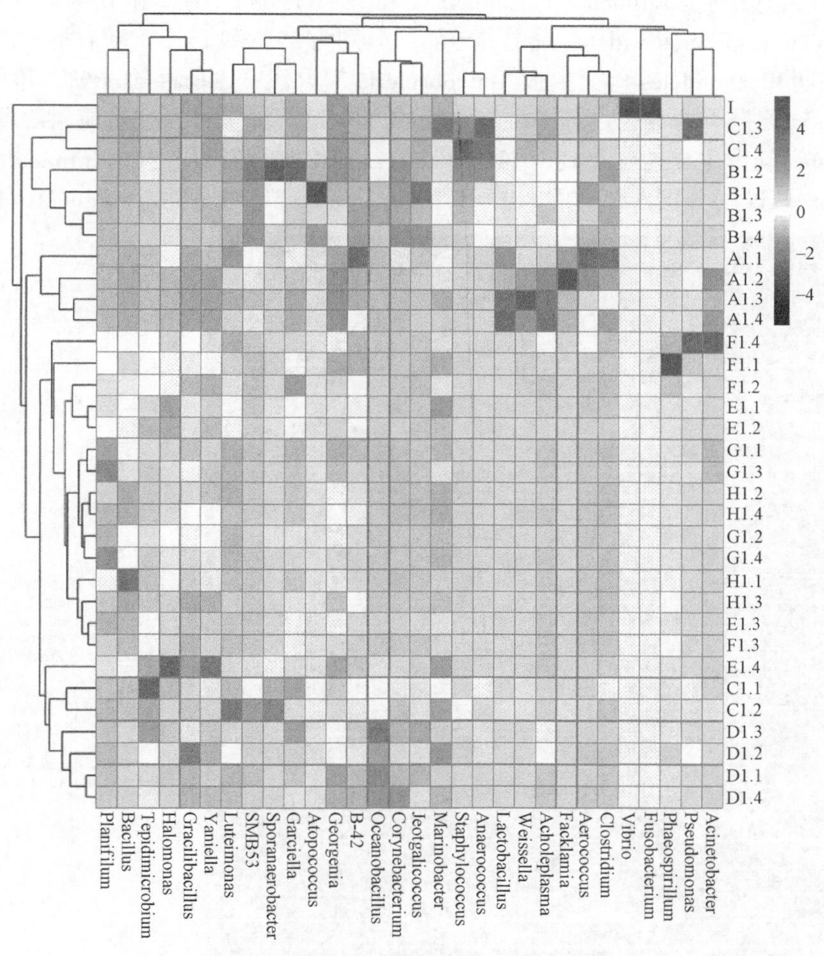

图4-31　堆肥不同时期的heatmap图

由图4-31可知，堆肥第0天时，四个处理组的微生物群落为一类族群，物种丰富度较低；随着堆肥时间的延长，在堆肥第21、27天时，四组的微生物群落很难归为同一类族群，说明此时期各组分的丰度和菌群结构相似性都没有固定规律，各组菌群结构正处于不断复杂变化过程中，微生物繁殖迅速，代谢速率较高，能够对奶牛养殖粪便原料进行有效降解转化。

3. 微生物种群分析

对好氧堆肥不同时期四组试验样品的菌群种类在门水平上进行分析，如图4-32所示。四组样品菌种在门分类学水平上共有13个门被鉴定，各组主要含有三种门类，分别是Firmicutes、Actinobacteria和Bacteroidetes。第0天时，各处理组Firmicutes和Bacteroidetes占主导地位，分别为55%和25%。随着堆肥的进行，在升温期Bacteroidetes门消失被Actinobacteria门取代，占菌群的30%，说明Actinobacteria门菌群对堆肥过程中堆体温度的升高起重要作用，进入高温阶段以后，Firmicutes门占主导地位，其中Proteobacteria门增加起辅助作用，Firmicutes门和Proteobacteria门分别占菌群的80%和10%。整个堆肥过程中，Firmicutes门菌群

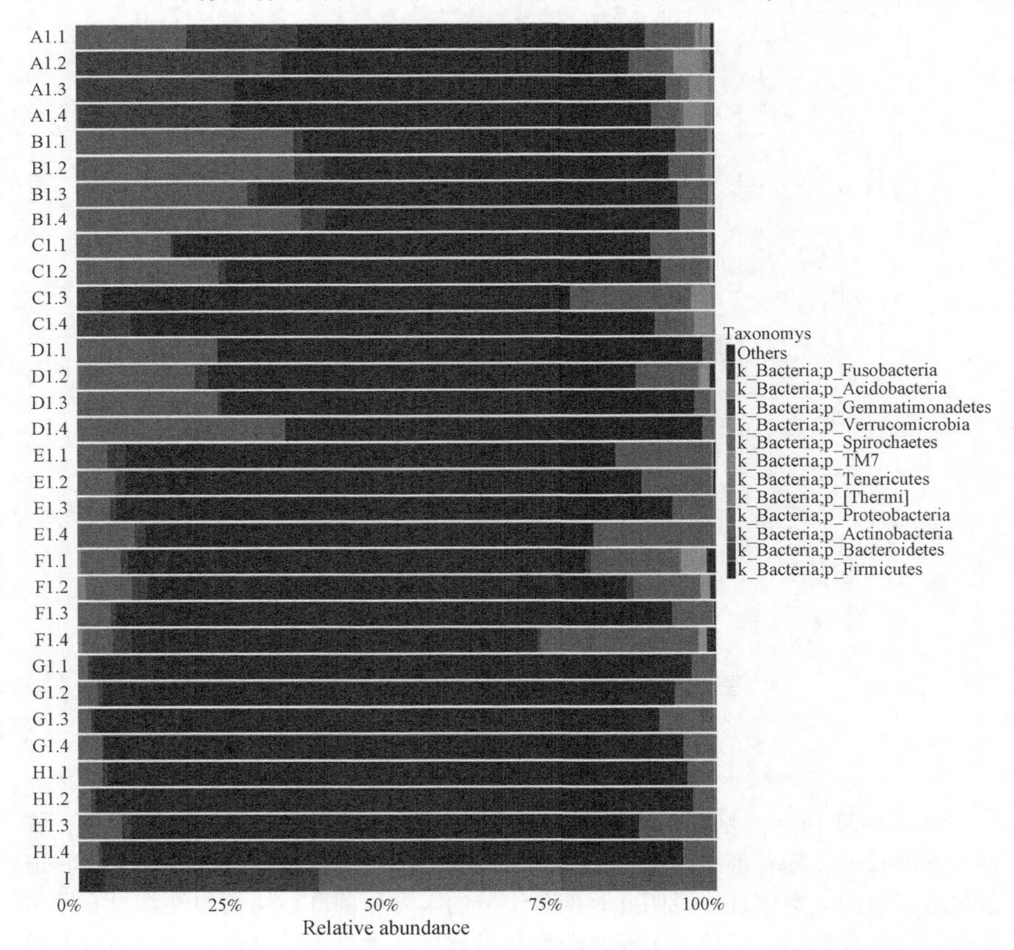

图4-32　堆肥不同时期物种分布图

占比最大，并且随着堆肥的进行，占比不断扩大高达90%，说明在堆肥过程中物质的降解和腐熟 Firmicutes 门菌群占主导地位，为堆肥过程中主要的菌群。

4. 小结

通过对比四组氧化钙与过氧化钙协同强化奶牛粪便好氧堆肥过程中微生物菌群分析可知，①从微生物菌群多样性及丰富度角度来看，处于复杂多变的好氧堆肥系统中的四组试验组菌群处于不断向稳定系统及优势菌种进化的状态；②对照试验组中 Fibrobacteres 门占比例少，强化条件下对于 Fibrobacteres 门的菌群生存有利，从而能强化对奶牛养殖粪便的好氧转化。

在奶牛粪便好氧堆肥系统中添加氧化钙和过氧化钙强化手段对于促进微生物的菌群结构、菌种、菌数量的影响具有一定的差异，但总体能起到促进好氧堆肥的效果，促进好氧微生物的生长代谢以及增殖，加强微生物降解酶的合成分泌及酶降解作用。

4.5　蚯蚓床半好氧堆肥

4.5.1　技术概述

蚯蚓床强化降解农村和农业有机废物在国外已经取得了突出的成果，蚯蚓养殖业、处理生活垃圾以及在农业有机固体废物的堆肥上在亚太地区已经迅速发展起来。蚯蚓食量大，每天进食的有机废物质量相当于自身重量，因此处理废物十分高效，且蚯蚓降解后的养殖废弃物氮磷含量下降，对控制氮磷流失具有重要作用。国内外对蚯蚓研究的成果层出不穷，利用蚯蚓处理有机废弃物与蚯蚓养殖于一体，在饵料中添加特殊配制的物质，如营养元素和生物制剂，既提高有机废弃物的处理效率，又可以提高蚯蚓的利用价值。更重要的是这些产品为安全、无毒、无公害、无污染产品，用于动植物生产，不仅起到促进生产的作用，而且生产的产品为有机产品。在化学农业的延伸日益受到限制、有机食品将成为未来国际市场竞争中攻守相宜的利器的情况下，蚯蚓处理有机废弃物技术研究和新产品的开发，无疑有其自身价值和深远意义，也必将极大促进我国生态农业的发展。

4.5.2　技术效果

有机固体废物在半好氧发酵的条件下，通过蚯蚓发达的消化系统，在蛋白酶、脂肪分解酶、纤维酶、淀粉酶的作用下，能迅速分解、转化成自身或其他生物易于利用的营养物质。利用蚯蚓处理有机固体废物，既可以盛产优质的动物蛋白，又能生产出肥沃的有机肥料。本书根据当地实际情况，选用蚯蚓床半好氧堆肥技术与户用型收集池配套，形成“收集–堆肥一体化技术”。

洱海北部流域内养殖户的出粪方式均为连续出粪，因此粪便堆体均为新鲜堆粪和陈粪的混合体。为进一步比较新鲜养殖废物和陈旧养殖废物之间的氮磷转移差异，利用改进后的收集堆沤池进行了新鲜养殖废物和陈旧养殖废物的氮、磷含量变化及堆肥效果比较（图 4-33 ~ 图 4-36）。现场试验中对堆体添加蚯蚓以强化有机固体废物降解，采用半好氧堆肥方式，堆沤过程对发酵床进行定时定量光照和通风。为了便于计算，堆体原料设计总重 1000kg，原料主要包括牛粪、猪粪、厨余垃圾和稻草节（三者质量比例为 50 ∶ 10 ∶ 1 ∶ 1），添加蚯蚓 1000 条，蚯蚓总重为 0. 5kg。

如图 4-33 所示，陈粪堆体和鲜粪堆体中全氮含量均未出现较大波动，说明堆沤池对氮磷流失的阻碍作用明显。新粪堆体中的全氮随着堆肥时间的增加先呈现上升趋势后又缓慢下降，最后趋于稳定。新粪堆体中全氮变化的主要原因是蚯蚓食量大，每天摄入食物量是其自身体重的 1 倍左右，以往研究表明，蚯蚓每吃掉 100kg 的垃圾，可产生 600kg 的蚯蚓粪，因此堆体在堆肥腐熟之前处于减量化的阶段。此时由于大量的食物原料导致蚯蚓活动较为剧烈，当养殖废物消耗到一定程度，堆体中蚯蚓粪占主导时，由于食物原料不足，蚯蚓的活动则开始缓慢，此时堆体中的全氮含量逐渐降低并趋于稳定。而且新粪的 pH 范围处于 6. 8 ~ 8. 5，与蚯蚓最适 pH 范围重合（6. 5 ~ 7. 9），因此蚯蚓在新粪中的活动较为强烈，全氮含量变化幅度较大。陈粪堆体的全氮含量变化趋势与新粪基本相似，不同之处在于，陈粪堆体已经过一段时间的自然发酵，堆体已损失了大量的 NH_3-N，全氮含量基本趋于稳定，因此蚯蚓的活动对堆体全氮含量的变化影响不大。

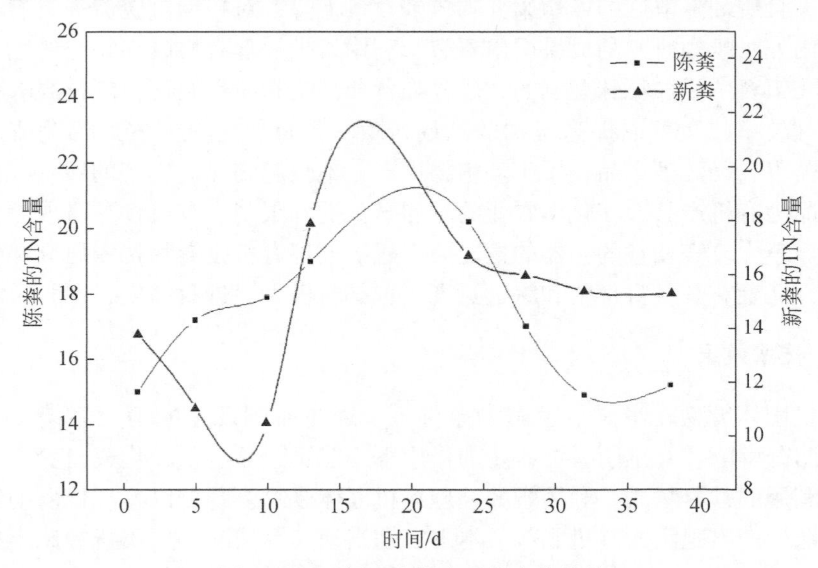

图 4-33　蚯蚓床全氮含量的变化趋势

新鲜养殖废物堆体中全磷含量明显高于陈粪堆体（图4-34），这是由于陈粪堆体在经过了一定时间的堆沤发酵之后，其中可溶性的磷元素已流失一部分。但是二者的趋势基本相同，都呈现出迅速上升后缓慢下降最后趋于稳定，主要是由于全磷含量基数的不同导致新鲜堆体含量高于陈粪堆体，同时说明了堆沤池对控制全磷流失的明显作用。这与之前的报道结果一致，有机固体废物的堆肥过程中，全磷的含量随着堆腐时间的延长，呈逐渐增加的趋势，其增长区间主要发生在升温期、高温期和降温期，而在腐熟阶段表现相对稳定。

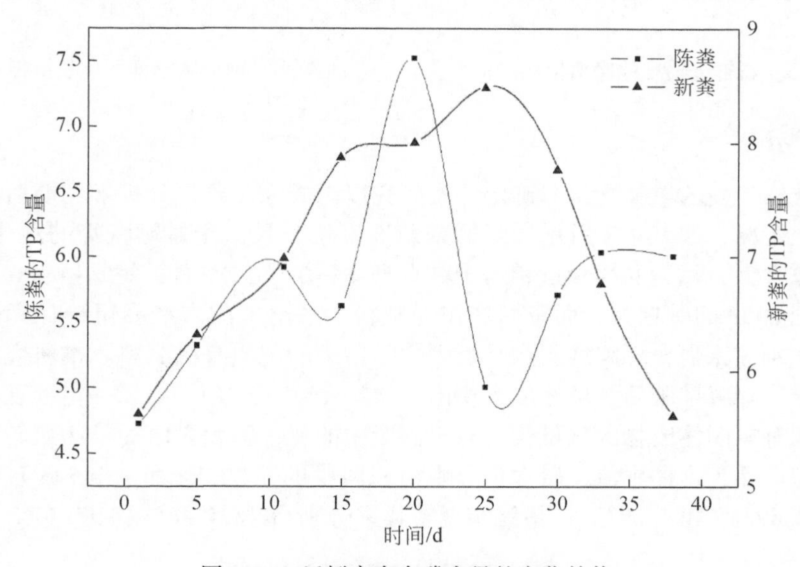

图4-34　蚯蚓床中全磷含量的变化趋势

堆肥腐熟度的评价指标常用C/N、温度、pH、水溶性碳含量和NH_4-N含量等，而NH_4-N/NO_3-N也是堆肥腐熟度评价的一个重要指标，有报道，当NH_4-N/NO_3-N小于1时，堆肥已腐熟。本研究对新鲜养殖废物和陈旧养殖废物的堆肥腐熟所需时间进行对比，结果如图4-35、图4-36所示，新鲜堆体在堆肥初期NH_4-N/ NO_3-N变化较大，直到堆肥第38天NH_4-N/ NO_3-N小于1且开始趋于稳定的腐熟阶段，这主要是由于堆肥的初始阶段是一个缓慢升温的过程，升温过程导致一部分NH_4-N以气态氨形式损失较快，因此NH_4-N/ NO_3-N呈现出快速降低趋势。而陈旧废物堆体已经经过一段时间的堆沤发酵，其NH_3的损失已经趋于稳定，因此陈旧废物堆体则在第14天时NH_4-N/ NO_3-N就达到了1.5，第23天开始趋于稳定，本研究认为二者均已腐熟。由此可见，相对于一般堆肥需要60天腐熟的技术，本研究经改进后的堆沤池在接种蚯蚓床强化降解后，显然加快了肥料腐熟速度，且投入成本低、管理简单，适合于农村地区大规模推广。

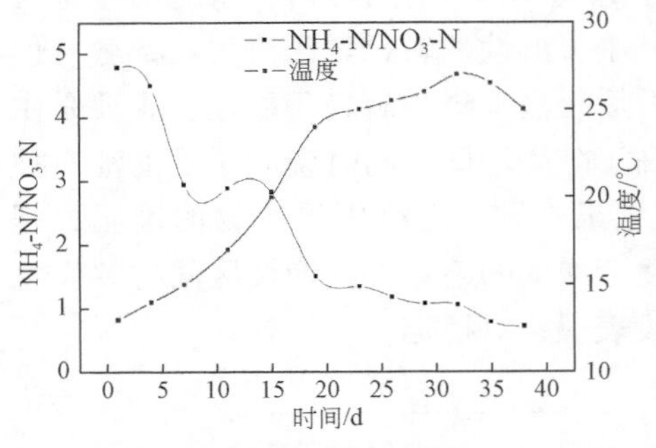

图 4-35　新鲜废物堆体腐熟指标变化

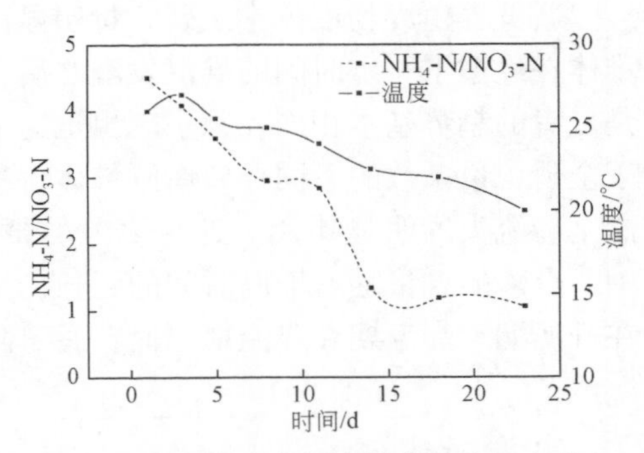

图 4-36　陈旧废物堆体腐熟指标变化

4.5.3　减排效果

陈粪较新粪的氮磷含量不确定，本研究以新粪为对象，分析堆肥前后的氮磷含量转化情况，如表 4-7 所示。蚯蚓繁殖速度快，且由于蚯蚓特殊的消化系统，其食量非常大，每天的摄食量相当于其自身体重的 1 倍左右，每吃掉 100kg 的垃圾可得到 60kg 的蚯蚓粪，而蚯蚓粪作为肥料生产出来的农产品可确保无化学污染，因此蚯蚓床强化降解堆肥产品是无化学污染的优质有机肥料。本研究中通过蚯蚓床强化降解堆肥后，堆体的大小由 1000kg 减小为 724.9kg，一定程度上实现了堆体的有机固体废物的减量化；有机固废中的氮、磷元素由污染物质转化成优质有机肥产品，堆体中氮、磷含量分别由原料中的 3.023kg 和 1.119kg 转化为产品中的 2.893kg 和 1.094kg，最终实现转化率分别高达 95.86% 和 97.80%。

表 4-7　蚯蚓强化降解前后堆体氮磷变化情况

处理	堆体	元素系数/%			N		P	
	质量/kg	含水率	N	P	质量/kg	转化率/%	质量/kg	转化率/%
原料	1000	83.40	1.82	0.67	3.02	95.86	1.12	97.80
产品	734.90	70.10	1.28	0.51	2.89		1.09	

蚯蚓床强化降解对降低畜禽粪便好氧堆肥过程中 NH_3、H_2S 的挥发有重要的作用，其中 NH_3 挥发量比原堆沤池无控条件下可减少 31.3%~96.7%，本研究取中值 50%。根据现有处理处置方式，粪便简易堆存后还田是主要的处理方式，占调查用户的 85.3%，其中简易堆放中有 36% 修建了户用堆沤池，但因池容小、无防雨盖等原因，使用率几乎为零，其余 49.3% 的简易堆放无任何控制措施，养殖废物均是房前屋后、院内渠边随意堆置。如表 4-8 所示，根据本研究对户用收集堆沤池的改进，假设将研究区域内已建堆沤池进行全部改进并全部使用，则改进后将对环境减排的 NH_3 量为 66.78 t/a。

表4-8　蚯蚓床强化降解气体减排效果

气体	处理设备	排放量/(t/a)	对比减排量/(t/a)
NH_3	原设备	133.56	66.78
	改进后	66.78	

综上所述，通过蚯蚓床强化降解堆肥措施，有机固体废物最终实现资源化、减量化和无害化，其中堆体大小减小比例为26.5%，资源化转化率为90%以上。假设对研究区域内的现有堆肥设备进行改进并提高使用率以后，区域内将实现有机固体废物中氮、磷的水体零排放，温室气体间接排放量将减少66.78t/a，减排率达50%。

4.6　堆肥化工程示范

4.6.1　奶牛粪便快速生物干燥

以奶牛粪便和烟末为主要原料，加入生石灰进行好氧生物堆肥，使堆肥迅速进入中温、高温阶段，实现快速升温，高效脱水，缩短堆肥周期。

堆肥前在养殖废物中先加入40%的烟末混合均匀后，然后加入5%的生石灰，摊开静置5min后加入2%的pH调节剂并混合均匀，静置2min；接着加入0.5%的接种物混合均匀后开始堆肥，堆体高度为1.5m；在堆肥过程中监测堆体温度，堆体温度达到60℃以上时进行第一次翻堆；随后每3~4天进行一次翻堆，堆体温度降至40℃以下且不再升高时，堆肥结束。

高含水率奶牛粪便加入生石灰后，5天堆体温度便达60℃，腐熟过程耗时仅27天；根据养殖废物快速干燥堆肥化技术得到的有机肥产品，有机质含量为60.93%，有机质的损失为11.89%，N、P、K的含量分别为2.3%、2.1%、3.2%，已达到有机肥产品质量标准，与常规堆肥方法得到的产品相比，该技术得到的产品的P含量比常规堆肥方法的产品增加了40%。

4.6.2　多阶段返料接种快速腐熟堆肥化

以奶牛粪便、烟末和二次发酵后产物为主要原料进行好氧生物堆肥，烟末可作为调理剂使畜禽粪便堆体的初始含水率迅速降低至最适堆肥含水率，堆体可快速进入中温、高温阶段，实现快速升温，缩短堆肥周期，二次发酵产物可为堆体提供充足的微生物群体，使其达到快速生物干燥的目的。

堆肥前在养殖废物中先加入40 %的烟末混合均匀后摊开静置5min，然后加入2%的pH调节剂并混合均匀，静置2min；接着加入10%返料接种物混合均匀后开始堆肥，堆积高度为 1.5m；自起堆日起监测堆体温度，堆体温度达到 40℃以上时进行第一次翻堆，每 2 天对堆体进行翻堆 1 次，翻堆时，应将装载机铲斗举起然后将物料慢慢抖落。如果有较大的块状颗粒，应将其破碎混合。本阶段对堆体翻堆 2 ~ 3 次，堆体温度降至 40℃以下且不再升高时，堆肥结束。

返料接种快速腐熟堆肥化的方法与传统堆肥方式相比，升温速率显著，温度上升至 60℃的时间由 12 天缩短至 6 天，27 天左右含水率即降至 30% 以下；根据养殖废物快速干燥堆肥化技术得到的有机肥产品，有机质含量为 61.34%，有机质的损失为 11.33%，N、P、K 的含量分别为 2.2%、1.6%、2.6%，已达到有机肥产品质量标准[1-83]。

参考文献

[1] 杨建云．洱海湖区非点源污染与洱海水质恶化［J］．云南环境科学，2004，（23）：104-105.

[2] 张建华．洱海湖滨区畜禽粪便污染与资源化利用措施［J］．土壤肥料，2006，（2）：16-18.

[3] 李书田，刘荣乐，陕红．我国主要畜禽粪便养分含量及变化分析［J］．农业环境科学学报，2009，28（1）：179-184.

[4] 廖青，韦广泼，江泽普，邢颖，黄东亮，李杨瑞．畜禽粪便资源化利用研究进展［J］．南方农业学报，2013，44（2）：338-343.

[5] 邹星炳．山区散养户多功能牛舍推广研究［J］．中国牛业科学．2015，41（6）：86-88.

[6] 贾丽娟，宁平，瞿广飞，等．洱海北部畜禽粪便沼气资源化潜力分析［C］．中国环境科学学会 2010 年学术年会，2010.

[7] Huang K，Qu G F，Ning P，et al. Research on nitrogen and phosphorus losses of natural composting manure in the northern region of Erhai lake［J］．Advanced Materials Research，2010，160-162：585-589.

[8] 李劲松．当前农村小规模养猪户存在的问题及建议［J］．湖北畜牧兽医，2010，（11）：13-14.

[9] 蒋永宁，王吉报．云南大理奶牛产业化发展探析［J］．云南农业大学学报（社会科学版），2012，6（3）：28-30.

[10] 林可聪．畜禽粪便资源的高温堆肥处理［J］．中国资源综合利用，2001，（10）：33-34.

[11] 姚燕，王艳锦，李改莲，张运真．厌氧发酵液商品化开发研究［J］．河南农业大学学报，2003，（1）：78-80.

[12] 彭奎，朱波．试论农业养分的非点源污染与管理［J］．环境保护，2001，（1）：15-17.

[13] 周轶韬．规模化养殖污染治理的思考［J］．内蒙古农业大学学报（社会科学版），2009，11（1）：117-120.

[14] D'Amico M，Filippo C D，Rossi F，et al. Activities in nonpoint pollution control in rural areas of Poland［J］．Ecological Engineering，2000，14（4）：429-434.

[15] 彭里．重庆市畜禽粪便污染调查及防治对策［D］．重庆：西南农业大学，2004.
[16] Evans P O, Westerman P W, Overcash M R. Subsurface drainage water quality from land application of seine lagoon effluent［J］. Transactions of the American Society of Agricultural and Biological Engineers, 1984, 27 (2): 473-480.
[17] 颜培实，李如治．家畜环境卫生学［M］．北京：高等教育出版社，2011.
[18] Pell A N. Integrated crop- livestock management systems in sub- saharan Africa［J］. Environment Development & Sustainability, 1999, 1 (3-4): 337-348.
[19] 郭亮．规模化奶牛场粪便处置方法的比较研究［D］．南京：南京农业大学，2007.
[20] 何明福．农村规模养殖的环境污染与治理对策［J］．当代畜禽养殖业，2009，(1)：54-55.
[21] 黄灿，李季．畜禽粪便恶臭的污染及其治理对策的探讨［J］．家畜生态学报，2004，25 (4)：211-213.
[22] 潘琼．畜禽养殖废弃物的综合利用技术［J］．畜牧兽医杂志，2007，26 (2)：49-51.
[23] 相俊红，胡伟．我国畜禽粪便废弃物资源化利用现状［J］．现代农业装备，2006，(2)：59-63.
[24] 汪建飞，于群英，陈世勇，等．农业固体有机废弃物的环境危害及堆肥化技术展望［J］．安徽农业科学，2006，34 (18)：4720-4722.
[25] 孙永明，李国学，张夫道，等．中国农业废弃物资源化现状与发展战略［J］．农业工程学报，2005，21 (8)：169-173.
[26] 叶美锋，吴飞龙，林代炎．农业固体废物堆肥化技术研究进展［J］．能源与环境，2014，(6)：57-58.
[27] SCHAUB S M, LEONARD J J. Composting: an alternative waste management option for food processing industries［J］. Trends in Food Science & Technology, 1996, 7 (8): 263-268.
[28] 杨柏松，熊文江，朱巧银．好氧堆肥技术研究［J］．现代化农业，2016，(7)：57-59.
[29] 沈玉君，李国学，任丽梅．不同通风速率对堆肥腐熟度和含氮气体排放的影响［J］．农业环境科学学报，2010，29 (9)：1814-1819.
[30] 马怀良，许修宏．不同 C/N 对堆肥腐殖酸的影响［J］．中国土壤与肥料，2009，6：64-67.
[31] 庞金华，程平宏，余延园．高温堆肥的水汽矛盾［J］．农业环境保护，1999，18 (2)：73-75.
[32] U S EPA. Design Manual Number 44: Composting of Mullicipal Wastewater Sludge［M］. 1985.
[33] 李玉红，王岩，李清飞．不同原料配比对牛粪高温堆肥的影响［J］．河南农业科学，2006，11：65-68.
[34] 吴鸿强．城市垃圾堆肥的深度加工的处理工艺及设备［J］．环境保护，1998，(3)：22-24.
[35] 魏源送，樊耀波，王敏健，王菊思．堆肥系统的通风控制方式［J］．2000，21 (2)：101-104.
[36] Bertoldi M de, Vallini G and Pera A. The biology of composting: a review［J］. Waste

Management & Research，1983，1：157-176.

[37] Epstein E，Alpert J E. Composting：engineering practices and economic analysis [J]. Wat Sci Tech，1983，15：157-167.

[38] Epstein E，Willson G B，Burge W D，et al. A forced aeration systems for composting wastewater sludge [J]. Journal WPCF，1976，48（4）：668-694.

[39] Hang R T. The practical handbook of compost engineering [J]. Lewis Publisher，1993，3（6）：2-13.

[40] 国家环境保护总局污染控制司编．城市固体废物管理与处理处置技术 [J]．北京：中国石化出版社，1999：262-272.

[41] Finstein M S，Miller F C，Strom P E. Waste treatment composting as a controlled syste [J]. Biotechnology，1986：56-61.

[42] 严煦世．水和废水处理技术研究 [M]．北京：中国建筑工业出版社，1991，808-809.

[43] Erickson B D，Elkins C A，Mulli L B，et al. A metallo-beta-lactamase is responsible for the degradation of ceftiofur by the bovine intestinal bacterium Bacillus cereus P41 [J]. Vet Microbiol，2014，172：499-504.

[44] Epstein E，Willson G B，Burge W D，Mullcn D C and En Kiri N IC. A forced aeration system for composting wastewater sludge [J]. Journal of WPCF，1976，48（4）：688-694.

[45] 魏源送，王敏健，王菊思．堆肥技术及发展 [J]．环境科学进展，1999，7（3）：11-23.

[46] 陈世和，张所明，宛玲，嵇蒙．城市生活垃圾堆肥处理的微生物特性研究 [J]．上海环境科学，1989，8（8）：17-21.

[47] 冯明谦，刘德明．滚筒式高温堆肥中微生物种类数量的研究 [J]．中国环境科学，1999，19（6）：490-492.

[48] 杨虹，李道棠，朱章玉．高温嗜粪菌的选育和猪粪发酵研究 [J]．上海环境科学，1999，18（4）：170-172.

[49] 周少奇．有机垃圾好氧堆肥法的生化反应机理 [J]．环境保护，1999，3：30-32.

[50] 何品晶，邵立明，陈绍伟．城市垃圾与排水污泥混合堆肥配比的研究 [J]．上海环境科学，1994，3（6）：21-23.

[51] 张永豪，林荣忱，赵丽君．硝化污泥间歇式堆肥操作气量控制方式 [J]．城市环境与城市生态，1994，7（3）：1-4.

[52] 张永豪．气量对硝化污泥堆肥平均反应速率影响的研究 [J]．中国给水排水，1994，10（4）：25-28.

[53] 陈世和．Dan 动态堆肥装置的特性研究 [J]．上海环境科学，1991，10（12）：10-13.

[54] 陈世和．城市生活垃圾堆肥动态工艺（D. ANO）的研究 [J]．上海环境科学，1992，11（5）：13-15.

[55] 李艳霞，王敏健，王菊思．环境温度对污泥堆肥的影响 [J]．环境科学．1999，（6）：63-66.

[56] 赵丽君，杨意东，胡振苓．城市污泥堆肥技术研究 [J]．中国给水排水．1999，（9）：

58-60.

[57] 陈同斌，黄启飞，高定，等．城市污泥堆肥温度动态变化过程及层次效应［J］．生态学报．2000，（5）：736-741.

[58] Brito L M，Coutinho J，Smith S R. Methods to improve the composting process of the solid fraction of dairycattle slurry［J］．Bioresource Technlogy，2008，99：8955-8960.

[59] Tiquia S M，Tarn N E Y，Hodiss I J. Microbial activities During composting of pig manure sawdust litter at different moisture contents［J］．Biores Trchnol，1996，55（2）：201-206.

[60] 李国学，张福锁．固体废弃物堆肥化与有机复合肥生产［M］．北京：化学工业出版社，2000，190-191.

[61] RYNK R. Monitoring moisure in composting system［J］．Biocycle，2000，41（10）：53-58.

[62] Bernal M P A，Moral R. Composting of animal manures and chemical criteria for compost maturity：A review［J］．Bioresource Technology，2009，100（22）：5444-5453.

[63] 施宠，张小娥，金俊香，等．牛粪堆肥不同处理全N、P、K及有机质含量的动态变化［J］．中国牛业科学，2010，36（4）：26-29.

[64] 中华人民共和国农业部．NY525-2012，有机肥料［S］．北京：中国农业出版社，2012.

[65] 雷大鹏，黄为一，王效华．发酵基质含水率对牛粪好氧堆肥发酵产热的影响［J］．生态与农村环境学学报，2011，27（5）：54-57.

[66] Recep K. Determination of the relationship between FAS values and energy consumption in the composting process［J］．Ecological Engineering，2015，81：444-450.

[67] Gareia C，Hernandez T，et al. Study on water extract of bio solids composts［J］．Soil Science Plant Nutrition，1991，37：399-408.

[68] 张硕．禽畜粪污的“四化”处理［M］．北京：中国农业科学技术出版社，2007.

[69] 牛俊玲，梁丽珍，兰彦平．板栗苞和牛粪混合堆肥的物质变化特性研究［J］．农业环境科学学报，2009，28（4）：824-827.

[70] Pitta D W，Pinchak W E，Dowd S E，et al. Rumen bacterial diversity dynamics associated with changing from bermudagrass hay to grazed winter wheat diets［J］．Microbial Ecology，2010，59（3）：511-522.

[71] Shannon C E. Part III：A mathematical theory of communication［J］．M. d. computing Computers in Medical Practice，1997，14（4）：306-317.

[72] Mahaffee W F，Kloepper J W. Temporal changes in the bacterial communities of soil，rhizosphere，and endorhiza associated with field-grown Cucumber（Cucumis sativus L.）［J］．Microbial Ecology，1997，34（3）：210-223.

[73] Tang J-C，Katayama A. Relating quinone profile to the aerobic biodegradation in thermophilic composting processes of cattle manure with various bulking agents［J］．World Journal of Microbiology and Biotechnology，2005，21（6-7）：1249-1254.

[74] Tang J-C，Kanamori T，Inoue Y，et al. Changes in the microbial community structure during thermophilic composting of manure as detected by the quinone profile method［J］．Process Biochemistry，2004，39（12）：1999-2006.

[75] Simujide H, Aorigele C, Wang C-J, et al. Reduction of foodborne pathogens during cattle manure composting with addition of calcium cyanamide [J]. Journal of Environmental Engineering and Landscape Management, 2013, 21 (2): 77-84.

[76] Petric I, Avdihodi E, Ibri N. Numerical simulation of composting process for mixture of organic fraction of municipal solid waste and poultry manure [J], Ecological Engineering, 2015, 75: 242-249.

[77] 顾希贤，许月蓉．垃圾堆肥微生物接种试验［J］．应用与环境生物学，1995，1（3）：274-278.

[78] Richard T L, Hamelers H V M, Veeken A. Moisture relationships in composting processes [J]. Compost Science & Utilization, 2002, 10 (4): 286-303.

[79] Huang G F, Wong, J W C, Wu Q T, et a1. Effect of C/N on composting of pig manure with sawdust [J]. Waste Management, 2004, 24 (8): 805-813.

[80] Chefetz B, Hatcher P G, Hadar Y, et a1. Chemical and biological characterization of organic matter during composting of municipal solid waste [J]. Journal of Environmental Quality, 1996, 25 (4): 776-785.

[81] Domeizel M, Khalil A, Prudent P. UV spectroscopy: a tool for monitoring humifieation and for proposing an index of the maturity of compost [J]. Bioresource Technology, 2004, 94 (2): 177-184.

[82] Haug R T. The Practical Handbook of Compost Engineering [M]. Boca Raton: Lewis Pubishers, 1993.

[83] Petric I, Selimbasic V. Development and validation of mathematical model for aerobic composting process [J]. Chem Eng J, 2008, 139 (2): 304-317.

第 5 章　有机废物基质化技术

5.1　有机废物基质化概述

5.1.1　基本理论

栽培基质是无土栽培技术的关键，是植物生长的基础和媒介，在支持和固定植株的同时，也为植物提供养分和水分。目前无土栽培基质主要分为无机和有机两大类，国内外通用的无机型无土栽培基质为岩棉，有机型无土栽培基质为泥炭。但是无机型无土栽培基质在自然界难以降解，栽培作物后成为固体废物，造成环境污染；有机型无土栽培基质泥炭大量开发利用，造成地球湿地生态系统不可逆转的破坏，并且这两种类型的基质价格均相当昂贵，已经有许多国家开始限制这两种基质的开发和使用，从环保性和经济性出发，质优价廉的环保型无土栽培基质的开发利用已成当务之急。

利用有机废弃物可以合成优质无土栽培有机基质，可以替代泥炭资源。但是，有机废弃物不能直接用作育苗基质，未经处理的有机废弃物中的有机质没有达到足够稳定，会对农作物生长产生不利的影响。主要原因是未腐熟基质碳氮比值高，作为一种含碳丰富的物质，直接用作栽培基质会刺激微生物迅猛活动，导致大量有效氮被暂时固定，影响作物的氮素供应。因此，有机废弃物需要在人为的操作下，控制一定的温度、C/N 比、通风等条件，利用微生物菌剂中的细菌、酵母菌、霉菌和放线菌等多种功能型微生物的发酵降解功能，转化成腐熟基质，这一生物学过程也被称为基质化。基质化与堆肥化的区别在于，堆肥是基质化的一种方式，二者术语是包含与被包含的关系。堆肥化常采用高温好氧堆，严格意义上讲厌氧发酵不属于堆肥；而基质化有好氧堆肥和低温炭化两种技术，如表 5-1所示。

表 5-1　基质化技术分类

类别	特点
好氧堆肥技术	该过程微生物代谢会大量放热，促使堆体温度升高到 50～65℃，能最大限度地杀灭病原菌，同时提高降解速率

续表

类别		特点
低温炭化技术	热裂解法	温度< 700℃，最常用的一种方法
	水热炭化法	于20世纪80年代在荷兰发明，该技术是具有固定含水率的生物质在特定温度和压力下，生成固体和液体并产生气体产物的过程。原料预处理阶段的不需要干燥，节约了大量的劳动力，降低了炭化设备的成本
	微波炭化法	利用频率为300MHz～300GHz的电磁波在完全无氧或少量氧气的条件下作用，使其分子内外产生剧烈振动发热从而制备生物质炭的过程。不需要对反应炉进行加热，受热均匀、没有额外的热量损失、加热速度快、能源消耗少

目前，好氧堆肥是最有效的资源化处理有机固体废弃物的途径，可使易分解的有机物大部分分解，通过高温消灭病原菌、害虫卵和杂草种子等。然而，好氧堆肥作为基质化的前驱手段依然存在一些弊端。其一，有机废弃物来源不一，基质质量缺乏稳定性，各批量间质量存在一定差异；其二，对于颗粒大小形状、容重、总孔隙度、大小孔隙比、pH、EC值、CEC值等质重要的理化性状，目前尚未提出标准化性状参数。另外，从目前的情况看，利用有机废弃物生产栽培基质的成本尚高，因此采用新技术、新工艺、降低成本是环保型无土栽培基质推广应用的关键。

低温炭化是指在无氧或低氧的环境下，在<700℃下通过热裂解有机物产生生物质炭、可燃气、生物油等可利用物质的技术方法。农业废弃物原料经低温炭化后，体积变小，自身所带的病原菌等有害物质也被杀死。其主要产物生物炭具有质量轻、表面多孔隙，有较大的比表面等特点，既可以储存充足的水分和养分，也可为植物根系呼吸作用提供充足的氧气和吸收养分的空间，为微生物代谢提供一个好的场所，且阳离子交换能力较强，可最大程度减少养分淋失，是可代替草炭进行植物育苗和栽培的高品质基质。

根据炭化原理，低温炭化技术可分为热裂解法、水热炭化法和微波炭化法，其中热裂解法是其中最常用的一种方法。水热炭化技术是荷兰在20世纪80年代发明的一种热转化技术，该技术是把具有固定含水率的生物质在反应器特定温度和压力下，生成固体和液体并产生气体产物的过程。与热裂解炭化法相比，水热炭化少了原料预处理阶段的干燥原料步骤，因此当农业废弃物含水量较高时采用水热炭化法进行生物炭的制备就无需干燥环节，节约了大量的劳动力，降低了炭化设备的成本。无论是热解炭化还是水热炭化，都需要保持对加热炉的持续加热和保温，而微波炭化法是利用频率为300 MHz～300GHz的电磁波在完全无氧或少量氧气的条件下作用于农业废弃物，使其分子内外产生剧烈振动发热从而制备生物质炭的过程，不需要对反应炉进行加热，相比较传统炭化方法，微波炭化法受热均匀，没有额外的热量损失，所以加热速度快，能源消耗少。在追求降低劳动力和时间成本，提高能源利用率和实现全自动化炭化的选择上，微波炭化法具有优势。

5.1.2　国内外研究现状

20 世纪 70 年代以来，国内外不少学者提出利用堆肥、农业有机废弃物、下水道污泥等材料，如纸泥、煤渣、橡胶屑、洋麻纤维、废棉、堆肥土、椰粉纤维、鱼骨堆肥、生物固体、污泥等原料企图以部分或全部取代泥炭的利用，但因其性质不易掌握或容易再造成污染，一直无法动摇泥炭的地位。

自 20 世纪 80 年代后期以来，欧美国家颁布实施了有关环保法规，如禁止营养液的排放以免污染地下或地表水源，禁止泥炭资源的开采等。为了保护湿地生态系统，泥炭资源较少的国家如南欧，很少开发利用泥炭，即使在泥炭资源丰富的国家，泥炭的开发利用也受到了限制。这些措施促使无土栽培逐步向环保型、经济型、技术型的方向转变。

于是世界各国开始研究泥炭和岩棉的替代物，如加拿大用锯末，以色列用牛粪和葡萄渣，英国用椰子壳纤维等均获得良好效果。20 世纪 90 年代以后，瑞士等将芦苇作为有机无土栽培基质应用于蔬菜无土栽培。而在澳大利亚，苗木生产者常用桉树的锯木屑作为基质，有时也采用锯木屑和沙体积比为 3 : 1 或者 4 : 1 的混合物作为基质，效果都非常好。树皮作为无土栽培的有机基质与锯末一样多用于花卉的栽培，美国 Shbata 等研制的人造“土壤”就是用腐烂的树皮为重要成分制作的，这类“土壤”具有良好的排水性、保水能力和保肥能力，不仅为花卉无土栽培的适宜基质，而且特别适合作高尔夫球场果岭区草坪土壤。美国 Lohv 等利用菇床废料制作无土栽培基质与商业泥炭-蛭石基质对比试验发现菇床废料经过脱盐处理也可作为一种花卉无土栽培基质；Hensler K L 则采用可生物降解的有机物洋麻作为基质进行暖地型无土草皮生产可行性研究，以播种和根茎繁殖 2 种方式种植，6 周后播种和根茎繁殖的草坪草盖度都达到了 100%。

我国刘庆华等从缓冲性的角度对发酵以后的有机废弃物（锯末屑、椰糠、豆秆粉、花生壳粉、玉米芯粉、酒糟）环保型基质进行了研究，并与传统的泥炭基质进行了比较，结果表明，各环保基质酸、碱、盐缓冲容量均高于泥炭及其他无机基质，能够形成相对稳定的根际环境，最大程度防止由于营养液 pH 或 EC 值的剧烈变化对植株根系造成伤害。

5.2　有机废物基质化技术

以沼液沼渣为原料，锯末、砂、黏土等为辅料，并经过混剂的堆制处理，制备出营养土。另外，为增加营养土的保水能力，在所制备的土样中加入一定比例的保水剂，从而优化营养土中各主要成分的配比。

营养土的养分含量达到作物生长所需指标，经测定营养土中的有机质、全氮、全磷等理化指标均高于作为参比的黑土的相关参数（图 5-1 ~ 图 5-4）。在沼气发酵残余物制备的营养土中添加保水剂不会影响土壤的 pH，保水剂的添加使营养土的容重降低、孔隙度增加，也就是说，施加保水剂后，营养土变得疏松，有利于营养土中的水、气、热等的交换及微生物的活动，有利于土壤中养分对植物的供应，从而提高了营养土的有效肥力。

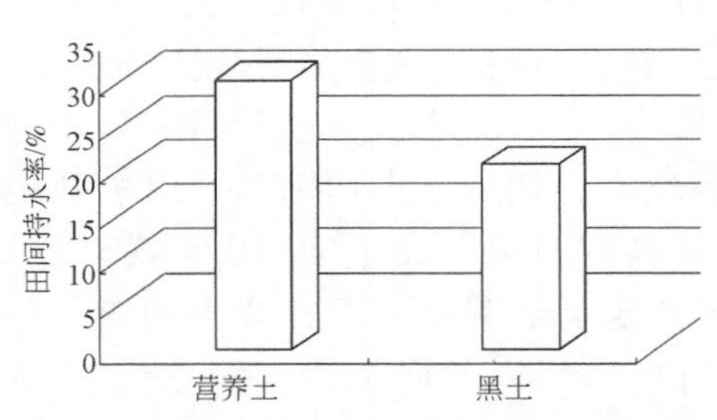

图 5-1　营养土与黑土的持水率比较图

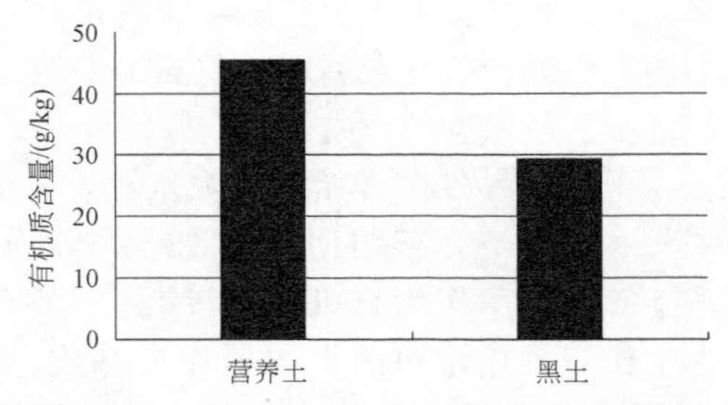

图 5-2　营养土与黑土有机质含量比较图

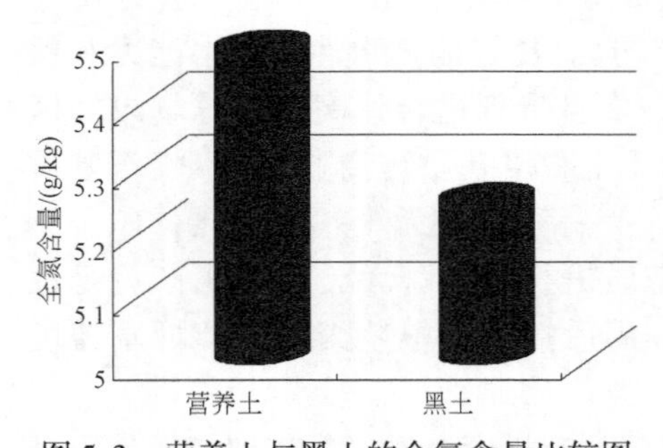

图 5-3　营养土与黑土的全氮含量比较图

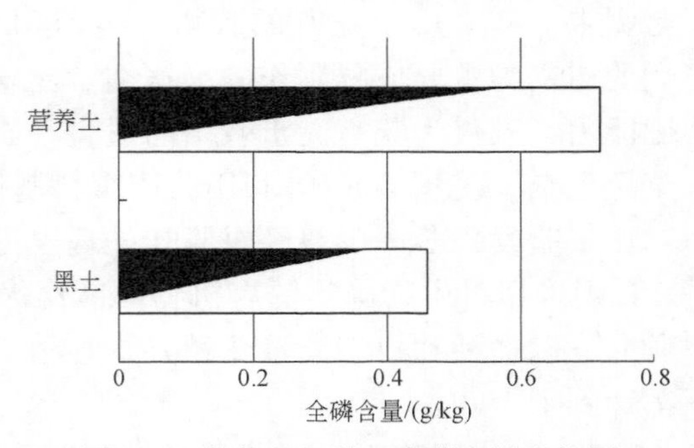

图 5-4　营养土与黑土全磷含量比较图

5.3　基质化栽培双孢菇技术

5.3.1　双孢蘑菇主栽品种简介

我国幅员广阔，各地自然条件差异很大，因此各地栽培的双孢蘑菇品种性状也有较大差异。目前，国内双孢蘑菇主要栽培品种有福建省蘑菇菌种研究推广站选育的As2796、As3003、As4607和上海食用菌研究所选育的152等，现将这些国内主要栽培品种的生物学特性及栽培状况分述如下。

（1）As2796：在中国广泛使用，抗逆性强，鲜菇适用于罐藏或鲜销。菌株酯酶同工酶PAGE表型为HG4型，呈典型的杂合态。菌丝培养特性与栽培特点与高产亲本相似，在24℃仍能结菇，平均单产比优质亲本菌株8213（G型）提高50%～100%。鲜菇与罐藏质量表现与优质亲本8213相似，经检验符合部颁标准。经1989—1992年三个产季的初筛、复筛和中型生产试验，表现稳定，已向全国推广。As2796菌株鲜菇圆正，无鳞片，有半膜状菌环，菌盖厚，柄中粗、较直、短，组织结实，菌褶紧密，色淡，无脱柄现象，具有菌肉厚，菇色白、菇体大、柄粗短、产量高等优点；其抗杂菌能力强，易栽培成功。在粪草培养基上菌丝生长快，强壮有力，一般不结菌被。该菌株适于用二次发酵培养料栽培，菌丝生长速度中等偏快，较耐肥，耐水和耐高温。出菇期迟于一般菌株3～5天，但是菌丝爬土能力中等偏强，扭结能力强，成菇率高，基本单生，一般不死菇，1～4潮菇产量结构均匀，转潮不太明显，后劲强，可适当提前栽培。

（2）176：176菌株是香港中文大学张树庭教授于1979年来华技术讲座时捐赠的，统一编号为“S-176”。在上海农业科学院食用菌研究所1980—1981年的三次品种对比试验中，均以176菌株产量最高，它比对照102-2增产30%以上。该菌种菌丝呈“匍匐型”，出菇早、耐高温，比本地原有菌种增产20%～30%，但质量较差，制罐后色泽灰淡，不宜做蘑菇罐头，所以只局限在盐水蘑菇生产地区推广。

菌丝属匍匐型，呈线索状，菌丝分枝多，分隔短，孢子椭圆形。在PDA斜面培养基上，菌丝呈匍匐放射形生长，绒毛菌丝贴生，顶端菌丝稍有气生，稀疏清晰，呈扇状生长。在培养料上，菌丝萌发吃料能力强，长速快，菇床菌丝封面较气生型快3～5天，菌丝爬土较慢，而扭结能力较强，转潮快，出菇齐，稍耐高温，后期产量较平稳。

176菇形适中，一般单菇重约8.8～12.5g，菇体洁白、圆正，菇顶平，略有凹陷，在水肥不足或落潮时，菇顶会出现明显凹陷。176菌株与其他菌株比较，有较强的抗病和抗杂菌感染能力。

母种的PDA培养基要添加10%的麦芽汁，以加快发菌速度。制种时，菌丝培养温度以25℃左右为宜。176菌株对水肥的要求较高，因此栽培时粪草要足，菇床料厚要达20cm左右，培养料要经过后发酵，覆土层要厚一些，空气相对湿度要高一些。出菇适温10～20℃，在采收二潮菇后，如发现土层菌丝板结，应撬动土层，断裂菌丝，改善通气条件，以确保连续出菇。

（3）浙农一号：浙农一号是浙江农业大学寿诚学教授从176菌株中选育出来

的一个蘑菇高产菌株。菌丝在斜面培养基上属于中间类型（半气生、半匍匐型），菌丝淡白色白，基内菌丝较176菌株粗壮，菌丝在培养料上长得快，爬土快。

菇型圆正，色泽洁白，菇顶圆凸，菇柄粗而短，菇型大，单菇重16.7g左右。浙农一号喜肥、耐高温，适应性强，出菇早，转潮快，培养料厚度以16～20cm为宜，在秋菇后期还要追施肥水。该菌株耐湿、喜湿，粗土基本上要调足水、头潮菇的结菇水和第三潮菇的结菇水要重喷，在子实体生长阶段要勤向空中喷水或石灰清水。

（4）苏锡一号：苏锡一号菌株是无锡轻工业学院章克昌同志从英国引进，分离而得的一个蘑菇新菌株。在PDA培养基上生长时，菌丝细密，白色，呈半匍葡、半气生状态。在粪草琼脂培养基上生长时，菌丝是匍匐状、束状，比较耐高温。在粪草培养基上菌丝生长快、吃料快。菌丝生长最适温度为25℃左右。

苏锡一号与气生型蘑菇外形上无差别。菇盖圆正，色白，柄粗短，肉质奶白色，菌褶浅棕色。一般单菇重7.2～12.5g。当水分不能满足要求时，菌盖会产生鳞片。出菇早，转潮快，耐肥、耐湿，具高产性能。

（5）111菌株：法国Somycel公司育成，高产菌株，单产与176菌株接近，一般在10kg/m^{2}以上，由上海农业科学院食用菌研究所自波兰引进。111菌株属匍匐型，菌丝细而多，线索状，分枝多，分隔短，顶端稍有气生菌丝，稀疏、呈扇状生长。色白，有香味。菇盖圆正，柄粗短，顶略平，菌褶浅棕色，菇体组织较疏松，适于盐渍加工与鲜食。母种、原种的培养温度同一般匍匐型菌株相似，在24℃左右。

培养料肥水要足，一般要求粪草比为1∶1，料厚以16cm左右为宜。该菌株较耐高温，可适当提前播种，播种时料面要偏湿，料的含水量以65%左右为宜。粗土调水要多次反复喷水，每次用量不超过0.45kg/m^2，使含水量达到20%。111菌株结菇率高，出菇集中，转潮快，因此用水要足，喷出菇水的时间要早，在整个出菇时间要注意保持较高的土层湿度和空气湿度。菇体组织较轻，在水分不足时，菇盖有鳞片。

（6）101-1菌株：101-1是从102-1中选育出来的。菌丝呈甸甸型，线状菌索明显。出菇早，易出密菇。该菌株耐肥，培养料养分要求充足，碳氮比以26-27∶1为宜，每111m^{2}要求草料2t，接种时栽培料含氮量最好达到2%。耐湿，出菇时用水要足，否则将严重影响产量。用常规覆粗土的，出菇水应在当天晚上喷，第二天细土保持亮晶晶的状态，河泥土覆盖时应补足水量。耐高温和低温，耐高温的能力较其他菌株强，出菇阶段在温度20～23℃持续2～3天的条件下，出菇不受影响。最佳出菇温度为15～18℃，但在温度低于12℃时，即通常秋菇结束后直到春天的越冬阶段，只要床面水分管理适当，仍可出菇。抗病能力强，无锈斑菇，品质较佳。

（7）102-1菌株：湖南省栽培的品种，母种菌丝为气生型，出菇早、快，大小匀称。品质好，转潮快，产量高，抗病力强，鲜销制罐均可。

（8）川农蘑菇1号：四川农业大学以浙农一号和Ag56为亲株，利用不育同核体杂交选育而成。子实体圆整，光滑，紧实，幼菇直径2~5cm，菌柄中生，短且粗壮。孢子印咖啡色，担孢子褐色，椭圆形或长椭圆形，担子上多数为2个孢子，罕见3孢和4孢，子实体为洁白色。菌丝体生长温度范围5~23℃，最适生长温度22~26℃；子实体生长温度10~23℃，最适生长温度为14~20℃。菌丝体生长适宜基质含水量为65%~70%，子实体生长适宜空气相对湿度为85%~95%。菌丝体和子实体生长适宜pH为5.5~8.5左右，最适pH为7.0。

川农蘑菇1号区试平均产量为4.85~6.5kg/m^2，比全国推广品种2796菌株增产18%左右，比亲本Ag56增产18%，比浙农一号增产36.24%，增产显著。

栽培季节为9月至次年4月，温度为10~23℃。栽培原料为稻草、麦秸、家畜粪便以及化学肥料等，经堆制发酵腐熟后进行栽培。可采取一次发酵料田间草帘覆盖和黑色塑料大棚栽培，以及室内二次发酵栽培。栽培时，需覆盖3.5~4cm厚的沙壤细颗粒土。子实体菌盖直径达到2~5cm，盖膜尚未破膜时采收。

（9）棕秀一号：浙江省农业科学院园艺所最新选育出的适合于秋冬季栽培的褐色蘑菇新菌株。该菌株产量高、菇质优、口感鲜嫩，而且由于其菇盖为自然棕褐色，不仅可以克服白色蘑菇易褐变而导致的商品质量迅速下降的问题，同时可增加蘑菇市场的花色品种，改变我国蘑菇长期以来单一白色品种的局面。该菌株的主要优特点是：①菌株菇盖表面为自然棕褐色，菇柄、菌肉白色；菇质优，子实体圆整，菇盖厚、结实，不凹顶；味道鲜美，口感鲜嫩，保鲜期长。②菌丝生长速度快，产量高，在相同条件下，比白色蘑菇品种提早2~3天出菇，菇潮整齐，产量达9~10kg/m^2，比As2796增产20%。③出菇温度范围广，尤其是低温结实能力比常规白色蘑菇强，在5~8℃下，产量比对照As2796高70%，能在元旦、春节前后大量出菇。④栽培技术简易，栽培原料来源广。其培养料配方以稻、麦秆为主要原料，培养料及堆制发酵方法与常规蘑菇相同，分前发酵和后发酵两个阶段。

（10）蘑菇杂交菌株152：上海市农业科学院食用所从国外引进的蘑菇杂交菌株中经选育而成。该品种子实体色泽白亮，菇形中等而圆整，菇质结实加工品质好、产量高、抗逆性强、出菇均匀、结菇连续性强。经大面积生产应用，当年秋菇平均单产11.25kg/m^2，与高产菌株相仿。产量略高于目前公认的高产菌株176和111，质量好，制成盐水菇的A级比例比外贸核定数高10%左右，比111高2.4%；加工得率比111高17.43%（小样试验）：经小样罐藏加工试验，它的质量优于目前生产上应用的气生菌株；它的品种特性是收菇期产量较平衡，能叉开高峰期，有利于缓和采收和加工的矛盾。

(11) 浙农二号：该菌种系国内首次采用辐射育种手段选育成的适合罐藏的气生型蘑菇优良菌种，其母种菌丝体生长旺盛，气生趋势强，子实体外型圆整，洁白，致密，含水量低，不需开伞，菇盖厚，菇柄粗壮，播种后，菌丝吃料能力较强。单产一般在6.8～8.1kg/m^2，加工性能优良，原料吨耗比大生产品种降低10%，整菇比率53.5%，成品罐头质量符合出口标准。

5.3.2 双孢蘑菇生物学特性

1. 生长发育过程

蘑菇的传代繁衍是靠其孢子萌发而进行的。1枚健壮的子实体，成熟后能产生上亿个担孢子，由菌槽上弹射飘落，在适宜的条件下萌发，先伸出芽管，芽管不断伸长和分枝形成多核异核体菌丝，这种菌丝不经交配可直接完成其生活史。

菌丝体继续蔓延并相互交联聚合成菌索，菌索粗壮，单个菌索能观察到。菌索起支撑菇体和运输营养和水分的作用，蘑菇的原基就在菌索的交接点上形成，并靠菌索不断地将营养和水分运输到菇体。

当子实体成熟后，菌膜破裂而菌盖撑开，着生在子实层的担孢子弹射而飘落，便形成一个完整的生活周期。

2. 生长发育条件

(1) 营养物质

蘑菇的营养物质能够满足食用菌生长、繁殖和完成各种生理活动所需。营养物质是生命存在的物质基础，根据食用菌对营养物质的要求，可以将营养物质分为碳素、氮素、矿物质、生长因子等。

①碳素营养

碳素营养是指基质中能被蘑菇菌丝吸收的含碳化合物，如葡萄糖、蔗糖、麦芽糖、木聚糖、淀粉、纤维素和木质素等。蘑菇属于异养型真菌，只能以有机碳作为碳源。吸收的碳素约20%用于合成细胞，80%用于维持生命活动所需的能量。碳素约占子实体的50%～60%，因此碳素是蘑菇需求量最大的营养源。单糖类可直接被菌丝吸收，双糖和多糖类只能被菌丝产生的酶分解后被吸收，所以各种含有淀粉和纤锥素的作物秸秆，如麦秸、稻草、玉米秸、油菜秆、棉秆、玉米芯、麦糠、黄豆秆、花生秧等，经粉碎后均能作为培养蘑菇的营养物质。

②氮素营养

氮素物质是组成蘑菇菌丝体的重要物质，主要来自培养基质中的有机氮。氮素是蘑菇合成蛋白质及核酸的重要元素，也可提供能源，对蘑菇的生长发育具有重要作用。菌丝不能吸收蛋白质这样的大分子结构物质，而是靠菌丝分泌的蛋白酶将蛋白质水解为氨基酸后才能吸收利用。蘑菇菌丝可以利用氨态氮，但氨态氮过量会对菌丝生长不利，氨在堆料发酵过程中，被嗜热微生物吸收转化为菌体蛋白，这些菌体蛋白经分解后再被蘑菇菌丝吸收。

蘑菇中适宜的碳氮比有利于蘑菇的生长发育，碳氮比太小易导致菌丝徒长；太大易导致菌丝生长慢，易衰老及产量低。由于栽培蘑菇的天然原料中含碳量较高，因此利用这些材料栽培食用菌时，常需要堆置发酵以降低原料的碳氮比，有时还需要加入一定量的氮素营养以满足蘑菇的生长。

双孢蘑菇子实体的形成和发育对培养料碳氮比的要求较其他菇类严格。培养料堆置发酵前的碳氮比以（30～33）∶1为宜，堆置发酵后，由于发酵过程中微生物的呼吸作用消耗了一定量的碳源和发酵过程中多种固氮菌的生长，培养料的碳氮比降至21∶1。子实体生长发育的适宜碳氮比为（17～18）∶1。一般在发酵前培养料含氮量为1.6%～1.8%，发酵结束后为2%。

③矿物质

蘑菇生长发育所需要的矿质元素主要有磷、钾、钙、镁、硫、铁、锌、铜等，其中钙、磷、钾、镁、铁等最为重要。其中磷主要参与核酸的合成，同时促进菌丝对氮、碳的吸收利用，因此在蘑菇培养料配制时常常加入1%～2%的过磷酸钙。钾能促进细胞对营养物质的吸收和细胞的呼吸作用。钙能促进菌丝体生长和子实体的形成，同时还能促进细胞内电解质的平衡，当其他元素存在过多时，钙能与之形成化合物，消除这些元素对蘑菇生长的有害作用；此外，还能和堆肥中的土壤凝聚成团粒结构，提高培养料的蓄水作用。在培养料配制时常加入石膏（$CaSO_4$）、碳酸钙（$CaCO_3$）和氢氧化钙等。另外，镁、铁、铜、钼、锌等对蘑菇原基的形成有一定促进作用。因此，培养料中常加有一定量的石膏、石灰、过磷酸钙、草木灰、硫酸铵等。在基质中氮、磷、钾元素净质量比以13∶4∶10为宜。

④生长因子

一般可从培养料发酵期间微生物的代谢中获得，如腐殖酶合成B族维生素，嗜热性放线菌产生生物素（H）、硫胺素等。此外，植物生长素对蘑菇菌丝的生长发育有一定促进作用，如三十烷醇、萘乙酸等。

（2）温度

目前国内栽培的双孢蘑菇大都属于中温偏低温型菇类。蘑菇不同的菌株和在不同的发育阶段对温度的具体要求各有不同。

双孢蘑菇菌丝体生长阶段的温度范围为5～30℃。在这一范围内，温度低于20℃时，菌丝生长缓慢，但菌丝长得粗壮浓白，温度高于25℃以上，菌丝生长速度加快，但菌丝较瘦弱。若温度高于30℃以上时，菌丝停止生长并很快衰老，高温持续时间过长，菌丝发黄而自溶，超过33℃停止生长或死亡。在炎热的夏季菌丝体几乎无法存活。蘑菇菌丝体的最适生长温度应保持在22～24℃。

双孢蘑菇子实体生长发育阶段的温度范围为7～25℃，适宜温度为10～18℃，以13～16℃为最适宜。在最适温度下，菌柄短粗，菌盖厚实，产量高；在18～20℃条件下，出菇多，生长快，但质量明显下降，菌柄细长，肉质疏松，易出现薄皮菇和开伞菇；若高于22℃，菌柄徒长，肉质疏松，品质低劣，容易导致菇蕾死亡；低于12℃时，菇长慢，敦实，菇体大，菌盖大而厚，组织紧密，品质好，不易开伞，但产量低；低于5℃时，子实体停止生长。子实体发育期对温度非常敏感，特别是升温。菇蕾形成后至幼菇期遇突发高温会成批死亡。因此，菇蕾形成期需格外注意温度，严防突然升温。幼菇生长期温度不可超过18℃。

蘑菇孢子形成的温度范围为18～20℃，超过27℃时，孢子停止散发。孢子萌发温度在24～26℃。温度偏低或偏高均会明显降低萌发率。

（3）水分与湿度

水是蘑菇的重要组分，不论是菌丝体或是子实体都含有90%的水分。同时，水又是营养吸收及营养物质运输的载体，蘑菇整个生长过程都离不开水。蘑菇对水的吸收主要来自培养料及覆土中。菌丝体生长阶段，培养料的含水量以60%左右为宜。若含水量低于50%，菌丝生长变慢，子实体不能形成；含水量如果高于70%，会造成通气不良，影响菌丝正常生长。覆土中的湿度应保持在20%左右，蘑菇原基才能在土粒中顺利形成，土中湿度低于18%时，子实体长得瘦小，色黄粗糙，菇的质量差。蘑菇子实体生长阶段，需要较高的空气湿度，空气湿度会直接影响到覆土的含水量，如空气湿度低，会加快土粒及培养料中水分的蒸发，影响子实体的正常生长。菌丝生长阶段空气相对湿度保持在70%左右，出菇阶段以85%~90%为宜。

（4）空气

双孢蘑菇是一种好气性真菌，在其生长发育过程中，需要进行呼吸，吸进氧气，放出二氧化碳。并且其对氧气的需求量随其生长而不断增加。同时，培养料分解时也要消耗氧气，这样会使培养料表面和空气中的二氧化碳浓度不断积累，如沉积的二氧化碳浓度超过0.5%时，会明显地影响菌丝和子实体的正常生长，菌丝生长速度减缓，子实体生长停止并萎缩死亡，所以在蘑菇生长的整个过程都要保持良好的通风，控制CO_2的浓度在0.3%以下。播种后2～3天，要注意保温，促菌丝复苏，吃料封面，然后逐渐加大通风量，促菌丝迅速布满料面。出菇期间通风不足会导致子实体畸形，要短次多时，以防散失水分。

（5）光线

双孢蘑菇属喜暗性菌类。菌丝和子实体能在完全黑暗的条件下生长和形成，但微弱的光线有利于子实体的分化。一般在较暗环境下，蘑菇长得矮粗健壮，颜色洁白，菇肉肥厚，菇形圆整，品质优良。明室下光线过强，菇体易徒长，且菇盖表面干燥变黄，品质下降。因此，双孢蘑菇栽培的各个阶段都要注意控制光照。

（6）酸碱度

双孢蘑菇属偏碱性菌类。菌丝生长的pH范围是5.0～8.0，以pH 6.3～7.0为最适宜。出菇时的pH以6.3为最好，子实体生长的最适pH为6.5～6.8。由于菌丝在生长过程中会不断产生碳酸和草酸等酸性物质，致使培养料和覆土层逐渐变酸。pH随覆土时间延长而下降，会引起喜酸霉菌的滋生，为有效地抑制霉菌的发生；在配制培养料时加入1%～2%的生石灰粉，以提高料的酸碱度。

（7）磁场

随着生物磁学的发展，磁生物学效应的研究受到各国学者的广泛重视，并且在农业、工业、医学、环保、生物工程等方面得到广泛应用。蛋白质的色谱分析表明，不同剂量的磁场处理，均使菌丝体中分子量较小的蛋白质含量大幅度提高，可以在其制种时用磁化水处理，促进菌丝体迅速生长，缩短制种时间和食用菌生长周期。同时，磁化水可以增加双孢蘑菇菌丝体的核酸含量和蛋白质含量，由此可见，磁化水在双孢蘑菇生产应用上对提高双孢蘑菇质量和产量是很有潜力的。

5.3.3　有机废物的基质化

1. 基质腐熟过程中温度变化

基质腐熟过程中温度变化与发酵过程中的微生物代谢活性有关。堆体温度的升降，是反映发酵各种微生物群落活动的标志。大部分好气性微生物在30～40℃活动较好。基质发酵的两个目的是灭菌和稳定化，它们都与温热条件有密切的联系。

堆料分为两堆，一堆加入大蒜秸秆，另一堆未加入大蒜秸秆，测量其在发酵过程中温度的变化。从5月31日到6月4日，每天早上8点钟测量其温度，得到图5-5。从图5-5可以看出，加入大蒜秸秆对堆料温度的变化不会造成负面影响，在开始堆料时以及堆料结束时，还会使堆料温度上升。

由图5-5可知，牛粪秸秆基质在整个发酵过程中经历了升温阶段、高温阶段和降温阶段（后熟阶段）。发酵第2天开始温度上升很快，在第6天即达到最高温度70℃（加入大蒜秸秆）、63℃（未加入大蒜秸秆）。高温有利于加速一些难分解纤维素的分解，并可以达到消灭病原菌和杂草种子等不利于食用菌栽培物质的目的。在发酵后期温度持续下降。说明，加入大蒜秸秆对基质的发酵腐熟效果较好。

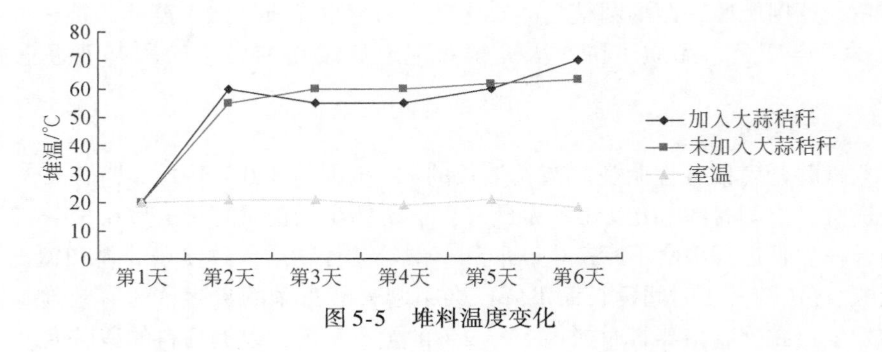

图 5-5 堆料温度变化

2. 不同处理基质对双孢蘑菇的影响

从表 5-2 可以看出，大蒜秸秆中含有丰富的粗蛋白，可以为双孢菇的生长提供氮源。

表 5-2 栽培原料的营养成分（%）

种类	粗蛋白	粗脂肪	粗纤维	无氮浸出物	钙	磷	粗灰分
稻草	1.8	1.5	28.0	42.9	—	—	12.4
大蒜秸秆	15.63	0.54	8.82	—	0.65	0.31	6.81
鲜牛粪	3.1	0.37	9.84	5.18	0.32	0.08	—
干牛粪	13.74	1.65	43.6	22.94	1.40	0.36	—

表 5-3 表明，改良配方之后，粗蛋白、粗脂肪、碳水化合物及氨基酸总量都较传统配方有所提高。说明在利用牛粪秸秆等农业与农村固体废弃物，栽培双孢蘑菇时，不仅不会影响双孢蘑菇的生长，还可能使双孢蘑菇的营养成分有所增加。

表 5-3 不同栽培条件下双孢蘑菇营养成分对比

成分	传统配方/%	改良配方/%
粗蛋白	4.5	5.16
粗脂肪	0.138	0.171
碳水化合物	2.16	3.73
粗纤维	0.372	0.145
灰分	1.10	1.24
氨基酸总量	1.97	2.71

表5-4表明，双孢蘑菇子实体中含有K、Na、Ca、Mg、Fe、Zn、Mn、Cu、P等多种人体必需的矿物质元素，矿物质元素对人体的细胞代谢、生物合成及生理功能起着重要的作用。对人体内血红蛋白的合成和器官正常发育都具有重要作用。从对双孢蘑菇的分析结果可以看出，双孢蘑菇中含有丰富的人体必需矿质元素，还含有丰富的人体必需微量元素Fe、Zn等。因此，经常食用双孢蘑菇可以增加人体必需的微量元素，提高机体免疫力，对促进人体健康会起积极的作用。

表5-4　不同栽培基质双孢蘑菇矿物质元素含量（%）

配方类别	铜	铁	锌	镁	钙	磷	钾	钠
传统配方	4.61	81.7	7.73	159.5	92.3	0.11	0.4	0.009
改良配方	5.82	87.7	12.7	195.6	83.2	0.15	0.46	0.011

营养成分测试结果分析：通过改良后基质栽培的双孢蘑菇营养成分，除粗纤维外，其他的各项营养成分指标均高于常规基质栽培出的食用菌。从矿物质元素、维生素以及氨基酸的含量来看，也同样呈现出上述的情况，除个别指标外改良后的基质栽培的双孢蘑菇的营养成分各项都明显高于传统基质栽培的双孢蘑菇，可见通过本基质栽培的食用菌传统配方下栽培出的食用菌在营养价值上有显著的提高（表5-5、表5-6）。

表5-5　不同栽培双孢蘑菇基质维生素含量

基质种类	VC/(mg/kg)	VB_1/(mg/kg)	VB_2/(mg/kg)	VA/(mg/kg)	VE/(mg/kg)
传统配方	3.14	0.038	0.56	未检出	未检出
改良配方	2.78	0.053	0.56	未检出	未检出

表5-6　不同栽培基质双孢蘑菇氨基酸含量（%）

成分	传统配方	改良配方
天冬氨酸	0.17	0.31
苏氨酸	0.064	0.13
丝氨酸	0.084	0.14
谷氨酸	0.48	0.62
甘氨酸	0.081	0.12
丙氨酸	0.16	0.22
胱氨酸	0.012	0.023
缬氨酸	0.19	0.17
蛋氨酸	0.061	0.095

续表

成分	传统配方	改良配方
异亮氨酸	0.041	0.058
亮氨酸	0.09	0.13
酪氨酸	0.053	0.085
苯丙氨酸	0.069	0.1
赖氨酸	0.096	0.15
组氨酸	0.035	0.073
精氨酸	0.098	0.14
脯氨酸	0.18	0.13
氨基酸总量	1.97	2.71

3. 基质处理过程中氮磷变化情况

图 5-6 为不同时期基质中速效磷含量。表 5-7 为不同时期基质中全氮含量变化。

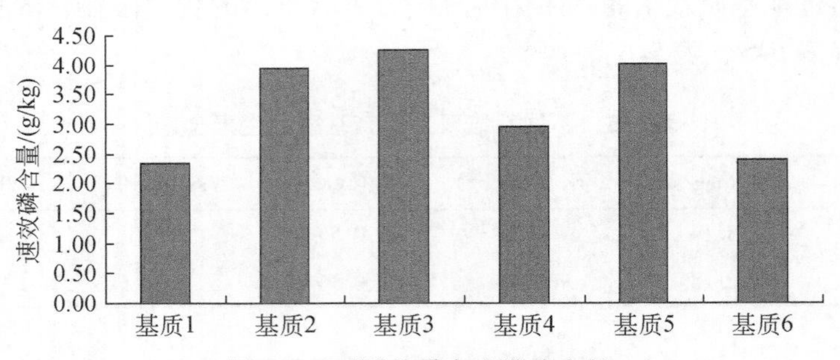

图 5-6　不同基质中速效磷含量

表 5-7　不同时期基质中全氮含量变化表（g/kg）

实际样品	发酵前	发酵后	刚出菇	一茬菇后	二茬菇后
基质 1 号	10.39	60.10	17.81	10.96	51.03
基质 2 号	10.39	60.10	14.10	14.20	28.90
基质 3 号	10.39	60.10	20.80	17.40	22.90
基质 4 号	17.07	23.74	15.20	12.85	24.95
基质 5 号	17.07	23.74	20.78	16.25	23.70
基质 6 号	17.07	23.74	19.50	14.90	26.20

由图 5-7 可以看出，在整个处理过程中，全氮含量的变化是先升高，在播种双孢蘑菇后及出菇期间，又降至发酵前水平，在一茬菇与二茬菇期间又呈上升趋势，这说明基质中全氮含量的变化在最后还是有所增加。

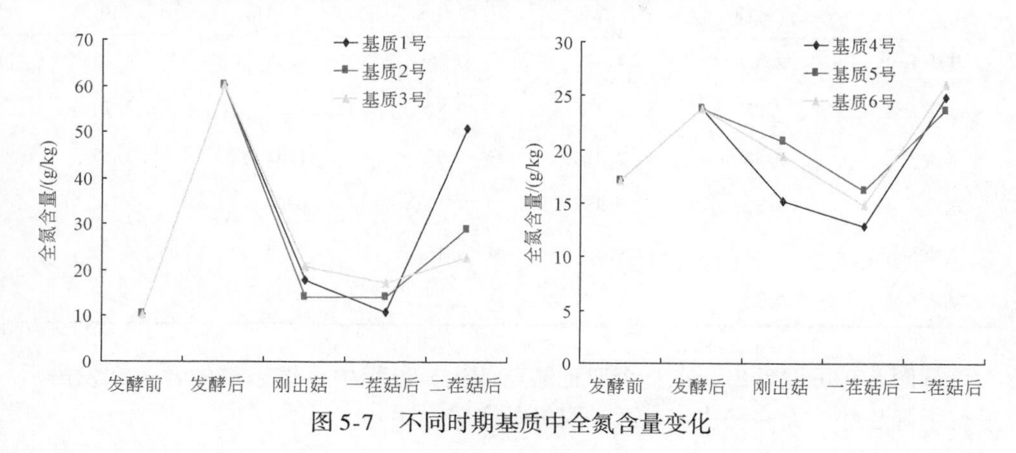

图 5-7　不同时期基质中全氮含量变化

表 5-8 为不同时期基质中全磷含量变化。图 5-8 为不同时期基质中全磷含量变化。

表 5-8　不同时期基质中全磷含量变化表（g/kg）

	发酵前	发酵后	刚出菇	一茬菇后	二茬菇后
基质 1 号	4. 05	7. 01	6. 40	2. 53	5. 92
基质 2 号	4. 05	7. 01	8. 33	5. 80	10. 12
基质 3 号	4. 05	7. 01	7. 01	3. 77	7. 20
基质 4 号	4. 05	6. 42	6. 12	3. 06	6. 82
基质 5 号	4. 05	6. 42	7. 31	1. 57	8. 64
基质 6 号	4. 05	6. 42	5. 37	2. 27	5. 04

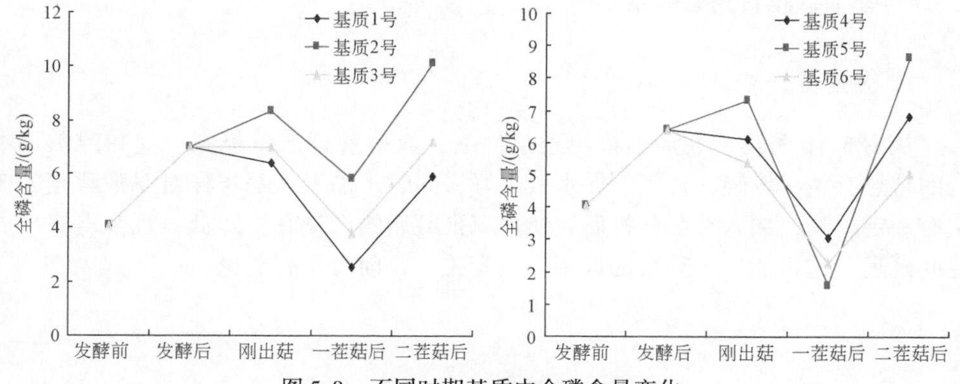

图 5-8　不同时期基质中全磷含量变化

表 5-9 为不同时期基质中铵态氮含量变化。

表 5-9　不同时期基质中铵态氮含量变化（g/kg）

	发酵前	发酵后	刚出菇	一次出菇	二次出菇
基质 1 号	2.52	2.37	0.45	0.45	4.16
基质 2 号	2.52	2.37	0.87	1.02	3.70
基质 3 号	2.52	2.37	1.93	1.32	1.65
基质 4 号	2.52	9.35	7.12	0.74	1.48
基质 5 号	2.52	9.35	4.16	1.24	4.16
基质 6 号	2.52	9.35	2.82	0.37	2.97

从图 5-9 可以看出，在整个双孢蘑菇的生长过程中，铵态氮的含量在发酵后呈现下降趋势，而在一次出菇后，又开始上升。

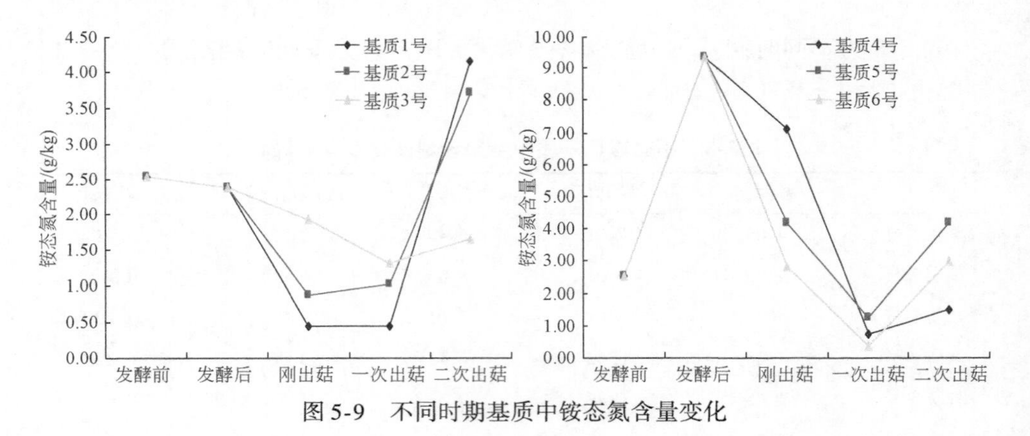

图 5-9　不同时期基质中铵态氮含量变化

5.3.4　基质栽培食用菌效果

1. 食用菌产量

从图 5-10 看出，在芦苇根覆土条件下，双孢蘑菇产量最高，这和芦苇根本身的特点有关，较轻、透气、保水效果好；同时，加入大蒜秸秆对双孢蘑菇的产量有一定影响，加入大蒜秸秆后，使得双孢蘑菇的产量有所降低，且使得其出菇时间延迟，这可能与大蒜素的抑菌作用有关，目前尚未有定论。

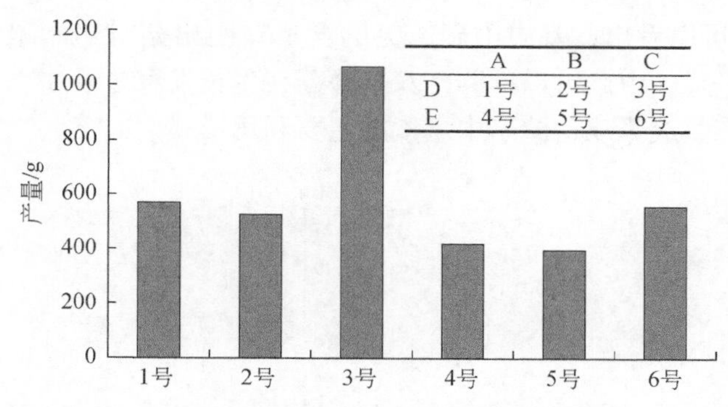

图5-10　不同处理基质下双孢菇的产量变化

A、B、C代表不同的覆土材料，A-红土，B-煤渣，C-芦苇根；D、E代表在配料中是否加入了大蒜秸秆，D-在配料相同的情况下，没有加入大蒜秸秆，E-在配料相同的条件下，加入了大蒜秸秆

不同栽培基质栽培出的双孢菇的菇孢营养成分见图5-11。

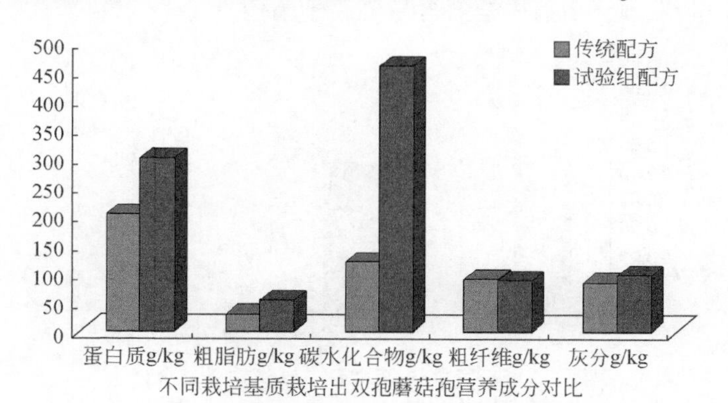

图5-11　不同栽培基质栽培出双胞菇的菇孢营养成分

2. 食用菌氮磷含量

表5-10是不同时期基质中硝氮含量变化。

表5-10　不同时期基质中硝氮含量变化表（g/kg）

	发酵前	发酵后	刚出菇	一次出菇	二次出菇
基质1号	11.22	11.12	15.4	2.99	0.53
基质2号	11.22	11.12	22.09	10.5	2.1
基质3号	11.22	11.12	26.48	6.6	1.1
基质4号	11.22	11.67	22	4.3	0.9
基质5号	11.22	11.67	28.31	8.3	2.9
基质6号	11.22	11.67	26.2	6.4	1.6

从图 5-12 可以看出，基质中硝态氮的含量在刚出菇时达到最大，在出菇之后含量一直在下降，由此可以推测，双孢蘑菇在生长发育过程中，利用了基质中的硝态氮，硝态氮成为双孢蘑菇中氮素的主要利用形式。

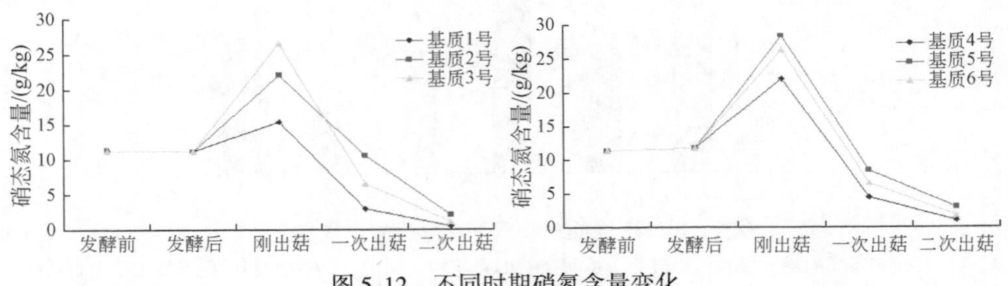

图 5-12　不同时期硝氮含量变化

从图 5-13 可以看出，在相同生长环境下，双孢蘑菇的不同部位全氮含量也不同。通过试验发现，菌盖中全氮含量要高于菌柄。

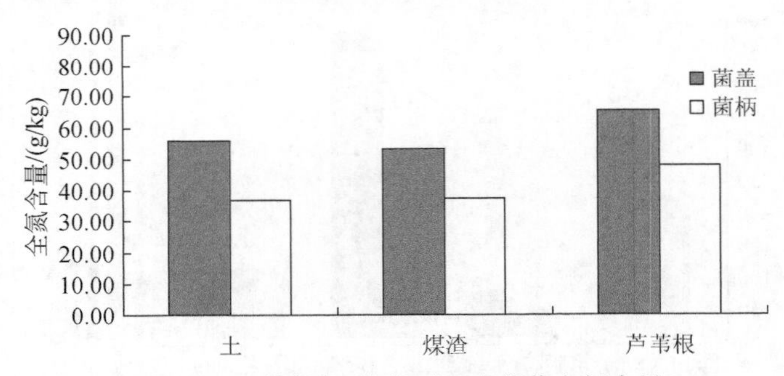

图 5-13　不同覆土条件下双孢蘑菇全氮含量

图 5-14 和表 5-11 分别为不同覆土条件下双孢菇的全磷含量和不同时期基质中速效磷变化情况。

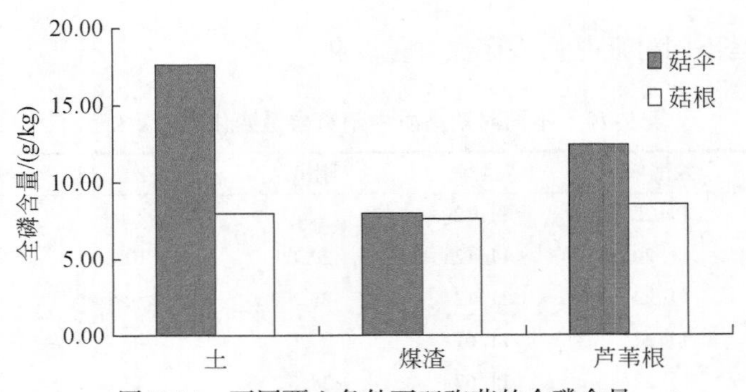

图 5-14　不同覆土条件下双孢菇的全磷含量

表 5-11　不同时期基质中速效磷变化情况（g/kg）

	发酵前	发酵后	刚出菇	一次出菇后	二次出菇后
基质 1	1. 85	2. 96	3. 57	4. 89	6. 53
基质 2	1. 85	2. 96	3. 95	4. 51	7. 00
基质 3	1. 85	2. 96	4. 33	5. 29	5. 69
基质 4	1. 85	2. 40	3. 20	4. 45	6. 84
基质 5	1. 85	2. 40	4. 01	5. 94	7. 22
基质 6	1. 85	2. 40	2. 45	5. 36	6. 38

从图 5-15 可以看出，基质中速效磷的含量随着双孢蘑菇的生长，一直都在增加。

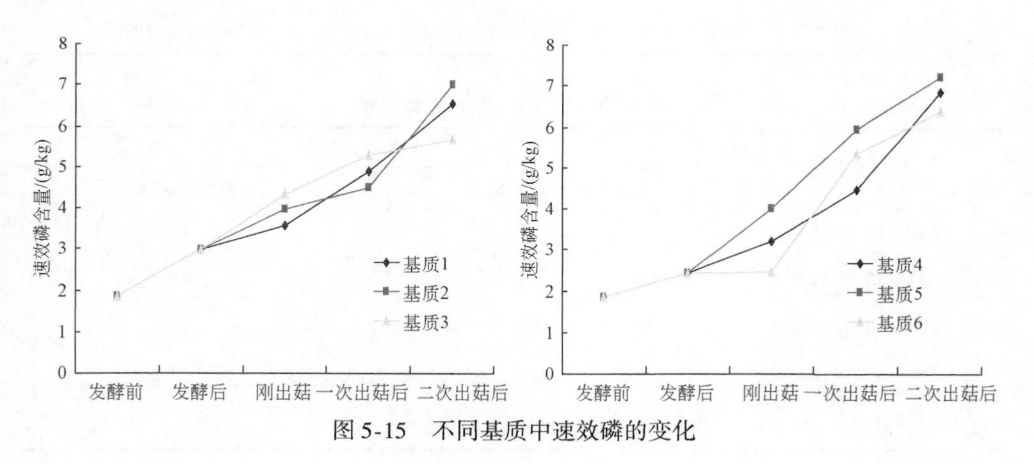

图 5-15　不同基质中速效磷的变化

5. 3. 5　食用菌中重金属的含量

国内雷敬敷研究了在培养基严重污染时，香菇、木耳、凤尾菇对 Pb 的最大累积量可达 150 ~ 200mg/kg，双孢蘑菇对 Pb 的累积量可达 30mg/kg。说明培养基中重金属 Pb 的含量将显著影响食用菌产品中的 Pb 含量。施巧琴等研究表明，食用菌对 Hg、Pb、As、Ni、Cd、Cu、Zn 等重金属均有不同程度的富集作用，其中对 Hg 和 Cd 的富集是极为显著的。在培养基中添加 50mg/kg Hg 时，食用菌子实体中 Hg 含量是培养基不添加 Hg 所得子实体中 Hg 含量的 100 多倍。由此可见，培养基中重金属的含量显著地影响了食用菌产品中重金属含量。上述重金属对食用菌的生长均有不同程度的不良影响，尤其以 Hg 和 As 最为突出。

在栽培食用菌的过程中，由于原料来源等影响，可能会使食用菌产品受到污染。根据食用菌卫生标准（GB 7096—1996）中规定，食用菌卫生标准所测指标包括砷、铅、汞、六六六、滴滴涕。由于在食用菌的整个栽培过程中没有用到六六六、滴滴涕，因此对这一指标不予测定。

食用菌样品先用0.15%的洗洁剂洗涤尘物，去离子水洗净，然后105℃杀青10～15min，60℃烘干至恒重。磨细过100目筛。样品处理及重金属测定方法见表5-12。表5-13为食用菌卫生标准指标。

表5-12　食用菌安全性测试指标及方法

测试指标	测定方法	标准号
砷	食品中总砷的测定方法	GB 5009.11—1996
铅	食品中铅的测定方法	GB 5009.12—1996
汞	食品中总汞的测定方法	GB 5009.17—1996
农残	食品中六六六、滴滴涕残留量的测定方法	GB 5009.19—1996

表5-13　食用菌卫生标准指标

项目	指标/(mg/kg)	
	干食用菌	鲜食用菌
砷（以As计）≤	1.0	0.5
铅（以Pb计）≤	2.0	1.0
汞（以Hg计）≤	0.2	0.1
六六六 ≤	0.2	0.1
滴滴涕 ≤	0.1	0.1

从表5-14、表5-15中可以看出，对应基质1、2、3号，覆土材料分别为红土、煤渣、芦苇根。对于铅的含量，煤渣>红土>芦苇根，而基质中铅的含量为基质1>基质3>基质2，基质和覆土中铅含量并没有正相关，可见覆土材料中重金属对基质中重金属含量无明显影响。

表5-14　不同配方基质中重金属含量

样品名称	Pb/(mg/kg)	As/(mg/kg)	Hg/(mg/kg)
基质1	16.5	7.0	0.88
基质2	3.8	3.8	1.0
基质3	4.5	2.1	0.69

表5-15　不同覆土材料中重金属含量

样品名称	Pb/(mg/kg)	As/(mg/kg)	Hg/(mg/kg)
芦苇根	29.2	14.5	<0.1
红土	49.3	10.3	<0.1
煤渣	59.4	22.4	<0.1

从表5-16可以看出，农户家栽培的双孢蘑菇中重金属含量，符合食用菌卫生标准（GB 7096—1996）中规定，可作为合格的产品在市场中销售。

表5-16　不同栽培条件下双孢蘑菇重金属含量

样品名称	铅/(mg/kg)	砷/(mg/kg)	汞/(mg/kg)
食用菌指标	≤2.0	≤1.0	≤0.2
农户家双孢菇	0.36	0.48	0.18

5.4　基质化利用工程示范

5.4.1　示范工程建设

1. 工程内容、技术原理和路线

（1）农业固体废弃物基质化利用示范工程

本示范工程主要是以农业废弃物基质化利用技术为基础进行工程示范。

根据目前核心示范区的特殊情况，在缺乏基础条件下建立大规模的示范工程难度较大，但是为了在核心示范区对整个技术有所体现，同时考虑食用菌栽培技术自身要求较高，条件控制比较严格，对自然环境条件及地理环境要求都较高，要将整个技术在核心示范区有所展示，最终形成较大规模的示范工程还需要一个过程，拟采取以点带面的方式逐步进行。

首先选定核心示范区内各方面条件比较理想的一户作为重点，对其进行相关食用菌栽培及整个基质的生产过程进行一个比较全面系统的培训，待农户掌握整个食用菌栽培的全套技术后适当扩大规模，同时在地方配套资金的帮助下，从一户逐步辐射到多户最终形成一定的规模，当规模达到一定程度可考虑建立基质集中处理厂等。

（2）示范工程的技术原理和路线

将堆肥的原料牛粪、大蒜杆、稻草等固体有机废弃物按照一定比例堆积起来，调节堆肥物料中的 C/N 比，控制水分、温度、氧气与酸碱度，在微生物的作用下，将废弃物中复杂的、不稳定的难以被食用菌利用的有机物转化成简单稳定的有机物成分。同时随着堆温的升高而杀灭废弃物中的病原菌、虫卵等，处理后的物料作为一种优质有机肥料。

在有机肥料中根据双孢蘑菇生长需求，在培养料中添加一些矿物元素，如石膏、碳酸钙、过磷酸钙和石灰等来补充。这样就构成适宜于双胞蘑菇生长的基质。

（3）菇房建设

床架建设。菇房中设计存放 2～8 床架，在房内按照南北向搭建栽培床，其材质构造主要为角铁和平板钢支架；而床面采用遮阴网、钢板网或熟料板铺成；菇床长 1.8m，宽 0.8m，高 1.8m，每床设 4 层，层间距 45cm。

菇棚建设。在核心示范区需建立一个 20m^2 左右的菇房，用于放置食用菌栽培的菇床，房间在材料的选择和设计上要求具有隔热、保温、保湿以及通风效果。首先筑土墙按设计规模画好施工界线，在菇棚四周筑起干打垒土墙，所用墙土由棚内地面（30cm）挖取，墙高距棚外地面 0.6m，距棚内地面 0.9m，下口墙宽 0.4m，上口宽 0.3m。在北墙内侧划出 1.6m 宽走道，在其东头留一小门。

通风。要求房间至少有两组以上对流窗口，窗口开在墙壁上方左右两侧。

保暖与防火。主要是从房屋建筑材料及设计方面予以考虑。

（4）堆肥场地建设

在菇房旁还需有一块空地用于修建堆料池，用于食用菌基质的生产，该堆料池规格为：5m×2m×1.8m，一共建 5 个。

（5）在农户家中进行技术工程示范

由于试验基地本身场所的限制，为了能达到年处理 30t 农业废弃物的目标，还需要将该技术在具备一定条件的农户家中进行示范。

在示范区域推广养殖废物食用菌基质化利用技术并形成相关操作规范，建立运行机制。

2. 工艺设计

根据洱海流域特殊的气候条件及社会经济水平，选择处理对象为洱海地区的生活污染物（包括畜禽粪便、大蒜秸秆、稻草等），建立多原料联合改进型半好氧堆肥化、基质化利用示范工程，达到年处理固体废物总计 30t 的能力。

根据当地实际情况和项目要求，选择了熟料的床上栽培方式。

双孢蘑菇的栽培配方（图 5-16）。配方一：干牛粪 30%、大蒜秸杆 30%、稻草节（16cm 长）40%、石膏粉、过磷酸钙、米糠、尿素 1%，pH 8～8.5，含水量 65%。

配方二：干牛粪粉 40%、大蒜秸杆 40%、稻草节（16cm 长）20%、石膏

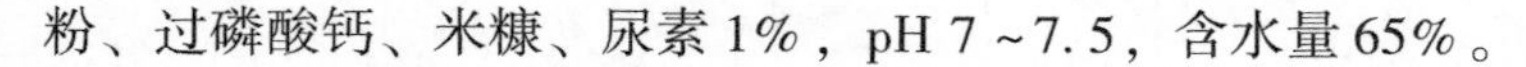
粉、过磷酸钙、米糠、尿素 1%，pH 7～7.5，含水量 65%。

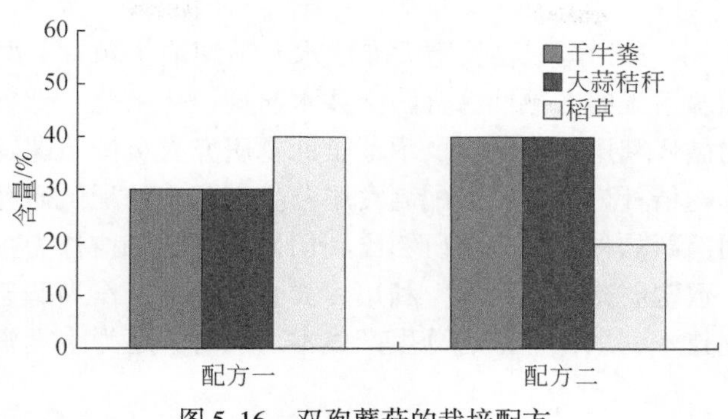

图 5-16　双孢蘑菇的栽培配方

5.4.2　具体示范工程

示范工程一，在右所镇幸福村委会南天神村农户家示范，一季生产双孢菇 $6.5kg/m^2$。消耗牛粪 $130kg/m^2$，大蒜秸秆 $41kg/m^2$。每基质化利用 1t 牛粪使用净收益 307 元。现该农户注册了洱源南天食用菌有限公司，新建成 $3900m^2$ 双孢菇生产基地。基质制作周期约为 15 天，后在金泰牛场建成 $5000m^2$ 双孢菇生产基地。

示范工程二，大理金泰养殖有限公司于 2003 年成立，坐落于大理市喜洲镇，总占地 300 亩，土地租用期限 20 年。其中养殖场占地 30 亩，牧草种植用地 240 亩，双孢菇菇棚用地 30 亩。2003 年公司投资 704 万元，从澳大利亚引进优良奶牛 300 头，至 2010 年共计完成投资 1660 万元。场内共建有牛厩 10 栋，共 $3660m^2$。拥有 2×10 机械挤奶厅一座，青贮壕 $6100m^2$，堆粪发酵池 $200m^3$，三级沉淀化粪池 $275m^3$。目前奶牛存栏 426 头。结合国家洱海治理项目，开展了利用牛粪种植双孢菇试验、示范项目（图 5-17）。

图 5-17　示范项目

1. 项目概况

2008年，“十一五”国家科技重大专项水专项湖泊主题——洱海项目“大规模农村与农田面源污染的区域性综合防治技术与规模化示范”课题启动后，农村与农业固体废物循环利用技术研究及示范子课题研究人员按照课题方案的要求进行了以牛粪和作物秸秆为主要原料配制食用菌生产基质的配伍研究，优选适合在大理栽培的食用菌新品种，并成功研制出利用牛粪和大蒜秸秆为主要原料生产双孢菇基质制作、双孢蘑菇栽培技术。利用牛粪和大蒜秸秆作为蘑菇生产基质的主要原料，基质化技术利用在降低蘑菇生产成本的同时，还为牛粪资源化利用提供了新的渠道。

在此基础上，先在洱源县右所镇南天神村农户家里进行双孢菇生产的规模示范，取得显著的经济效益。该农户目前已注册洱源县南天食用菌厂，新建双孢菇生产大棚1900m^2，并在研究人员的协助下建成了菌种筛选的无菌操作试验室，配备了相应的研究设备。

2010年，金泰牛场借鉴南天食用菌有限公司的成功经验，在养殖场建设30000m^{2}菇房栽培双孢蘑菇，也取得了良好的经济效益、环境效益和社会效益。

2. 项目效益分析

（1）种植成本

双孢菇每年种植两茬，按照每茬每平方米菇床综合投入约为45元（包括菇棚，菇床的建设费用、双孢蘑菇基质制作成本、保温成本、人工工资、菇棚维护成本等全部费用）。大理金泰养殖有限公司共建设菇床30000m^2，按照每年种植两茬双孢菇计算，每年的投入成本为270万元。

到目前为止，该公司已经成功出菇两茬，据测算每平方米菇床平均每茬产鲜菇8kg，30000m^{2}菇床两茬能生产鲜菇480t，按每吨鲜菇8000元的协议收购价，可实现销售收入384万元，每年通过种植双孢蘑菇可实现利润114万元。

同时，每平方米菇床可利用基质原料20kg，每年双孢菇种植完后可产生菌糠1200t，用于栽培双孢菇的基质不仅是优质肥料，还可用于种植蔬菜及各类优质牧草，也是生产有机肥的原料。目前已有两家有机肥生产公司有意向收购全部栽培后基质，收购价格为160元/t，通过出售栽培后基质可实现收入19.2万元。

以上两项共计可实现纯利润133.2万元。

（2）生态效益

每平方米菇床利用干牛粪12kg，相当于鲜牛粪45kg。按照每年种植两茬双孢菇计算，30000m^{2}菇床每年可消耗新鲜牛粪2700t，即可以减少向外界环境排放牛粪2700t。在利用牛粪栽培双孢蘑菇的同时，能有效缓解奶牛养殖所产生粪便对周围环境的压力。今后该公司进一步扩大菇床规模至50000m^{2}后，还可以向周围养殖户收购牛粪用于种植双孢菇，能够充分利用周边养殖户在养殖过程中产生的牛粪。

（3）社会效益

牛粪循环利用产生经济效益的模式具有很好的示范作用和影响。能够带动周边养殖户也积极投入这一具有较好经济及生态效益的项目中来，逐步形成产业化发展，从而实现畜禽粪污利用、经济发展、生态保护的良性循环。

5.4.3　工艺流程及特点

双孢蘑菇是一种粪草腐生型菌类，不能进行光合作用，需要从粪草中吸取所需的碳素、氮素、矿物质和生长因子等营养物质来满足生长发育的需求。栽培蘑菇的原料主要是农作物下脚料、粪肥和添加料。农作物下脚料常用作碳源，粪肥常用作氮源，饼肥、尿素、硫酸铵、石膏粉、石灰等是常用的添加料。具体的生物学特性见5.3.2小节。

1. 双孢蘑菇的营养

双孢蘑菇是一种高蛋白、低脂肪、富含多种氨基酸和维生素的菇类食品。据测定，每100g干品中含蛋白质36.1g，脂肪3.6g，碳水化合物31.28g，粗纤维6.0g，灰分14.2g，钙131mg，磷718mg，铁188.5mg，热量1264J。其蛋白质含量居栽培食用菌首位，比香菇、平菇、金针菇、滑菇、姬松茸和木耳等都要高，是芦笋、菠菜马铃薯的2倍，与牛奶等值，可消化率70%~90%。双孢菇氨基酸总量为61.6%，其中必需氨基酸含量为38.3%。

双孢蘑菇具有一定的药用价值。中医认为双饱蘑菇味甘性平，有提神、消食、平肝阳等作用，具有健脾开胃、理气化痰等功能，可辅助治疗体虚纳少、痰多腹胀、恶心泻泄等症，对病毒有一定免疫作用。所含的多糖和异蛋白具有抗肿瘤活性，对小白鼠肉瘤S-180和艾氏瘤的抑制率分别为90%和100%。所含的酪胺酸酶有降血压的功效，是一种降压剂。目前，用双孢蘑菇为原料已制成的药物有健肝片、肝血康复片和蘑菇糖浆、711片剂等，对治疗肝炎等有较好的疗效。

2. 双孢蘑菇栽培的生态效益

双孢蘑菇生产过程中降解木质素、纤维素和半纤维素。天然纤维素有机质是地球上最重要的可再生资源，世界上大约50%的生物量来自于天然纤维素，每年所生产的纤维素、半纤维素和木质素分别达4.91×10^{10}t，2.18×10^{10}t及2.18×10^{10}t，如果这些天然纤维素材料能充分而有效地利用，将成为缓解当今面临的粮食、能源、环保三大危机以及实现农业可持续发展战略的重要途径之一。纤维素材料的降解是自然界碳素循环的中心环节，人类可以从中获得足够的能源、食物和化工原料。目前，这一自然过程的中间产物和绝大部分能量还没有被充分利用，而且大量纤维素废物还导致了严重的环境污染。如何将这些资源利用起来，既使资源得到充分利用，又使环境不遭受污染，是现代农业面临的难题。

近几十年来，国内外一直在寻找降解植物秸秆木质纤维素的最佳途径，研究一般都集中于几个方面：①直接将秸秆还田，以增加土壤肥力；②将秸秆进行理化处理，如辐射、蒸气、爆破、膨化、碾磨等；③酶解、生物发酵。在传统的农业耕作实践中，作为作物所需要养分的给源和土壤的改良剂，一直都被腐解后施入农田，但近年来研究表明，非腐解的玉米秸秆较腐解的玉米秸秆对土壤有更好的培肥作用，非腐解的玉米秸秆施入土壤后，能显著提高土壤中各种酶的活性，增加土壤中松结合态腐殖质的含量，以及改善一系列土壤的物理和化学性质。但在自然条件下，秸秆腐解速度慢，大量还田后会影响作物的生根和成活，还造成生产管理不便。因此，目前秸秆直接还田只能用于少量的还田。理化处理一般可以去掉部分木质素并使纤维素成为非结晶态，但用于工业化生产时则成本太高，且容易造成再次污染。而利用酶解、生物发酵往往只能降解木质纤维素的某一方面，或纤维素、半纤维素或木质素，既能降解木质素又能降解纤维素的菌株选育及具单一功能菌株共同作用于基质所产生的协同效应研究报道不多。所以，食用真菌对木质纤维素的分解作用并直接转化为人类的高级食品和动物易于消化吸收的饲料蛋白等的研究，越来越受到人们的关注。20 世纪 70 年代后，由于世界人口快速增长所带来的粮食短缺、能源危机和环境污染等世界性社会问题日益加剧，引起各国政府对利用富含植物性纤维的农林副产品来生产食用菌类蛋白食品的重视，从而促进了食用菌产业在世界范围内的普遍发展。

据李晓博研究表明，在双孢蘑菇的培养料堆制发酵过程中，以及在双孢蘑菇的生长发育过程中，对稻草、玉米秸秆及玉米芯中的木质素、纤维素和半纤维素都具有明显的降解作用。同时，双孢蘑菇在降解利用农业与农村固废如稻草、秸秆和畜禽粪便的过程中，能够生产大量产品，具有很好的经济效益；并且将双孢蘑菇的菌糠作为有机肥施用，与施加无机肥相比，对番茄的生长发育和品质均有明显提高。

3. 双孢蘑菇栽培流程

栽培流程如下。

(1) 预湿

将稻草铡成 16cm 长，浇上水堆成堆预湿 3 天。每天适当喷水，使堆制的草料抓一把来拧，能滴下 10 余滴水即可。

（2）建堆

①建堆前将场地适当平整，喷洒800～1000倍敌敌畏杀虫，再适量撒石灰粉对场地消毒；将草料充分预湿，使草料含水量达70%以上，即抓一把来拧能有约10余水滴下，建堆前8～24h应将牛粪预湿，使其手捏能成团，掷地能分散。

②先用少量石灰粉划好场地，料堆规格：宽2m，长5m以上不限，高1.6m左右，再将草料、粪料、油枯、过磷酸钙等混合（注意：石灰不能混合在内，若混合，它将与过磷酸钙发生反应，而过磷酸钙和石灰都将失效）。每种配料按照100斤总重来配比，这三种配方分别为：a. 牛粪25%稻草25%大蒜50%石膏1斤；b. 牛粪20%稻草50%大蒜30%石膏0.5斤（其中原料总量50斤）；c. 牛粪50%稻草50%大蒜0石膏0.5斤。

③具体做法：先在地面上铺放一层预湿过的稻草，厚20～30cm，宽1.7～2.2m，根据场地用材料多少而确定长度，一般5～10m不限。往堆上撒放预湿过的牛粪、油枯、米糠等；其上再铺放一层草料……以此类推8～10层直到堆高1.6m左右，顶层用牛粪全面覆盖。同时晴天用草帘遮盖，雨天堆顶覆盖塑料薄膜，严防雨水渗入料堆，雨后掀薄膜透气。长久覆盖塑料薄膜将影响堆内透气，导致厌氧发酵，降低培养料质量。

（3）翻堆

第一次翻堆6天，第二次翻堆5天，第三次翻堆4天，共15天。当温度升到65℃时就可翻堆。到最后一次翻堆时，再调整培养料进房，含水量65%～70%，用手扭草能滴下5～10滴水为宜。发酵草料标准：以草料呈咖啡色，扁平、较柔软，有触手感。

（4）二次发酵

底层不堆料，将经过前发酵的培养料搬入菇房，外热加温，1～2天内使菇房温度尽快上升至58～62℃（顶层不宜超过65℃），维持8～12h，随后通风；通风降温至48～52℃（最高不超过55℃），维持4～5天进行控温发酵。

二次发酵控温阶段结束后，针对地面和底层床架上有可能存在的螨虫未被热烫致死还大量存活的现象，应趁热在播种前进行杀虫处理。在二次发酵控温阶段结束后，对地面和底层床架以及第二层培养料表面喷洒敌敌畏300～500倍液，然后密闭门窗5～12h，以便杀灭可能存活的害虫。

（5）播种

发酵结束后，待料温降至28℃、料内含水量62%～67%时，即可进行翻架铺床，准备播种。播种时先将培养料充分抖松抖匀后平铺于菇床上，料厚20cm左右，边翻料、边铺平，做到厚薄一致，松紧一致。播种时，菌种量的计算是每平方米1.5瓶。先将菌种的2/3散播在料面上，一定要均匀，再用铁叉或竹尖轻轻抖动培养料，使麦粒菌种落入3～5cm厚的料层中，把余下的1/3菌种散播在料面上，并用木条轻轻拍动，使菌种紧贴料面。发菌期间料面太干可适当喷1%石灰水，晚上适当通风降温，菌丝封面后，湿度不要太大，降低温度防止杂菌滋生。

（6）覆土

覆土的作用主要是保水、蓄积营养，支撑菇体等，应选择小麦能高产的水浇地的麦田土，或其他作物农田土，在取土时，应取15～20cm以下的半活性半生的土。再用筛子筛上层白灰把土起拍碎，均匀地覆在料面上，厚度2.5～3cm，一般100m^2用土量为3m^3，土块不要过大，最大块不超过3cm也不用过筛，块面都有层薄均匀厚度在2.5～3cm，过薄则影响产量，少薄皮菇，易开伞，过厚则出菇太迟，容易出大菇，地雷菇。土的湿度以手握结成块，手上有水印为适，过干过湿都不利菌丝爬土。

（7）出菇管理

覆土后一周内料中菌丝开始向土中生长，由于通风等原因，水分蒸发较多，如果土层料干，用手握结不成块的，要喷些水，但不能过湿，水分过大，菌丝爬土慢，严格的菌与土隔开，形成隔层使菇床表面不出菇。

当覆土13～16天左右，拨开土层看到菌丝由原的毛状变精线状的菌索时，就开始喷结菇水，一般每平方米喷水1～2斤左右，在2天内分3～4次喷水，土层厚的可以多喷，土层薄的要少喷但应以手搓成泥条为准，喷水过早，会导致结菇部位低，出菇少；转茬慢喷水过迟，造成表层菇，出菇表现为小菇菇密开伞等。

结菇水喷后，菌丝营养生长转变为生殖生产，即出菇阶段土层中的菌丝开始变粗形成菇蕾，当这些小菇蕾长到黄豆粒或玉米粒大小时，就应该喷出菇水了。

（8）采收

待菇达到标准大小，及时采摘，应先向下稍压再旋转采下，避免带动周围小菇，并随手清除菇脚老根及时补土，始终保持菇床平整，每摘完一批菇用0.3%的多菌灵水喷一次，提高产量。

①原料预处理-堆料-铺床

具体见图5-18。

②播种-覆土

具体见图5-19。

③管理-长菌丝-出菇

具体见图5-20。

图5-18　原料预处理-堆料-铺床

图5-19　播种-覆土

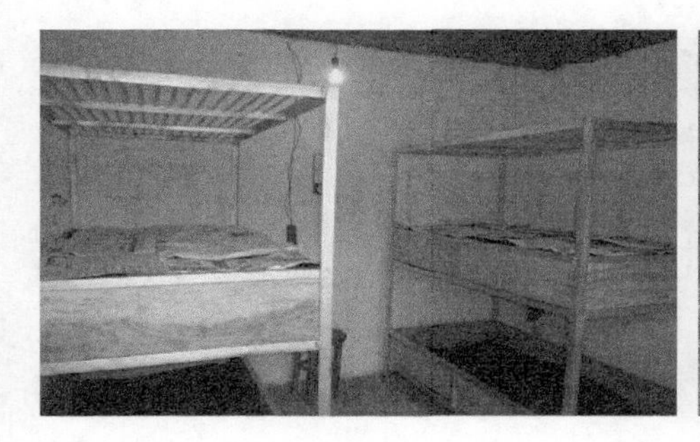

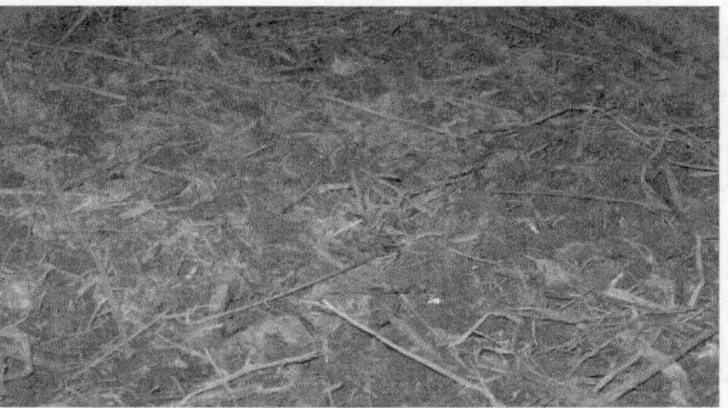

图 5-20 管理-长菌丝-出菇

相比传统的栽培基质，用我们的基质化配方从产量和质量上都有很好的增长，其中收获的蘑菇中最重的达到750g。

5.4.4 经济效益分析

农户原有蘑菇大棚进行了 100m^2 的奶牛粪便和大蒜秸秆基质化种植双孢菇小规模试种，显示出良好的经济潜力。一季生产双孢菇 6.5kg/m^2。消耗鲜牛粪约 100kg/m^2，大蒜秸秆 20kg/m^2，每吨鲜牛粪可栽培面积为 91m^2。按照批发价 6 元/kg，每基质化处理 1t 牛粪总成本为 347.7 元，总收益为 706 元，净收益 307 元。现该农户注册了洱源县南天食用菌厂，新建成 1900m^2 双孢菇生产菇房，原 2000m^2 菇房亦改建为双孢菇房，目前生产规模达到 3900m^2[1-80]。

参 考 文 献

[1] Hassen A, Belguith K, Jedidi N, et al. Microbial characterization during composting of municipal solid waste [J]. Bioresource Technology, 2001, 80 (3): 217-225.

[2] 张嘉超，曾光明，喻曼，等．农业废物好氧堆肥过程因子对细菌群落结构的影响 [J]. 环境科学学报，2010，30 (5)：1002-1010.

[3] 冯康，赵立欣，孟海波，等．序批式好氧发酵一体化反应器的研制与验证 [J]. 环境工程学报，2018，12 (8)：261-268.

[4] 李艳霞，王敏健，王菊思．有机固体废弃物堆肥的腐熟度参数及指标 [J]. 环境科学，1999，20 (2)：98-103.

[5] 李保强，刘钧，李瑞阳，等．生物质炭的制备及其在能源与环境领域中的应用 [J]. 生物质化学工程，2012，(1)：38-42.

[6] 李斌，谷月玲，严建华，等．城市生活垃圾典型组分的热解动力学模型研究 [J]. 环境科学学报，1999，(5)：100-104.

[7] 赵佳颖，周晚来，戚智勇．农业废弃物基质化利用 [J]. 绿色科技，2019，(22).

[8] Diver S. Organic greenhouse vegetable production [J]. Journal of American Association for Pediatric Ophthalmology & Strabismus, 2000, 14 (1): e32.

[9] 张秀丽. 秸秆型育苗基质对茄果类蔬菜秧苗素质的影响 [D]. 长春: 吉林农业大学, 2004.

[10] Kuisma E, Palonen P, Yli- Halla M. Reed canary grass straw as a substrate in soilless cultivation of strawberry [J]. Scientia Horticulturae, 2014, 178: 217-223.

[11] Wang Q, Li H, Chen T T, et al. Yield, polysaccharides content and antioxidant properties of, pleurotus abalonus and Pleurotus geesteranus produced on asparagus straw as substrate sciencedirect [J]. Scientia Horticulturae, 2012, 134 (2): 222-226.

[12] 张晔, 余宏军, 杨学勇, 等. 棉秆作为无土栽培基质的适宜发酵条件 [J]. 农业工程学报, 2013, (12): 218-225.

[13] 高鹏辉, 翟双双, 毛震, 等. 酸、碱、氧化剂等预处理对发酵秸秆的影响 [J]. 中国饲料, 2015, (4): 24-27.

[14] Raviv M, Oka Y, Katan J, et al. High- nitrogen compost as a medium for organic container-grown crops [J]. Bioresource Technology, 2005, 96 (4): 419-427.

[15] 王吉庆, 赵月平, 刘超杰. 水浸泡玉米秸基质对番茄育苗效果的影响 [J]. 农业工程学报, 2011, (3): 286-291.

[16] 张文斌, 陆静, 王勤礼, 等. 辣椒有机生态型无土栽培基质配方试验 [J]. 北方园艺, 2012, (19): 28-29.

[17] Chen Haoming, Ma Jinyi, Wei Jiaxing, et al. Biochar increases plant growth and alters microbial communities via regulating the moisture and temperature of green roof substrates [J]. Science of the Total Environment, 635: 333-342.

[18] 邓琦子, 汪天. 高吸水性树脂在无土栽培中的应用与展望 [J]. 中国农学通报, 2013, 29 (13): 90-94.

[19] Dumroese R K, Heiskanen J, Englund K, et al. Pelleted biochar: Chemical and physical properties show potential use as a substrate in container nurseries [J]. Biomass & bioenergy, 2011, 35 (5): 2018-2027.

[20] 张斯梅, 杨四军, 石祖梁, 等. 江苏省稻麦秸秆收集利用现状分析及对策 [J]. 生态与农村环境学报, 2014, 30 (6): 706-710.

[21] 张冬梅, 史正军. 不同营养基质理化特性及应用效果研究 [J]. 华北农学报, 2005, 20: 139-141.

[22] 刘晓红, 戴思兰. 观赏植物无土栽培的研究进展 [J]. 太原科技, 2007, (6): 20-21.

[23] 康红梅, 张启翔, 唐菁, 等. 栽培基质的研究进展 [J]. 土壤通报, 2005, 36 (1): 124-126.

[24] 于鑫, 孙向阳, 张骅, 等. 有机固体废弃物再生环保型无土栽培基质研究进展 [J]. 北方园艺, 2009, (10): 136-139.

[25] CHEN Y, INBAR Y. The use of slurry produced by methayogentic fermenation of cow manuf as apeatsubstitute in horticulture physical and chemical characteristics [J]. Acta- Hort, 1984,

150：553-561.

[26] WILSON D P，CARLILE W R. Plant growth in potting media containing worm worked duck waste［J］. Acta-Hort，1989，238：205-220.

[27] VERDONCK O M，DE BOODT M. Compost as a growing medium for horticultural plants compost：production qrality and use［M］. London：Elsevier Applied Science，1986，399-405.

[28] RSBP and English Nature. Peatering out-towards a sustainable UK growing media industry［M］. Lodon：Rainbow Wilson Associates，2001.

[29] 郑光华，蒋卫杰．消毒鸡粪在樱桃番茄无土栽培中的应用效果［J］. 北方园艺，1994，（4）：5-7.

[30] 李萍萍．苇末菇渣在蔬菜基质栽培中的应用效果［J］. 中国蔬菜，1995，（6）：30-32.

[31] 尚秀华，谢耀坚，彭彦，等．农林废弃物的腐熟处理及其在林木育苗中的应用［J］. 桉树科技，2007，（2），49-54.

[32] 黄国锋，钟流举，张振钿，等．有机固体废弃物堆肥的物质变化及腐熟度评价［J］. 应用生态学报，2003，（5）：813-818.

[33] 尚秀华，谢耀坚，彭彦，等．木屑基质化腐熟技术研究［J］. 安徽农业科学，2009，37（19）：8969-8973.

[34] 李谦盛，郭世荣，李式军．利用工农业有机废弃物生产优质无土栽培基质［J］. 自然资源学报，2002，17（4）：515-519.

[35] 汪开英，张赟，朱晓莲．畜禽废弃物的基质化处理研究［J］. 浙江大学学报（农业与生命科学版），2005，31（5）：598-602.

[36] 李承强，魏源送．堆肥腐熟度的研究进展［J］. 环境科学进展，1999，7（6）：3-8.

[37] 刘更另．中国有机肥料［M］. 北京：农业出版社，1991.

[38] 雷敬敷，杨德芬．食用菌重金属含量与土壤培养料重金属含量的相关性的研究［J］. 四川环境，1990，9（4）：19-28.

[39] 雷敬敷，杨德芬．食用菌的重金属含量及食用菌对重金属富集作用的研究［J］. 中国食用菌．1990，9（6）：14-16.

[40] 施巧琴，林琳，陈哲超，等．重金属在食用菌中的富集及其对生产代谢的影响［J］. 真菌学报，1991，10（4）：301-311.

[41] 潘云祥．洱海流域养殖业污染概况及防治对策浅探［J］. 云南畜牧兽医，2005，（4）：17-18.

[42] 曲强，王立阁．畜禽粪便污染与资源化利用［J］. 吉林畜牧兽医，2005，（6）：31-32.

[43] 余荣．双孢蘑菇引进品种筛选及其生长规律研究［D］. 长沙：中南林业科技大学，2006.

[44] 刘振祥，张胜．食用菌栽培技术［M］. 北京：化学工业出版社，2013.

[45] 张桂香，任爱民，王英利，等．日光温室双孢蘑菇床架栽培技术研究［J］. 中国食用菌，2003，22（1）：13-14.

[46] 梁枝荣，邹拥宪，刘琪．北方香菇废料栽双孢蘑菇技术［J］. 食用菌，2000，3：20-21.

[47] 申进文，沈天峰，程雁，等．双孢蘑菇高效栽培技术［M］．郑州：河南科学技术出版社，2006.
[48] 王波，朱华高，鲜灵．双孢蘑菇彩色图解［M］．成都：四川科学技术出版社，2003.
[49] 杨庆尧．食用菌生物学基础［M］．上海：上海科学技术出版社，1983.
[50] 王波，甘炳成．图说双孢蘑菇高效栽培关键技术［M］．北京：金盾出版社，2007.
[51] 李晓博．双孢蘑菇生产对农业有机废弃物的降解利用研究［D］．长春：吉林农业大学，2008.
[52] 朱铁群．我国水环境农业非点源污染防治研究简述［J］．农村生态环境，2000，16（3）：55-57.
[53] 朱兆良．由“点”到“面”治理农业污染［N］．人民日报，2005-2（5）.
[54] US Environmental Protection Agency. Non- Point Source Pollution from Agriculture. http：//www. epa. Gov/region8/water/nps/npsurb. html，2003.
[55] Vighi M，Chiaudani G. Eutrophication in Europe，the role of agricultural activities［R］. Reviews of Environmental Toxicology，1987，213-257.
[56] Lena B V. Nutrient preserving in riverine transitional strip［J］．Journal of Human Environment，1994，3（6）：342-347.
[57] Foy R H，Withers P J A. the contribution of agricultural phosphorus to eutrophication［J］．Proceedings of Fertilizer Society，1995：356.
[58] Uunk E J B. Eutrophication of surface waters and the contribution of agriculture［J］．Proceeding of the Fertilizer Society，1991，303：55.
[59] Boers P C M. Nutrient Emissions from agriculture in the netherlands：causes and remedies［J］. Water Science and Technology，1996，33：81.
[60] Mander Ue，Kuusemets V，Loehmus K，et al. Efficiency and aimensioning of riparian buffer zones in agricultural catchments［J］．Ecol Engineer，1997，（8）：299-324.
[61] Lowrance R，Altier LS，Williams RG，et al. REMM：The riparian ecosystem management model［J］．Soil Water Cons，2000，55（1）：27-34.
[62] 全为民，严力蛟．农业面源污染对水体富营养化的影响及其防治措施［J］．生态学报，2002，（3）：22-26.
[63] 崔键，马友华，赵艳萍，等．农业面源污染的特性及防治对策［J］．中国农学通报，2006，1（22）：335-340.
[64] 王建兵，程磊．农业面源污染现状分析［J］．江西农业大学学报：社会科学版，2008，（9）：35-39.
[65] 宋家永，李英涛，宋宇，等．农业面源污染的研究进展［J］．中国农学通报，2010，26（11）：362-365.
[66] 叶恩发，黄金煌．加强福建省农业面源污染防治工作的对策与建议［J］．中国农学通报，2004，（11）：45-47.
[67] 赵同科，张强．农业非点源污染现状、成因及防治对策［J］．中国农学通报，2004，（11）：14-17.

[68] 张夫道. 化肥污染的趋势与对策 [J]. 环境科学，1985，6（6）：54-58.
[69] Sharpley A N，Chapra S C R，Wedepohl R，et a1. Managing agricultural phosphorus for protection of surface waters，issues and options [J]. Journal of Environmental Quality，1994，23：427-451.
[70] US Envimrmlental Protection Agency. Non- Point Source Pollution from Agriculture. http：//www. epa. gov/region 8/water/nps/npsurb. html. 2003.
[71] 李秀芬，朱金兆，顾晓君，等. 农业面源污染现状与防治进展 [J]. 中国人口·资源与环境，2010，20（4）：81-84.
[72] 杨怀钦，杨友仁，李树清，等. 洱海流域农业面源污染控制对策建议 [J]. 农业环境与发展，2007，（5）：74-77.
[73] 毛妮妮，翁忙玲，姜卫兵，等. 同体栽培基质对同艺植物生长发育及生理生化影响研究进展 [J]. 内蒙古农业大学学报，2007，28（3）：283-287.
[74] 徐斌芬，章银柯，包志毅，等. 园林苗木容器栽培中的基质选择研究 [J]. 现代化农业，2007，（1）：10-12.
[75] 胡杨. 观赏植物无土栽培基质研究进展 [J]. 草原与草坪，2002，（2）：8-9.
[76] 刘庆华，刘庆超，王奎玲，等. 几种无土栽培代用基质缓冲性研究初报 [J]. 中国农学通报，2008，24（2）：272-275.
[77] 熊辉，姜性坚. 鹌鹑粪栽培金针菇的研究 [J]. 农业现代化研究，1999，（20）：2.
[78] 李玉颖. 用肉鸡粪栽培平菇试验初报 [J]. 食用菌，1993，15（4）：22.
[79] 陈学强，罗霞，余梦瑶，等. 新型栽培基质生产食用菌的研究进展 [J]. 中国食用菌，2009，28（3）：7-9.
[80] 董学军，王茜. 食用菌栽培基质的分类及处理方式 [J]. 北京农业，2008，（8）：27-28.

第 6 章　面源有机废物资源化循环利用运行机制

6.1　分散畜禽粪便收集模式和运行保障机制

洱海流域奶牛养殖发达，且以家庭散养为主，养殖污水、粪便有序收集、处置困难，是当前洱海流域农业面源污染的主要原因之一。集中收集资源化处理是农业废弃物处理处置的发展趋势。建立废弃物收集站、完善收集机制，运用合理技术对其进行有效处理和利用，对节约自然资源、防止环境污染、规范农废管理、实现农业生态良性循环具有重要意义。对此，课题组构建了“农户-收集中转站-集中式收集站（配套处理设施）”的分散养殖废物多级收集模式，并形成配套的养殖圈舍生态化改建技术、畜禽粪便除臭和快速资源化处理技术。

6.1.1　参与主体

分散养殖废物多级收集的参与主体包括养殖户、收集中转站（村收集站）和配套处理设施的集中式收集站。

其中，养殖户是畜禽粪便的产生者，包括分散养殖农户、养殖小区和养殖场；收集站是连接养殖户和沼气站、有机肥厂等资源化工程的纽带，建设于养殖密度较大的区域且与农户保持一定距离，并配备除臭、污水处理等环保设施，收集站运营过程中应尽量避免对村民正常生活和周围环境的不良影响；集中式收集站承载了养殖废物资源化的作用，需配套建设养殖废物的处理设施，通过好氧堆肥、厌氧发酵等方法处理加工为高附加值的产品。

6.1.2　收集模式

奶牛分散养殖废物的有序收集以“养殖户-收集中转站-集中式收集站（配套处理设施）”的收集模式为主，同时辅以“养殖户-集中式收集站（配套处理设施）”、“流动收集”、“协议收购”等多种模式（图 6-1），使收集覆盖范围内的养殖废物得以有效收集。

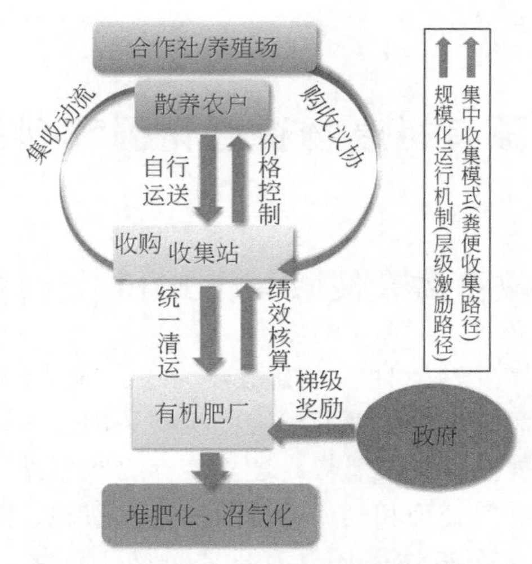

图 6-1　集中收集模式与规模化运行机制示意图

6.1.3　运行方式

首先，靠近集中收集站的养殖户，可以自行将养殖废物运往集中收集站处理；距离收集站较远的养殖户，收集站配收集车定时上门收集。通过收集站与养殖户商讨达成一致，根据粪便种类、质量和数量给出不同的价格标准，经过养殖户初步堆肥化处理的粪便应给予更高的价格标准。收集站针对各个养殖户，以天为单位做好收集记录，然后根据制定的价格标准付给养殖户现金，或在养殖户同意的情况下，以收集站所属有机肥厂生产的有机肥的形式支付给养殖户。

畜禽养殖粪便最终由收集站进入有机肥厂，由有机肥厂分派车辆将周边各个收集站内的畜禽养殖粪便运输至有机肥厂，畜禽养殖粪便运输至有机肥厂后以两种方式生产出高附加值的有机肥产品。方式一是将畜禽养殖粪便进行高温好氧堆肥处理，经过后续处理，生产出不同功能作用的有机肥料，然后推向市场。方式二是有机肥厂内设有沼气站，将畜禽养殖粪便放于沼气池中进行厌氧发酵处理，生产优质的沼气产品，众所周知，沼气可直接作为生活燃料，沼气肥是优质的有机肥，能改良土壤。它能极大解决农村生产、生活用能问题，是减少能源消耗、保护能源资源最有效的手段，能极大地缓解国家能源供应紧张的问题。

当然，距离有机肥厂或沼气站较近的养殖户可以将养殖废物直接运往有机肥厂或沼气站，省去了收集站这一环节，使收集更方便。

需要注意的是，收集站建成后依然能看到不少牛粪随意堆置的现象，调查后得知，部分养殖户由于自家有种植施肥需要，不愿送往收集站卖出，而采取传统的方法堆置肥化。针对此现象，在收集模式中增设了“养殖户自存”，旨在避免由于粪便无法及时收集随意堆置的问题。

养殖户可配收集发酵设施，当自家农田有施肥需求或由于路程、时间、运输工具等原因无法及时送到收集站时可在收集发酵设施内进行初步发酵处理。收集发酵设施包括新型生态奶牛养殖圈舍、发酵箱、新型堆沤池等。收集发酵设施需贮存至少一个月奶牛粪便，同时具备快速发酵的能力。其中，为方便养殖户自家收集，设计制备一种功能实用的发酵车，采用连续堆肥化的方式将废物堆肥化处理（连续堆肥化意指将养殖户家每天产生的养殖废物连续添加到发酵车内进行发酵处理，直至到达发酵车最大容量为止）。一段时间以后取出，即可当做有机肥施于自家田地。

整个收集模式中养殖户、收集站和有机肥厂是互利共赢的关系，形成了养殖户将自家的养殖废物出售给收集站和有机肥厂，然后有机肥厂把生产出的高附加值的有机肥产品出售给养殖户的产业链，促进和完善了农业产业链，拉动了区域的经济增长，对环境的改善和生态的发展所带来的隐形经济效益更是不可估量。

6.2　有机废物资源化循环利用机制

洱海流域是典型的畜禽分散养殖区，近年来随着流域经济快速发展，农业面源污染日益凸显，成为洱海富营养化的一个重要原因。调研表明，造成洱海流域农业面源污染突出的原因主要有三个方面：一是奶牛分散圈养、粪便无序收集、出粪期与施肥期错位是面源污染负荷大的首要原因；二是畜禽粪便等农业废弃物利用途径单一，经济效益不高，难以实现有序收集；三是组织运行保障机制缺失，难以实现农业面源污染防控技术的持续稳定规范化运行。对此，我们开展了分散养殖区畜禽污染减排及废物规模化利用相关技术的研发与应用，在有效控制农业面源污染的同时，促进洱海流域产业结构优化、农民增收致富，走上生态环保、农业废弃物高效收集与循环利用、农业系统生态功能优化提升的绿色发展道路（图6-2）。

6.2.1　散养奶牛生态圈舍构建

针对废物产生的源头——奶牛家庭养殖圈舍容量小、环境卫生条件差、缺乏固液分离设施、清粪周期短以及由此造成的奶牛粪便露天堆置污染问题，通过圈舍结构优化、科学分区、新型垫圈材料和微生物菌剂的研发，提出了“养殖上楼”的理念及“复合型”、“侧收型”、“下收型”和“模块化生态圈舍”等生态圈舍构建模式，形成了5种新建与改建方案。有效提高了圈舍粪便贮存和就地腐熟能力，延长清粪周期，卫生状况明显改善，减轻了奶农清粪、运输负担。其中“下收型”生态圈舍，通过圈舍功能区重构实现粪尿的自然分离和半原位堆腐，

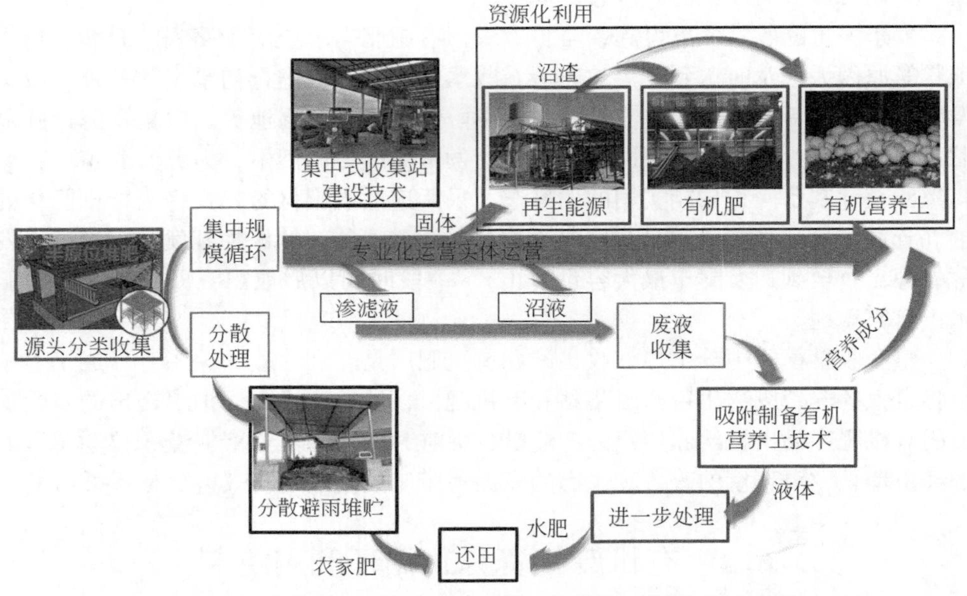

图 6-2　分散养殖区畜禽污染减排及规模化利用技术思路图

清粪频率由 1 天多次减少到每月 1 次，受到示范当地养殖户和环保部门的高度认可。分离出的废水经过吸附脱氮除磷。

6.2.2　畜禽养殖废物收集

（1）分散避雨堆贮技术

为解决粪便露天随意堆置带来的环境污染风险，同时满足农户的还田需求，设计了户用避雨堆沤、适度集中堆沤等多种废物分散收集模式，通过比选和规范粪便的堆沤方法，提高粪便的腐熟效率和农家肥的质量，减少堆沤过程中的氮磷流失。堆贮池单体容积为 6～30m^3，满足粪便 6 个月的贮存时间，建设成本约 0.5 万～2 万元；通过覆膜和简易翻堆的形式进行堆腐，堆体升温快，45～60 天达到腐熟标准，与农民堆肥相比，堆肥产品发芽指数提高 38%，N_2O 排放量减少 58%～67%，氮渗滤损失降低 22%。该技术有效地削减了收集环节流失进入洱海的污染负荷量。

（2）集中式收集站建设技术

针对分散避雨堆贮过程中由于难以规范化、监管不到位等问题引起的环境、社会风险，研发了奶牛粪便集中式收集站建设技术，为畜禽粪便的规模化的集中收集和商品化循环利用创造条件。研究表明，收集站服务半径不应超过 5000m，最优为 1500m；堆存时间以堆肥过程中的升温阶段来计，为 15～20 天；按原料堆腐、配料贮存、翻堆、计量、办公等进行功能分区；渗漏液收集池应为收集规模的10%，停留时间不少于30天；可通过覆盖吸附材料（秸秆、生物炭、堆肥返料等）、降低含水率、提高堆体透气性等方法进行除臭。该技术通过规范集中式收集站选址、功能区划等建设参数，提高了收集运转效率；通过快速堆腐、除臭、渗漏液处理等技术，降低了收集过程中的环境污染风险。

（3）集中收集模式与规模化运行机制

针对分散养殖区有机废物分布广、产排分散、总量大等特点，为推进有机固体废物的有序集中收集和规模化运行，提出了以收集站为核心，农户、合作社、养殖场等多方参与的奶牛粪便收集模式和由废物收集处理专业化运营实体特许实施收集处理的运行保障机制。农户以“养殖户–收集中转站–集中式收集站（配套处理设施）”的多级收集模式为主，同时辅以“养殖户–集中式收集站”和“流动收集”进行收集，合作社与养殖场通过“协议收购”的形式进行收集。运行机制方面，以政府为引导，通过“梯级奖励”，激励企业或运营主体进行集中收集。主要包括三个层面：一是政府制定梯级奖励办法，下达年度目标，根据粪便收集量进行阶梯式奖励；二是收集站独立核算，负责人收入与收集量直接挂钩；三是收集站按粪便含水率制定收购价。该收集模式在永安江流域进行了示范，根据第三方监测结果，2017年奶牛粪便有序收集处理量达2.78万t，集中收集率达77%。

6.2.3　奶牛粪便等农业废弃物资源化利用

（1）外场强化厌氧发酵技术

针对厌氧发酵过程中木质纤维素降解率低、产气率低、甲烷含量低等问题，开展了外场强化厌氧发酵技术研究，研究掌握了不同发酵阶段微生物的种群特征及其优化的发酵动力学条件，发现了电磁对微生物活性和酶活性的强化效应：在外加0.1～0.8 V电场时，30天内木质纤维素降解率提高了2.2倍，容积产气率显著提高，甲烷含量由传统的55%提高至70%左右。在此基础上研发了多原料联合发酵技术、太阳能集热射流搅拌中温发酵技术、电磁强化木质纤维液化–射流旋流多级能源化技术、厌氧发酵残余物基质化技术等。其中，太阳能集热射流搅拌中温发酵技术开发了中式装备；太阳能集热中温发酵、多级回流强化厌氧发酵、厌氧发酵残余物基质化等技术在洱海流域得到应用，有效地促进了企业技术水平的提升，获得应用企业的好评。

（2）畜禽粪便快速生物干燥堆肥化技术

针对奶牛粪便、污泥等有机废物脱水困难、发酵周期长等问题，通过研究掌握微生物种群在堆肥化各阶段的变化规律，提出了“多级微生物接种策略”，进行了高温菌剂、木质素和纤维素降解菌剂的筛选。基于该结果研发了烟末、氧化钙、EM 菌剂等添加剂强化生物快速脱水堆肥化技术和多级返料接种堆肥化技术，堆体温度上升至 60℃的时间由 12～20 天缩短至 3～6 天，升温速率显著提升；27 天左右含水率即降至 30% 以下；堆肥产品有机质含量为 61%，有机质的损失为 11%，N、P、K 的含量达到有机肥产品质量标准。同时，开发了有机固体废物造粒后堆肥化生产粒状有机肥设备和有机固体废物真空生物干燥车 2 套设备。研究成果在洱源县洱海流域畜禽养殖污染治理与资源化工程项目中得到应用。

（3）养殖废物基质化生产食用菌技术

传统还田利用模式下，奶牛粪便经济效益偏低，难以有效推动粪便收集的市场化和可持续运行。通过系统分析洱海流域气候特点、农业废弃物资源特性、场地条件等生态适宜性和比较优势，经过不断试验，成功探索了洱海流域农业废弃物食用菌基质化利用模式，研发了食用菌基质规模化生产技术。该技术在畜禽粪便快速生物干燥堆肥化技术的基础上，以牛粪、稻草、烟末等固体有机废弃物为原料，添加食用菌生长所需的矿物质元素，生产食用菌基质。该技术在洱源县右所镇、喜洲镇等地建成示范工程，示范企业获得良好的经济效益[1-19]。

参 考 文 献

[1] 朱洪光，常志州．畜禽粪污整县推进处理模式与运行机制［C］．第三届中国猪业科技大会暨中国畜牧兽医学会 2019 年学术年会，2019.

[2] 白延飞，王子臣，吴昊，等．建立小型分散养殖粪污集中收集处理服务体系的研究［J］．安徽农业科学，2014，42（33）：11844-11847.

[3] 喻珍，李沛伟．畜禽粪便收集服务专业合作社发展研究［J］．河南农业，2018，（11）：13-14.

[4] 白延飞，王子臣，吴昊，等．建立小型分散养殖粪污集中收集处理服务体系的研究［J］．安徽农业科学，2014，（33）：238-241.

[5] 舒畅，沈莹，尚旭东，等．我国畜禽粪污集中处理模式的运行机理分析［J］．农业经济与管理，2019，（5）：86-94.

[6] 潘亚茹．洱海流域散养奶牛废弃物集中收集处理意愿及其补偿研究［D］．中国农业科学院，2018.

[7] 孙智君．基于农业废弃物资源化利用的农业循环经济发展模式探讨［J］．生态经济（学术版），2008，（1）：197-199.

[8] 李建华．畜禽养殖业的清洁生产与污染防治对策研究［D］．杭州：浙江大学，2004.

[9] 丁宁．旌德县规模化畜禽养殖污染治理及有机肥生产补偿机制探讨［J］．安徽农学通报，2017，23（20）：69-70.

[10] 祝茜．我国促进沼气产业发展的法律制度研究［D］．重庆：西南政法大学，2012.

[11] 张爽．三河市蔬菜有机肥替代化肥调研报告［J］．现代农村科技，2017，（9）：56.

[12] 赵迪，胡越，刘振远．商品有机肥产业链条构建政府不能缺位［J］．中国畜牧业，2017，（12）：29-30.

[13] 张丙昕．农户有机肥施用行为与意愿悖离影响因素研究［D］．郑州：河南农业大学，2018.
[14] 沈其荣，徐阳春，杨帆，等．有机肥作用机制和产业化关键技术研究与推广［J］．中国科技成果，2016，17（12）：67.
[15] 陈志龙，陈广银，李敬宜．沼液在我国农业生产中的应用研究进展［J］．江苏农业科学，2019，47（8）：1-6.
[16] 张夫道，窦富根，邹燚．有机肥料产业化技术的新突破［J］．中国土壤与肥料，2000，（2）：40.
[17] 杨军香，林海．我国畜禽粪便集中处理的组织模式［J］．中国畜牧杂志，2017，53（6）：148-152.
[18] 浙江省畜牧技术推广总站．多措并举创新畜禽粪便集中处理模式［J］．中国畜牧业，2017，（2）：59-64.
[19] 严康．畜禽粪便资源化利用社会化服务模式［J］．农家致富，2019，（21）：31-39.